湖北省

大气污染物排放清单构建及应用

蔡俊雄　等／著

中国环境出版集团・北京

图书在版编目（CIP）数据

湖北省大气污染物排放清单构建及应用 / 蔡俊雄等著.
—北京：中国环境出版集团，2023.10
ISBN 978-7-5111-5627-3

Ⅰ. ①湖…　Ⅱ. ①蔡…　Ⅲ. ①大气污染物—排污—研究—湖北　Ⅳ. ①X510.6

中国国家版本馆 CIP 数据核字（2023）第 185066 号

出 版 人　武德凯
责任编辑　丁莞歆
封面设计　岳　帅

出版发行　中国环境出版集团
（100062　北京市东城区广渠门内大街 16 号）
网　　址：http://www.cesp.com.cn
电子邮箱：bjgl@cesp.com.cn
联系电话：010-67112765（编辑管理部）
010-67147349（第四分社）
发行热线：010-67125803，010-67113405（传真）
印　　刷　北京建宏印刷有限公司
经　　销　各地新华书店
版　　次　2023 年 10 月第 1 版
印　　次　2023 年 10 月第 1 次印刷
开　　本　787×1092　1/16
印　　张　13
字　　数　200 千字
定　　价　88.00 元

本书参著人员名单

蔡俊雄　刘　巍　郑　鹏　周亚端　周　莉　丁　峰

王　盼　朱宽广　向晨辉　刘　丹　虎彩娇　倪紫琳

黄　凡　覃　思　李仁铸　鲍捷萌　王晨色　吴　倩

彭　瑾　刘晓勇

前 言

目前，我国大气污染形势严峻、错综复杂，光化学烟雾、灰霾等二次污染问题日渐突出。大气污染物排放清单是开展精细化污染管控的关键基础支撑，是科学制定污染物减排政策的重要依据。当前国内排放清单的研究对象主要集中在京津冀、长三角和珠三角地区，北京、上海、广州、天津等城市已有高精度排放清单的研究成果，其他省份或城市群的排放清单研究工作也在陆续开展。

为支撑大气污染精细化、精准化防治，湖北省自2018年起开展了本地化高分辨率大气污染物排放清单构建工作，第二次全国污染源普查为该省排放清单的完善、细化提供了丰富的数据资源，进一步提升了大气污染物排放清单成果的质量，其有效性和准确性在空气质量模拟预测、重点区域溯源与管控中得到验证，并在第七届世界军人运动会空气质量保障、秋冬季大气污染防治攻坚、重污染天气应对等多项重要支撑工作中得到应用，成功实现了科研成果与污染防控策略的有效衔接。

经本书撰写团队的深入思考与酝酿，在充分总结科研成果和工作经验的基础上，形成了《湖北省大气污染物排放清单构建及应用》一书。本书以政府管理人员、专家学者及从事大气污染物排放清单研究的技术人员为对象，全面介绍了湖北省大气污染物排放清单编制历程和方法，分析了当地大气污染物的排放特征，对污染源普查成果的差异性进行了分析与说明，阐述了相关成果在支撑湖北省大气污染防控方面应用的典型案例。在本书编写过程中，湖北省生态环境厅、清华大学、华中科技大学、武汉大学、中国地质大学（武汉）及湖北省各市（州）生态环境局等单位均给予了支持和帮助，在此对付出辛勤劳动的科技工作者及一直关心湖北省生态环境保护工作的各级领导和单位表示诚挚的感谢！

本书仅代表撰写团队的观点。我国大气污染物排放清单研究发展迅速，书稿中许多论述可能尚不成熟，在成果展示、数据调研、综合分析及文字表述等方面难免存在不足和局限，敬请读者批评指正。

目　录

第 1 章　总　论　/ 1

1.1　工作背景　/ 1
1.2　工作目标　/ 5
1.3　技术路线　/ 5
1.4　区域范围　/ 6
1.5　工作内容　/ 6
1.6　成果应用　/ 7

第 2 章　湖北省基本概况　/ 9

2.1　四大结构特征　/ 9
2.2　空气质量现状　/ 11

第 3 章　高分辨率大气污染物排放清单编制技术方法　/ 15

3.1　本地排放源构成　/ 15
3.2　调查方法　/ 16
3.3　大气污染物排放清单编制方法　/ 19
3.4　高分辨率大气污染物排放清单建立方法　/ 26
3.5　调查数据审核与质控程序　/ 27

第 4 章　污染源活动水平分析　/ 31

4.1　污染源分布情况　/ 31
4.2　工业行业分布现状　/ 34

4.3 能源消费情况 / 41
4.4 主要工业产品产量 / 44
4.5 机动车保有量 / 47
4.6 农业生产 / 49

第 5 章 2017 年大气污染物排放清单 / 52

5.1 大气污染物排放清单总量 / 52
5.2 主要大气污染物排放特征与空间分布 / 54
5.3 城市排放特征 / 60
5.4 工业园区排放特征 / 83

第 6 章 重点排放源清单结果与特征分析 / 88

6.1 化石燃料固定燃烧源 / 88
6.2 工业过程源 / 93
6.3 溶剂使用源 / 102
6.4 移动源 / 105
6.5 农业源 / 115
6.6 扬尘源 / 117
6.7 生物质燃烧源 / 118
6.8 储存运输源 / 120
6.9 废弃物处理源 / 121
6.10 其他排放源（餐饮油烟） / 123

第 7 章 大气污染物排放清单成果应用 / 125

7.1 重大活动环境空气质量保障 / 125
7.2 重污染天气应急减排清单编制 / 135
7.3 新冠疫情期间环境质量改善评估 / 142
7.4 秋冬季强化驻点帮扶 / 150

第 8 章 排放清单与二污普成果对比 / 151

8.1 二污普排放结果 / 151
8.2 总量对比 / 152

8.3 城市排放对比 / 154
8.4 行业排放对比 / 158

第 9 章 湖北省 VOCs 减排潜力分析 / 164

9.1 工业源减排潜力分析 / 164
9.2 油品储运源减排潜力分析 / 180
9.3 生活源减排潜力分析 / 182
9.4 减排核算结果汇总 / 183

第 10 章 结 论 / 185

附 表 / 187

附表 1-1 SO_2 排放量排名前 30 位的工业园区 / 187
附表 1-2 NO_x 排放量排名前 30 位的工业园区 / 188
附表 1-3 VOCs 排放量排名前 30 位的工业园区 / 189
附表 1-4 $PM_{2.5}$ 排放量排名前 30 位的工业园区 / 190
附表 2-1 SO_2 排放量排名前 50 位的工业企业 / 191
附表 2-2 NO_x 排放量排名前 50 位的工业企业 / 193
附表 2-3 VOCs 排放量排名前 50 位的工业企业 / 195
附表 2-4 $PM_{2.5}$ 排放量排名前 50 位的工业企业 / 197

第 1 章

总　论

1.1　工作背景

自 2014 年起，环境保护部开始发布多项大气污染物排放清单编制技术指南，建立我国排放清单编制技术体系，按照“规范统一、科学实用、轻重缓急、循序渐进”的原则，提出了构建我国大气污染物排放清单编制技术指南体系的基本思路，编制了涵盖全行业、多污染物的排放清单技术指南，对人为排放源分级、排放清单建立和排放系数获取做出了系统的规定，初步形成了大气污染物排放清单编制技术支撑体系。

现阶段，我国对主要大气污染源的管理主要依赖污染源普查、年度环境统计、排污申报、总量核查和重点污染源在线监控等传统环境统计体系，覆盖的污染源种类仅包括规模以上工业点源和移动源中的道路机动车，涵盖的污染物也仅包含二氧化硫（SO_2）、二氧化氮（NO_2）和烟粉尘。在区域复合型污染日益突出的情况下，零散、局部、阶段性的治理活动难以从根本上解决问题。

为了落实空气质量和主要污染物总量减排目标分解任务要求，摸清各类污染源、各项污染物的排放情况，根据《国务院关于印发大气污染防治行动计划的通知》（国发〔2013〕37 号）、《国务院关于印发打赢蓝天保卫战三年行动计划的通知》（国发〔2018〕22 号）和《湖北省人民政府关于贯彻落实国务院大气污染防治行动计划的实施意见》（鄂政发〔2014〕6 号）的有关要求及原环境保护部发布的排放清单编制技术指南的总体框架，构建满足区域数值预报及情景模拟和减排措施制定需要的排放清单系统成为当前迫切的任务。

1.1.1　污染源普查工作进展

第二次全国污染源普查（以下简称二污普）是在国务院统一部署下，依据《全国污染源普查条例》开展的十年一次的重大国情调查。根据《国务院办公厅关于印发第二次全国污染源普查方案的通知》（国办发〔2017〕82 号），二污普的目的是摸清各类污染源基本情况，了解污染源数量、结构和分布状况，掌握国家、区域、流域、行业污染物产生、排放和处理情况，建立健全重点污染源档案、污染源信息数据库和环境统计平台，为加强污染源监管、改善环境质量、防控环境风险、服务环境与发展综合决策提供依据。2018 年，湖北省人民政府办公厅印发《湖北省第二次全国污染源普查实施方案》（鄂政办函〔2018〕19 号），全面指导全省开展二污普工作。

按照国家统一部署，在各级领导的科学统筹和有力推动下，湖北省完成了前期准备、清查建库、入户调查、数据录入、产排污核算、数据汇总等全部工作任务，普查成果通过了国家核查、评估与审核及省级成员单位联审。目前，全省二污普数据基本定库，各类污染源的基本情况、主要污染物排放数量、污染治理情况等基本被摸清和掌握。

1.1.2 大气污染物排放清单

大气污染防治及主要污染物减排是改善城市大气环境质量、缔造良好生态的关键举措。准确、更新及时的大气污染物排放清单是了解地区空气污染状况、确立合适减排方案等环境管理问题的重要基础。污染物总量减排核算、空气质量预报预警、重污染天气应急方案制定及效果评估、空气质量达标规划等精细化管理工作的开展均需本地化排放清单作为核心基础数据支撑。现阶段，湖北省对主要大气污染源的管理主要依赖污染源普查、年度环境统计、排污申报、总量核查和重点污染源在线监控等传统环境统计体系，覆盖的污染源种类仅包括规模以上工业点源和移动源中的道路机动车，涵盖的污染物也仅包含 SO_2、NO_2 和烟粉尘。在区域性复合型污染特征日益突出的情况下，零散、局部、阶段性的治理活动难以从根本上解决问题。因此，为了摸清湖北省各类污染源、各项污染物的排放情况，提高大气环境质量保障及应急工作精细化程度，确保空气质量的持续改善，开展大气污染物排放清单编制工作十分必要。

我国自 2000 年开始进行排放清单技术方法研究和编制研究，获得了多项科研项目支持，包括“973”、“863”、支撑计划、公益项目及重点研发计划等。目前，国内排放清单研究区域集中在京津冀、长三角和珠三角地区。2012 年，清华大学发布了中国地区多尺度动态排放清单数据库，为全国区域的空气质量模拟研究提供了数据支撑，但由于国家空间尺度的排放清单无法准确表征城市空间尺度的污染物排放特征，北京、上海、江苏、浙江、四川、河北等地仍在组织开展省级和城市尺度的排放清单本地化研究。在环境管理层面，环境保护部自 2013 年开始建立我国排放清单编制技术体系，按照“规范统一、科学实用、轻重缓急、循序渐进”的原则，提出了构建我国大气污染物排放清单编制技术指南体系的基本思路，编制了涵盖全行业、多污染物的排放清单技术指南，对人为排放源分级、排放清单建立和排放系数获取做出了系统的规定，初步形成了大气污染物排放清单编制技术支撑体系。

为了全面提升我国大气污染防治系统化、科学化、法治化、精细化和信息化水平，2015 年环境保护部选取了石家庄、北京、天津、沈阳、上海、南京、福州、济南、武汉、长沙、广州、深圳、成都及乌鲁木齐 14 个城市作为试点，率先开展了大气污染物排放清单编制工作。2017 年，环境保护部就京津冀及周边“2+26”城市开展的大气污染物排放清单编制工作下发了《关于开展京津冀大气污染传输通道污染源排放清单编制工作的通知》（环办大气〔2017〕26 号），要求各城市充分利用现有工作成果，加强与排污许可、环境统计、二污普等工作的衔接，按照统一技术方法、统一格式编制大气污染物排放清单；污染源涵盖工业源、交通源、生活源、农业源、开放扬尘源、天然源等，同时结合经济社会发展变化情况、污染治理设施建设及运行情况逐年更新，有效服务于环境管理工作。

2016 年，湖北省环境保护厅组织了“湖北省大气污染物源排放清单建立及其在空气质量预报预警系统模式中的应用”和“湖北省典型城市环境空气质量达标系统方案研究”科研课题，要求参考排放清单编制技术指南，建立全省和典型城市的大气污染物排放清单。依照《2017 年湖北省大气污染防治工作实施方案》（鄂环委〔2017〕2 号），湖北省需运用统一架构、统一标准、统一分析方法开展排放清单编制工作，逐步建立省级排放清单数据库。《省人民政府关于印发湖北省打赢蓝天保卫战行动计划（2018—2020 年）的通知》明确要求建立完善污染物排放清单。依托二污普，建立省市联动的大气污染物排放清单管理机制，开展大气污染物排放清单专项调查，并实现动态更新，为精细化管理、空气质量保障及重污染天气应急响应提供基础支撑。各城市系统排查涉挥发性有机物（VOCs）排放企业等污染源，建立机动车（船舶）交通流量、非道路移动机械使用量的定期获取更新机制。

2018 年，湖北省生态环境厅印发《关于开展基于全国污染源普查成果的湖北省大气污染源排放清单建设工作的通知》，明确要求全省 13 个市（州）和 4 个直管市在开展大气污染物排放清单编制工作时与二污普工作充分结合，加强排放清单与已有相关基础工作的衔接。总体要求如下：

一是编制技术规范依据。将原环境保护部发布的 3 项公告——《关于发布〈大气细颗粒物一次源排放清单编制技术指南（试行）〉等 4 项技术指南的公告》（环境保护部公告 2014 年 第 55 号）、《关于发布〈大气可吸入颗粒物一次源排放清单编制技术指南（试行）〉等 5 项技术指南的公告》（环境保护部公告 2014 年 第 92 号）、《关于发布〈民用煤燃烧污染综合治理技术指南（试行）〉与〈民用煤大气污染物排放清单编制技术指南（试行）〉的公告》（环境保护部公告 2016 年 第 66 号）所明确的技术指南体系作为依据。

二是明确排放清单编制要求。排放清单编制以 2017 年为基准年，空间范围须包含行政区域内所有区县，污染源按照化石燃料固定燃烧源、工业过程源、移动源、溶剂使用源、农业源、扬尘源、生物质燃烧源、储存运输源、废弃物处理源和其他排放源（餐饮油烟）分类，污染物种类须至少涵盖 SO_2、氮氧化物（NO_x）、一氧化碳（CO）、可吸入颗粒物（PM_{10}）、细颗粒物（$PM_{2.5}$）、VOCs、氨气（NH_3）、黑碳（BC）和有机碳（OC）9 种。

三是落实长效动态更新机制。各市（州）结合各自的经济社会发展变化情况、污染治理设施建设及运行情况、环境管理需求等，逐年更新排放清单；不断完善技术方法，扩大实测范围，补充、更新本地污染物排放源，推动排放清单编制工作细化、实化，有效服务于环境管理工作。

1.1.3 二污普与排放清单工作的差异

二污普与湖北省大气污染物排放清单构建的主要区别如下：

一是污染源分类体系不同。排放清单的污染源分为 10 类 4 级，一级分类包括化石燃料固定燃烧源、工业过程源、移动源、溶剂使用源、农业源、扬尘源、生物质燃烧源、储存运输源、废弃物处理源和其他排放源（餐饮油烟），而二污普的污染源分为工业源、农业源、生活源、集中式污染治理设施和移动源。二者的污染源分类体系存在较大区别，排放清单构建需要的汽修、餐饮等污染源并不包含在二污普的普查范围中。

二是涵盖污染物种类不同。排放清单须至少包括 SO_2、NO_x、CO、PM_{10}、$PM_{2.5}$、VOCs、NH_3、BC 和 OC 这 9 种污染物，并在开展空气质量模拟前要根据污染源的化学成分谱对 $PM_{2.5}$ 和 VOCs 进行化学组分分解，而二污普涵盖的废气污染物种类包括 SO_2、NO_x、颗粒物（PM）、VOCs 和 NH_3，仅利用二污普废气污染物排放无法构建完整的大气污染物排放清单。

三是核算方法不同。排放清单的排放因子来源于原环境保护部发布的大气污染物排放清单编制技术指南，与二污普采用的排放系数存在明显差别，二者的核算方法不同。排放清单的构建须结合污染源空间位置和时间变化廓线，实现污染物排放量的高分辨率时空分配，将年排放量细化至月、日，二污普仅调查污染物的年排放量。

四是主要目的不同。构建排放清单的目的在于掌握污染物排放的空间变化和时间变化特征，识别本地污染物的主要来源，提交的成果包括污染源基础信息数据库、污染源排放贡献分析、空间分布图及网格化排放结果。二污普的主要目的在于建立全省污染源档案，掌握区域、流域、行业污染物的产生、排放和处理情况。

但是，由于二污普的对象涉及面广，覆盖湖北省各个地市州，普查内容详细，普查源类别囊括了工业源、农业源、生活源、集中式污染治理设施和移动源等大气污染物排放清单中的大部分源类，将污染源普查与排放清单调查工作有机结合可为全省排放清单数据库的建立提供大量基础资料，包括污染源的基本信息、污染物种类和来源、污染物产生和排放情况、污染治理设施建设和运行情况等详细数据；同时，将污染源普查数据用于排放清单中相应源排放数据的更新能够显著提升排放清单的完整度、精度，为掌握全省各市州排放源的污染贡献、制定有效的空气质量改善措施等提供基础数据支撑和科学指导。

因此，为了强化排放清单构建与污染源普查两项工作的结合，可将二污普的工业源、农业源、生活源、集中式污染治理设施和移动源的污染物排放、活动水平和污染治理水平信息依据大气污染物排放清单编制技术指南推荐的污染源分类重新整合，开展缺失大气污染源的专项补充调查，建立更加全面的湖北省大气污染源基础信息。同时，利用专项补充调查成果与二污普成果进行交叉验证，将存疑和存在明显错误的数据资料反馈给湖北省生态环境厅湖北省二污普工作办公室（以下简称省污普工作办）和相关工作小组。

1.2 工作目标

基于二污普开展部分源项、污染物的专项调查，结合国民经济行业分类和各部门最新统计数据，摸清全省各类污染源基本信息，了解污染源数量、结构和分布状况，掌握城市、区域、行业污染物的产生、排放和处理情况，按照排放清单源分类体系建立健全全省各地污染源档案和污染源基础信息数据库，构建全省大气污染物排放清单并接入省级动态管理平台统一调度，提出环境质量改善对策建议，为加强全省污染源监管、改善环境质量、防控环境风险和环境经济综合决策提供依据，为全省污染物总量控制、污染精准化治理、空气质量预报预警、重污染天气应急和效果评估、空气质量改善措施制定和第七届世界军人运动会（以下简称武汉军运会）等重大活动的空气质量保障等一系列工作提供决策支持。

项目目标：①基于二污普成果的湖北省大气污染物排放清单构建，即基于二污普成果开展部分源项、污染物的专项调查，按照排放清单污染源分类体系建立健全大气污染源基础数据库，构建全省高分辨率本地化排放清单；②VOCs 减排潜力分析，即基于二污普成果对湖北省重点行业 VOCs 减排潜力进行分析，开展全省重点行业 VOCs 排放现状分析，针对重点行业的 VOCs 减排措施与要求，分析各项减排措施实施后的 VOCs 排放量，分析相关行业的管理水平和污染防控水平，结合全省实际情况分析湖北省 VOCs 减排潜力及减排可行性。

1.3 技术路线

基于二污普获取工业源、农业源、生活源、集中式污染治理设施和移动源的污染物排放、活动水平和污染治理水平，组织开展溶剂使用源、扬尘源等专项调查，依据大气污染物排放清单编制技术指南推荐的污染源分类，整合二污普和专项调查成果，建立完整的湖北省大气污染源基础信息库，采用排放因子法分步建立城市尺度的大气污染物排放清单，最终汇总、耦合生成覆盖湖北省全域的大气污染物排放清单。参照大气污染物排放清单编制技术指南体系对二污普收集的活动水平和污染控制水平进行数据质量控制，将存疑和存在明显错误的数据资料反馈省污普工作办，针对部分污染源开展二次调查和数据审核，进一步完善普查内容，具体技术路线见图 1-1。

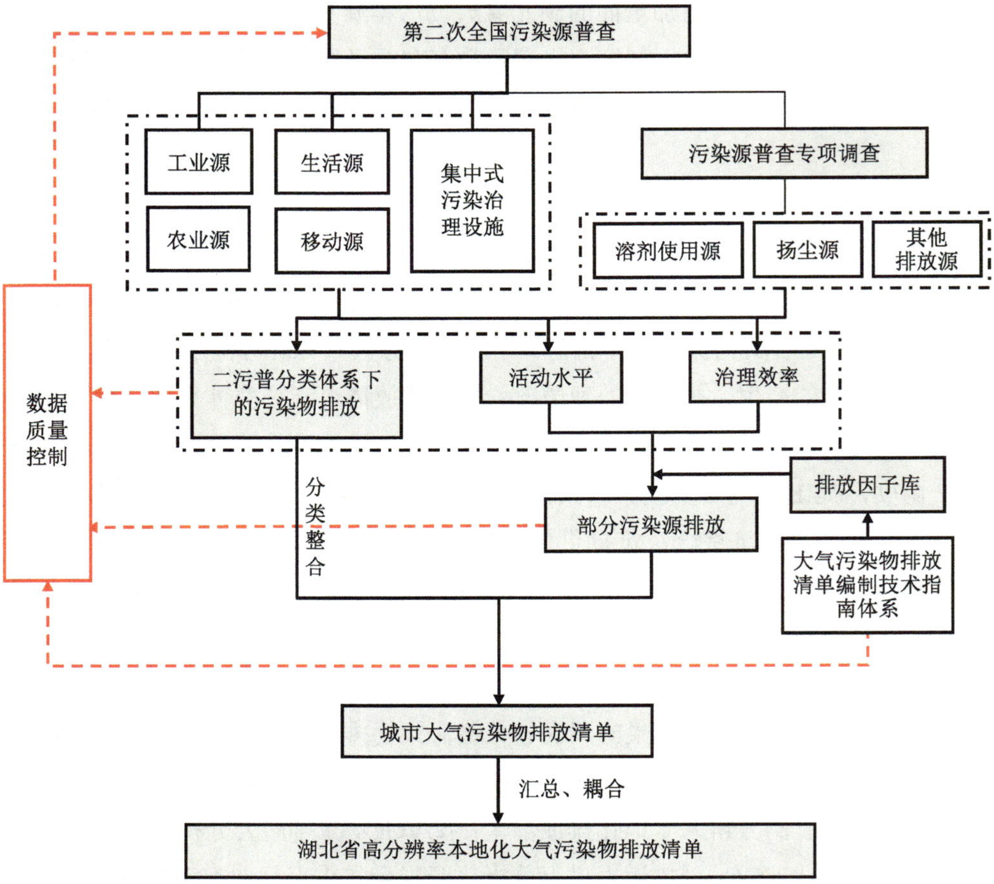

图 1-1　技术路线

1.4　区域范围

本研究项目的实施空间范围为湖北省，包括武汉市、宜昌市、襄阳市、十堰市、鄂州市、黄冈市、黄石市、荆门市、荆州市、潜江市、天门市、仙桃市、随州市、咸宁市、孝感市、恩施土家族苗族自治州（以下简称恩施州）和神农架林区，共 17 个市（州）。现场调查对象包括化石固定燃烧源、工业过程源、移动源、溶剂使用源、农业源、扬尘源、储存运输源、生物质燃烧源、废弃物处理源和其他排放源（餐饮油烟）共 10 类源。排放清单编制基准年为 2017 年。

1.5　工作内容

在 17 个市（州）完成了施工扬尘源、部分溶剂使用源、餐饮油烟、汽修等污染源的专项调查，按照大气污染物排放清单分类分级体系，对湖北省二污普工业源、移动源、生活源、农业源和集中式污染治理设施普查的所有数据进行了分类汇总与整合，构建了湖北省大气污染源基础数据库，测算了湖北省 2017 年大气污染物排放清单，并对排放清单结果进行了深入、全面的分析，明确了 SO_2、NO_x、CO、PM_{10}、$PM_{2.5}$、VOCs、NH_3、BC 和 OC 共 9 种污染物的排放特征，分析了重点排放区域和重点排放源项，完成了湖北省大气污染物排放清单 3 km×3 km 空间分配，明确了重点行业排放月的变化特征。

基于二污普中涉 VOCs 的普查成果，分析了湖北省工业源、油品储运源、生活源的 VOCs 污染防治水平及排放现状，对照国家及湖北省对 VOCs 相关管控要求，测算了减排措施实施后全省 VOCs 排放量，分析了湖北省 VOCs 减排潜力。

主要成果：①基于二污普成果的湖北省大气污染物排放清单构建，即按照排放清单源分类体系建立健全的大气污染源基础数据库，构建 2017 年湖北省高分辨率本地化排放清单；②识别了全省主要大气污染物重点贡献区域、贡献行业，结合污染物排放总量和区域分布特征，完成了 3 km×3 km 湖北省大气污染物排放清单网格化；③对比湖北省二污普成果与湖北省大气污染物排放清单的差异，分析了二者存在差异的主要原因；④运用基于二污普成果的湖北省重点行业 VOCs 减排潜力法，分析国内外相关行业的管理水平和污染防治水平，结合全省实际情况分析湖北省 VOCs 减排潜力，指导开展 VOCs 综合整治工作。

1.6 成果应用

结合湖北省大气污染防治工作的需要，在本研究项目开展过程中按照“边研究、边产出，边应用”的原则，将构建的湖北省大气污染物排放清单应用于以下方面。

一是武汉军运会环境空气质量保障。2019 年 9 月底前，完成划入管控区域的全省 14 个市（州）的大气污染物排放清单编制。管控区域大气污染物排放清单作为核心数据，在会前保障阶段支撑了重大活动期间减排清单、应急减排清单的编制和保障区域划定等工作，在会期保障阶段支撑了每日污染源减排核算和管控评估工作的开展，在会后评估阶段支撑了武汉军运会污染源管控效果后评估模拟工作的开展。

二是全省重污染天气应急减排清单编制。按照《关于加强重污染天气应对夯实应急减排措施的指导意见》（环办大气函〔2019〕648 号），2019 年 12 月前，湖北省各市（州）在大气污染物排放清单的基础上完成了工业源、移动源、扬尘源重污染天气应急减排清单编制，初步形成了全省重污染天气应急减排管控清单，全面提升了湖北省重污染天气应急管控的精细化水平。

三是 2019 年今冬明春大气污染防治定点帮扶和驻点执法工作。大气污染物排放清单作为基础，为 2019 年 11 月至 2020 年 1 月开展的湖北省大气污染防治定点帮扶和驻点执法提供了 3 轮次 11 批次近 3 000 个涉气点位的现场检查清单，污染源类别覆盖工业源、移动源、扬尘源、餐饮油烟、加油站、国省道、物流园等。

四是新冠疫情期间湖北省大气污染减排与环境空气质量改善评估。基于 2017 年大气污染物排放清单，综合 2020 年 1—3 月湖北省燃煤机组发电量、重点源在线监测、机动车管控措施等资料，评估了疫情管控期间湖北省污染源排放变化情况。利用空气质量数值模型开展了气象条件及减排措施对湖北省及武汉市空气质量的影响和改善效果评估。

第2章

湖北省基本概况

2.1 四大结构特征

2.1.1 能源结构特征

一是能源消费结构偏煤。煤炭在湖北省能源消费中仍处于主体地位，2017 年全省能源消耗总量为 17 149.68 万 tce（吨标准煤），比 2016 年增加了 300.1 万 tce，2016—2017 年年均增长 2.26%，煤炭在能源消费总量中占比 54.5%。2017 年，湖北省单位生产总值能耗为 0.492 7 tce/万元（按 2015 年不变价），比 2016 年下降 5.54%。

二是缺煤、少油、乏气。一次能源匮乏是湖北省的能源现状：对煤炭依存度高，天然气对外依存度超过 96%，清洁能源增量有限。2018 年，全省天然气消费量为 62.7 亿 m^3，占一次能源消费的比重约为 4.4%，低于全国平均水平（7.5%）。全国非水电可再生能源电力消纳量为 5 025 亿 kW·h，占全社会用电量的比重约为 8.0%，其中湖北省的数据为 127 亿 kW·h，占比 6.8%，低于全国水平。

2.1.2 产业结构特征

2018 年上半年，湖北省的地区生产总值为 1.796 万亿元，按可比价格计算，增长 7.8%，快于全国 1.0 个百分点。第一产业实现增加值 1 084.3 亿元，增长 3.2%；第二产业实现增加值 7 945.93 亿元，增长 7.4%；第三产业实现增加值 8 927.94 亿元，增长 8.8%。近 10 年来，湖北省总体生产总值处于不断上升发展阶段，产业经济发展主要靠第二、第三产业拉动，第一产业的比重一直较低，且在不断下降；第二产业的比重最高，2007—2011 年呈明显的上升发展趋势，2012 年至今逐渐下降但仍处于较高生产水平，这与湖北省的重工业发展息息相关，其中钢铁产业、汽车产业的发展是湖北省第二产业的主要推动力；第三产业发展呈明显的上升趋势，目前逐渐与第二产业的生产总值相当。湖北省的产业结构正在逐步向推动第三产业发展调整升级。

湖北省的产业结构仍然偏重。2019 年，全国第一产业、第二产业、第三产业占比为 7.1∶39∶53.9，而湖北省三次产业的占比为 8.3∶41.7∶50，且第二产业中重化工业占比较高，众多高污染高耗能行业的产品产量居于高位，粗钢、水泥、平板玻璃、农用氮磷钾化肥、硫酸、化学农药产量均居全国前列。现阶段湖北省各地市城区均不同程度地分布着重污染企业，如武钢集团、武汉石化、青山电厂、鄂钢集团、黄石电厂、大冶有色、荆门石化等企业位于城市建成区内，影响了城市的健康发展。全省重污染企业的环保搬迁主要以武汉市、襄阳市、宜昌市、黄石市、荆州市、荆门市、十堰市 7 个城区老工业区企业搬迁改造为主，涉及行业包括化工、水泥、玻璃等。

2.1.3 交通运输结构特征

当前，湖北省的运输结构以公路货运为主，铁路和水路运输占比偏低。2018 年全年湖北省货运总量为 206 962.61 万 t，增长 8.4%。其中，铁路货物发送量为 7 372.7 万 t，增长 5.6%；公路货物发送量为 163 144.74 万 t，增长 10.4%；水运货物发送量为 36 435 万 t，增长 0.8%。2018 年全年全国铁路货运总量同比增长 9.1%，其中煤炭、冶炼等大宗货物和集装箱运量同比增长 12%以上。2018 年全省货物运输总量中，公路运输占比为 78.8%（2017 年为 77.4%），公路货运占比仍进一步增加，且高于全国平均水平。原武汉市环保局发布的《2017 年武汉市机动车污染防治年报》数据显示，2017 年武汉市国Ⅲ前排放标准的机动车有 1 097 005 辆，占比 9.9%，国Ⅲ、国Ⅳ排放标准的机动车共有 1 938 326 辆，占比 67.33%；国Ⅴ排放标准的机动车有 655 389 辆，占比 22.77%。

2.1.4 用地结构特征

从土地利用现状与变化情况来看，湖北省的区域分异特征明显。鄂西高山区、鄂东丘陵低山区与鄂东南低山丘陵区以山地丘陵地形为主，整体植被覆盖率较高，但由于海拔较高且地势高低起伏，地貌类型、坡度、光照条件多变，水土流失情况严重，耕地种植难以形成规模效应，因此形成了以森林资源保护、林业种植及草地和梯田种植为主的土地利用格局。鄂北丘岗区以低丘岗地地形为主，地势相对低缓，耕地资源相对丰富，宜耕后备土地面积较大，但耕地中旱地较多，汇水蓄水能力差、降水量少、水源不足问题严重，干旱威胁大，仍以耕地、林地、草地为主要土地利用类型。中部江汉平原及沿江平原区以平原地形为主，地势平坦，优质农田数量多，耕地后备资源丰富，水源、光照、土壤等耕种条件普遍较好，且耕地连片集中，适合规模种植，河湖资源丰富，是全省重要的水稻生产区域，但由于地势平坦、水源充足，该区域也是城镇扩张集中区，工业发达，因此部分地区土地污染比较严重，且梅雨时节洪涝灾害频繁，易形成外洪内涝，该区域土地利用格局以耕地、水域为主。由此可见，湖北省的土地利用呈现明显的区域分异特征，土地利用格局对地区经济发展、景观与生态环境影响较大。

2.2 空气质量现状

2019 年，湖北省 17 个市（州）空气质量优良天数的比例为 62.7%～98.4%，平均优良天数的比例为 77.7%，较 2018 年同期下降 4.5%，较 2015 年同期上升 6.1%。其中，13 个国考城市平均优良天数的比例为 76.0%，较 2018 年同期下降 4.9%，较 2015 年同期上升 5.7%。从图 2-1 可以看出，襄阳、荆门、武汉优良天数的比例较低，十堰、恩施、神农架优良天数的比例较高。

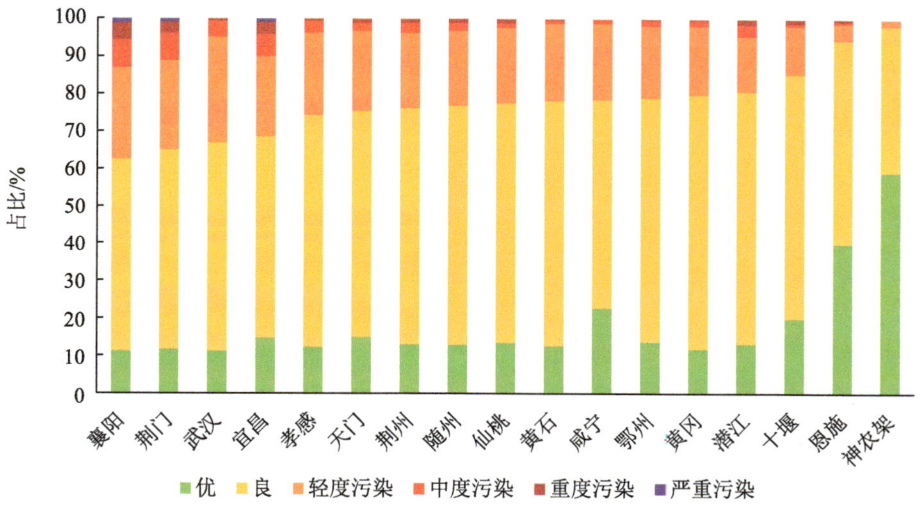

图 2-1 湖北省各市（州）2019 年优良天数占比

2019 年，湖北省 SO_2、NO_x 浓度总体呈下降趋势，PM 和臭氧（O_3）浓度较上年有小幅反弹，仅神农架达到国家环境空气质量二级标准。2019 年 1—12 月，全省 17 个市（州）SO_2、NO_2 平均浓度值分别为 9 μg/m^3、26 μg/m^3，SO_2 较 2018 年同期（10 μg/m^3）下降 10.0%，NO_2 持平。

从 PM 污染情况来看，2019 年 1—12 月，湖北省 17 个市（州）PM_{10} 累计均值为 70 μg/m^3，较 2018 年同期（68 μg/m^3）上升 2.9%；$PM_{2.5}$ 累计均值为 42 μg/m^3，较 2018 年同期（41 μg/m^3）上升 2.4%，较 2015 年同期（61 μg/m^3）下降 31.1%。2019 年，全省 17 个市（州）年均 $PM_{2.5}$ 污染见图 2-2，仅恩施和神农架的 $PM_{2.5}$ 低于 35 μg/m^3。由于 2019 年受到整体区域污染背景的影响，2019 年 11 个市（州）的 $PM_{2.5}$ 污染形势较上年严峻，浓度不降反升，其中神农架的 $PM_{2.5}$ 年均浓度较 2018 年同期上升 40%，5 个市（州）的 $PM_{2.5}$ 污染水平较上年有所改善，恩施的下降幅度最大，达到 5.9%，荆州与上年持平。分析优良天数比例情况发现，黄冈、恩施 2019 年的优良天数比例较 2018 年有所下降，主要原因在于夏季 O_3 污染问题日益突出，超标现象严重，影响了两地的优良天数比例。

近三年湖北省 $PM_{2.5}$ 浓度总体呈下降趋势，其中鄂中、鄂东地区降幅明显，高污染点位数量稳步减少，但是传输通道城市（包括襄阳、宜昌等地）的 PM 污染形势依然严峻。

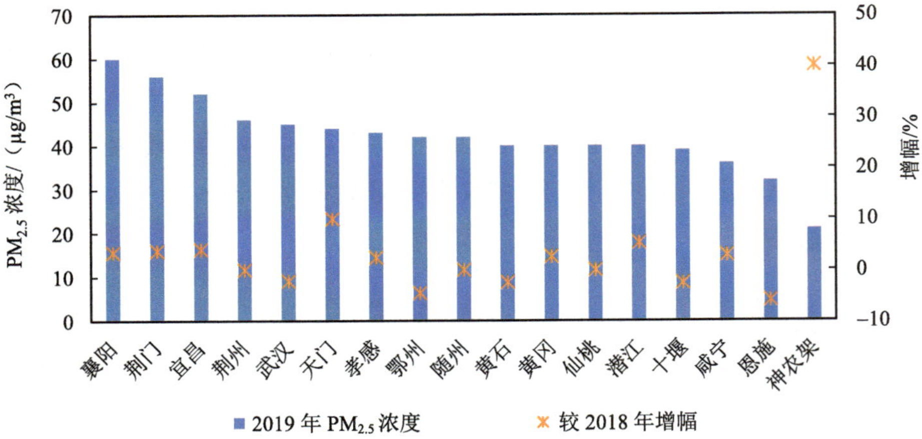

图 2-2　湖北省各市（州）2019 年 $PM_{2.5}$ 平均浓度情况

2019 年 1—12 月，湖北省 17 个市（州）O_3-8 h 浓度值平均为 158 μg/m³，较 2018 年同期（141 μg/m³）上升 12.1%，其中 13 个国考城市 O_3-8 h 浓度值平均为 161 μg/m³，较 2018 年同期（142 μg/m³）上升 13.4%。如图 2-3 所示，2019 年全省 17 个市（州）O_3-8 h 浓度值均较上年同期有所上升，其中鄂东地区 O_3 污染问题较其他地区突出，武汉的 O_3 浓度为全省最高，O_3-8 h 浓度值达到 183 μg/m³，较 2018 年同期上升 21.2%；位于鄂西地区的恩施 O_3-8 h 增幅为全省最高，达到 43.2%。近三年湖北省的 O_3 浓度呈逐年升高的趋势，其中武汉及周边区域，包括武汉、黄冈、黄石、荆州、孝感等地变化显著，鄂西地区的十堰、恩施 O_3 污染问题开始显现。

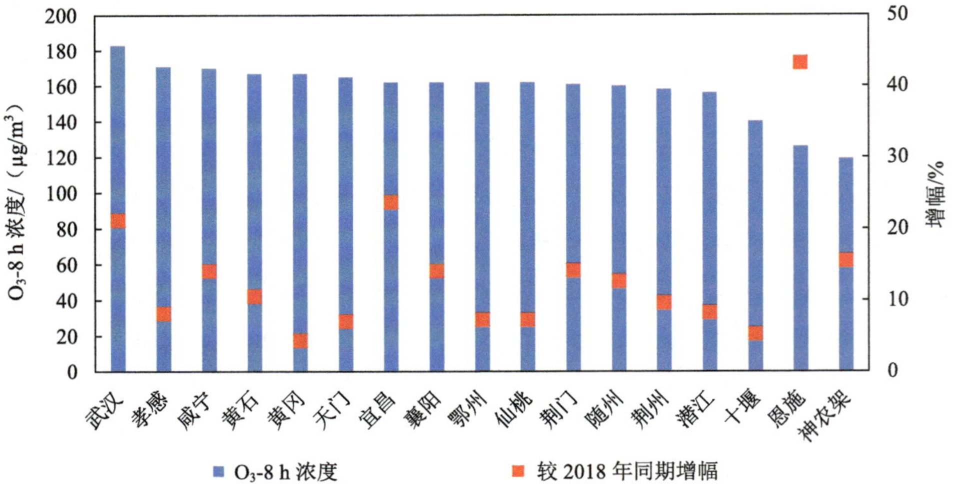

图 2-3　湖北省 2019 年 O_3-8 h 浓度情况

将全省 17 个市（州）按照《城市环境空气质量排名技术规定》（环办监测〔2018〕19 号）进行排名（表 2-1），2019 年空气质量相对较差至相对较好依次是襄阳、武汉、荆州、荆门、宜昌、鄂州、黄石、孝感、仙桃、天门、黄冈、随州、潜江、十堰、咸宁、恩施、神农架（仙桃、天门并列）。除咸宁和神农架外，其他城市的主要污染物均为 $PM_{2.5}$。虽然 O_3 污染形势日益严重，但是现阶段湖北省的主要污染物仍然是 PM，17 个市（州）中仅恩施和神农架的主要污染物为 O_3。

表 2-1　2019 年湖北省 17 个市（州）环境空气质量综合指数

排序	城市	综合指数	最大指数	主要污染物	同比增长/%
1	襄阳	5.25	1.71	$PM_{2.5}$	2.1
2	武汉	5.07	1.29	$PM_{2.5}$	5.6
3	荆州	4.82	1.31	$PM_{2.5}$	0.4
4	荆门	4.81	1.6	$PM_{2.5}$	−0.6
5	宜昌	4.73	1.49	$PM_{2.5}$	3.3
6	鄂州	4.72	1.2	$PM_{2.5}$	4
7	黄石	4.62	1.14	$PM_{2.5}$	2.4
8	孝感	4.38	1.23	$PM_{2.5}$	3.5
9	仙桃	4.34	1.14	$PM_{2.5}$	−1.4
10	天门	4.34	1.26	$PM_{2.5}$	4.8
11	黄冈	4.31	1.14	$PM_{2.5}$	4.9
12	随州	4.26	1.2	$PM_{2.5}$	3.9
13	潜江	4.23	1.14	$PM_{2.5}$	6.3
14	十堰	4.11	1.11	$PM_{2.5}$	0.2
15	咸宁	3.83	1.06	O_3	5.8
16	恩施	3.47	0.91	$PM_{2.5}$	5.5
17	神农架	2.39	0.74	O_3	13.3

图 2-4 分析了湖北省 2017—2019 年环境空气质量的季节变化特征，全省 PM 和 O_3 的污染形势总体呈 PM 秋冬季高、夏季低，O_3 夏季高、冬季低的特征。2017—2019 年，春季、秋季的 $PM_{2.5}$ 污染改善明显。2019 年春季的 $PM_{2.5}$ 浓度为 37.1 $\mu g/m^3$，较 2017 年下降 16.8%；冬季的 $PM_{2.5}$ 浓度为 78.8 $\mu g/m^3$，较 2017 年下降 4.9%，低于全年平均值 11.9%。2019 年秋季的 PM_{10} 浓度为 66.3 $\mu g/m^3$，较 2017 年（65.4 $\mu g/m^3$）小幅上升。从年际趋势变化来看，2018 年冬季 $PM_{2.5}$、PM_{10} 浓度较 2017 年有明显下降后，在 2019 年出现明显反弹，说明目前湖北省秋冬季 PM 污染防控形势依然严峻。分析 O_3 浓度的季节变化特征

发现，2019 年湖北省春季、夏季、秋季的 O_3 浓度分别为 103.4 μg/m^3、130.1 μg/m^3、102.6 μg/m^3，均较 2017 年同期有所上升，上升比例分别为 7.1%、28.6%、40.1%，其中秋季上升比例最高，且呈连续三年持续上升的趋势。

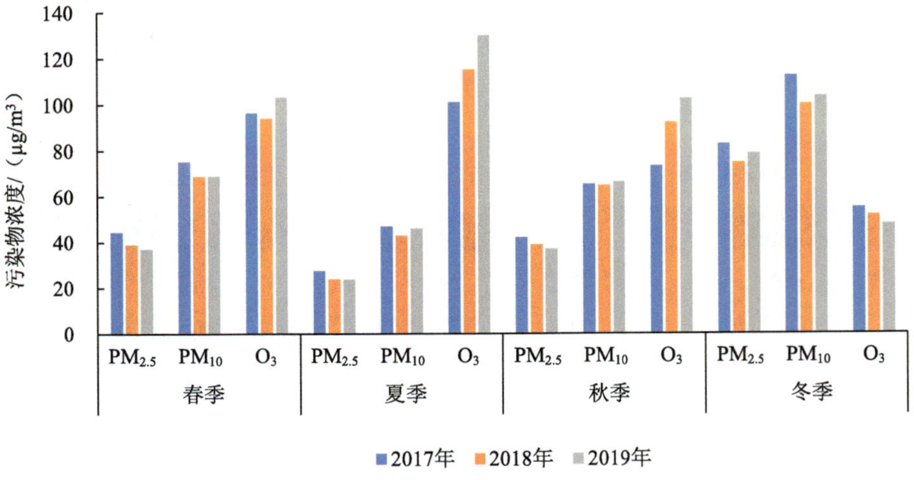

图 2-4　湖北省 2017—2019 年污染物浓度季节变化情况

第 3 章

高分辨率大气污染物排放清单编制技术方法

3.1 本地排放源构成

城市排放清单编制应首先针对清单编制区域内的排放源进行摸底调查，根据当地行业和燃料/产品特点，在原环境保护部技术文件提供的源分类分级体系中选取合适的第一、第二级排放源类型，明确当地排放源的构成，确定活动水平数据调查和收集对象。在数据调查和收集阶段应涵盖排放源第三、第四级分类涉及的所有燃烧/工艺技术和污染物末端控制技术，在数据整理过程中根据当地排放源的特点确定排放清单覆盖的第三、第四级分类。

根据原环境保护部发布的大气污染物排放清单编制技术指南，结合湖北省的大气污染排放源特征，建立了湖北省排放源分类，具体包括以下 10 类。

①化石燃料固定燃烧源：指利用化石燃料燃烧时产生的热量，为发电、工业生产和居民生活等提供热能和动力的燃烧设备。

②工业过程源：指在工业生产和加工过程中，以对工业原料进行物理和化学转化为目的的工业活动。

③移动源：指由发动机牵引、能够移动的各种客运、货运交通设施和机械设备，包括道路移动源和非道路移动源。

④溶剂使用源：指生产、使用有机溶剂的工业生产和生活部门。

⑤储存运输源：指石油化工产品在收集、存储、运输、分配和销售过程中存在的可能排放大气污染物的行为。

⑥扬尘源：指在自然力或人力作用下各种不经过排气筒，无组织、无规则地排放地表松散颗粒物质的 PM 排放源。

⑦农业源：指在农业生产和畜牧业发展过程中，畜禽养殖、肥料施用等相关活动向大气排放污染物的行为。

⑧生物质燃烧源：指锅炉、炉具等使用未经过改性加工的生物质材料的燃烧过程，以及森林火灾、秸秆露天焚烧等。

⑨废弃物处理源：指由工业和生活部门产生的进入集中处理设施内的废水、固体废物等在其处理过程中向大气环境排放污染物的行为。

⑩其他排放源：指上述源分类未涵盖的大气污染物排放源，主要指餐饮油烟。

污染物类型包括 SO_2、NO_x、CO、PM_{10}、$PM_{2.5}$、BC、OC、VOCs 和 NH_3 共 9 种。污染源排放量细分为年排放量和生产（使用）期间日排放量。

3.2 调查方法

3.2.1 基础资料调研

根据二污普的污染源数量分布、行业分布等信息，从宏观角度了解湖北省整体排放源的大气污染物排放现状和经济社会发展状况，初步掌握工业源、移动源、生活源、集中式污染治理设施等的详细资料。基于湖北省统计年鉴、年报及行业报告等资料获取湖北省各污染源的相关参数资料数据，包括地区生产总值、能耗、人口、机动车保有量等。

通过细化分析二污普污染源清查名录，建立全面的涉气污染企业名录，全面梳理大气污染物排放清单编制中各污染源所需的基础数据。拟定建立大气污染物排放清单所需的数据资料清单，与湖北省生态环境厅和各市州生态环境部门进行对接，获取各类主要污染源的数量、燃料消耗量及产品产量等关键的活动水平。调查对象主要是生态环境、交通运输、经信、农业、住建、渔业等部门，调查内容涵盖 10 类污染源，资料清单见表 3-1。

表 3-1 相关部门数据需求

部门	数 据	部门	数 据
生态环境部门	重点源逐时在线监测数据 车辆尾气年检信息 餐饮企业相关信息 社会加油站相关信息	经信部门	煤炭消耗总量信息
交通运输部门	不同等级道路车流量信息 不同等级道路长度信息 道路施工工地信息 道路施工工程机械信息 内河船舶信息 码头经纬度信息 码头堆场信息 港作机械信息 道路沥青铺装情况 油罐车信息	农业部门	农业机械相关信息 畜禽养殖场及养殖量情况 耕地面积及氮肥施用情况 各类农作物种植及产量信息 秸秆堆肥及焚烧等综合利用情况 耕地及裸土面积信息

部门	数　据	部门	数　据
住建部门	建筑工地施工信息 建筑施工工程机械信息 市政涂料使用情况 市政道路清扫信息 施工工地堆场信息	渔业部门	渔业船舶信息

3.2.2　污染源调查

1. 调查对象

本研究调查对象主要包括二污普和环境统计系统中涉及大气污染物排放的重点工业企业、施工工地、典型道路、配矿货场、露天矿山及不同经营特征和规模的干洗、汽修、餐饮企业等。针对不同排放源拟定了现场调查方案和计划，成立了现场调查组，根据排放源的行业特征，采用现场调查、发表调查、部门座谈等方式收集排放源的活动水平等数据。

（1）工业企业

调查对象包括发电厂、重点行业工业企业、其他工业企业有组织和无组织排放情况。其中，发电厂的具体调查内容包括活动水平、污染物排放情况及排污口在线监测资料，调查参数具体包括发电供热企业空间位置、机组数量、装机容量、发电量、燃烧方式、锅炉类型、燃料种类、燃料消耗量、煤炭硫分和灰分、治理设施、处理效率及堆场等信息；重点行业工业企业包括钢铁、水泥、建材、有色金属、化工、印刷及排污权核定中涉及的重点排污单位等，需针对单个企业和生产线开展“全口径”调研；其他工业企业的调查对象根据工商及各区生态环境局的基础资料拟定，调查内容主要包括企业常规信息［如企业名称、地理位置（GPS 定位）、行业类别、年产值、联系人、联系方式等］、能源消费信息（如锅炉类别和型号、能源类型及消耗量、煤炭质量等）、生产经营信息（如原辅材料类别和消耗量、产品类别和年产量、工艺类型描述、有机溶剂类别和用量等）、污染控制措施（如脱硫、脱硝、除尘和 VOCs 处理方法及对污染物的去除效率、运行时间等）、排气筒信息（如高度、污染物浓度等）、工业堆场信息（如料堆类型、堆场面积、运载信息、控制措施等）。

（2）施工工地

从住建部门获取 2017—2018 年市政施工、建筑施工工地名单，设立扬尘源调查小组，以建成区在建工地为重点开展施工工地现场调查。

（3）典型道路

根据不同等级道路的分布情况，筛选发展水平差异较大的乡镇、街道开展道路扬尘现场踏勘，对象涵盖国道、省道、县道、主干道、次干道和支路共 6 类道路类型。

（4）生活源

调查对象包括干洗、餐饮和汽修企业。筛选涵盖不同镇街、不同经营范围和规模的干洗、汽修、餐饮企业进行实地调查。对于大型餐饮企业（灶眼数量为 6 个及以上），需调查收集营业面积、灶眼个数、营业时间、油烟净化装置等信息；对于小型餐饮企业，采取抽样调查的方法，掌握餐饮营业及油烟处理情况。

2. 调查内容

根据排放源特征及调查对象对排放源调查工作进行分类，具体分类情况及调查内容如下：

（1）工业源

火电以机组为单位开展调查，工业企业主要包括锅炉、窑炉和生产工序 3 个部分，分别以锅炉、窑炉和生产工序为单位开展调查。结合典型重点企业布点采样实测数据，对使用排放系数方法估算的重点源排放结果进行数据校验。对于已安装烟气排放连续监测系统并满足数据规范性要求的企业，应按照《国控污染源排放口污染物排放量计算方法》（环办〔2011〕8 号），采用排放口自动监测数据计算 SO_2、NO_x 和 PM 的排放量。

（2）移动源

移动源包括道路移动源和非道路移动源。其中，道路移动源包括载客汽车、载货汽车和摩托车三大类；非道路移动源包括船舶、铁路内燃机车和工程机械、农业机械等非道路移动机械。

（3）溶剂使用源

溶剂使用源包括工业溶剂使用源和非工业溶剂使用源两大类。其中，工业溶剂使用源需调查工业企业名称、地理经纬度、工业产品产量、油墨使用量、胶黏剂使用量、汽车护理产品产量等（现场调查，生态环境、市场监督管理部门等）；非工业溶剂使用源需调查人口数量、家用溶剂使用量、房屋竣工面积、人均住房面积、市政涂料用量、沥青道路的新增与翻新长度、沥青用量、农药用量、干洗剂种类及用量等（统计部门）。

（4）生活源

生活源主要调查餐饮油烟排放情况（市场监督管理部门），包括餐饮企业的地理位置、固定炉头数、烟气排放速率、年总经营时间、经营时间变化曲线、烟气净化器安装情况等。

（5）扬尘源

扬尘源包括 3 类：①道路扬尘（公安交管部门），包括典型路段的分车型车流量，不同等级道路的长度、面积、经纬度范围；②施工扬尘（住建部门），包括各类施工点位分布、施工时间计划、施工面积、施工类型及施工阶段；③堆场扬尘（住建部门），包括堆场所在位置、面积、堆放量，堆放物料的种类、产地、粒径特征和含水率，扬尘控制措施。

（6）农业源

农业源主要包括畜禽养殖、氮肥施用、秸秆燃烧等（农业部门），应调查秸秆堆肥和焚烧量、各区域耕地面积、主要作物种植面积等。

3.3 大气污染物排放清单编制方法

根据收集到的活动水平数据的详细程度，本次清单编制主要结合自下而上和自上而下两种形式来估算各污染源的排放量。本次清单所估算的十大类排放源的分类及估算方法主要依据《城市大气污染物排放清单编制技术手册》，但根据湖北省的实际情况对部分源分类及估算方法做了调整。

3.3.1 化石燃料固定燃烧源

1．热力生产和供应业

热力生产和供应业在燃料燃烧提供热力时会产生并排放大气污染物，根据燃料类型分类，其产生和排放的大气污染物主要包括 SO_2、NO_x、CO、PM_{10}、$PM_{2.5}$、BC、OC、VOCs、NH_3。

热力生产和供应业排放源按点源处理，在综合考虑湖北省热力生产和供应部门燃烧设备技术信息的基础上，结合各种燃料消耗量、燃料含硫率、燃煤灰分、污染物控制措施及去除效率等信息进行估算。其中，SO_2 排放量基于锅炉燃煤或燃气的含硫率及去除率等信息采用物料衡算法估算，PM（$PM_{2.5}$、PM_{10}）基于锅炉燃煤和燃气的灰分、去除率及某粒径范围 PM 占总 PM 的比例等信息采用物料衡算法，其他污染物（NO_x、CO、VOCs、NH_3）根据《城市大气污染物排放清单编制技术手册》中的排放系数进行计算，公式如下：

$$E = A \times \mathrm{EF} \times (1-\eta) \tag{3-1}$$

式中，E —— 污染物排放量，kg；

A —— 排污设备燃料消耗量，t 或 m^3；

EF —— 污染物产生系数，kg/t 或 kg/m^3；

η —— 污染控制措施对污染物的去除效率，%。

2．采矿业和制造业

采矿业和制造业全部按点源处理，主要为化学原料和化学制品制造业、家具制造业、汽车制造业、造纸和纸制品业、有色金属冶炼和压延加工业、农副食品加工业、食品制造业、专用设备制造业等行业。其燃料类型主要为煤炭、天然气、柴油、焦炭、成型生物质和其他燃料，排放系数参照《城市大气污染物排放清单编制技术手册》中的附录 F，按照第四级排放源燃料消耗量进行计算，公式见式（3-1），其中 A 为第四级排放源燃料消耗量。

3. 民用源

民用源主要是指作为居民日常生活使用的家用燃料燃烧过程的排放，根据燃料类型可做进一步分类，湖北省的民用源主要为煤炭、天然气和生物质。其估算方法采用基于燃料消耗量的排放因子法。民用源第四级排放源的计算公式见式（3-1），其中 A 为第四级排放源燃料消耗量。

3.3.2 工业过程源

工业过程源是指工业生产和加工过程中，以对工业原料进行物理和化学转化为目的的工业活动，由于原料发生物理或化学变化而向大气排放污染物。相较于其他排放源，工业过程源涉及面广、种类繁多、排放量大，其排放特征极为复杂，不同的经济行业由于原料类型和工艺技术有差异，其排放的大气污染物种类和排放强度均有所不同。

湖北省工业过程源均按点源处理，其污染物排放与原辅材料类型、生产工艺技术、控制措施和管理水平密切相关。根据湖北省的产业结构和行业类别，本研究中的工业过程源涉及的行业主要包括非金属矿物制品业、化学原料和化学制品制造业、橡胶和塑料制品业及农副食品加工业等。

工业过程源的估算主要参照《城市大气污染物排放清单编制技术手册》中附录 F 提供的排放系数，按照第四级排放源所对应的产品产量，采用排放系数法进行计算，公式如下：

$$E = A \times \mathrm{EF} \times Y \times (1 - \eta) \tag{3-2}$$

式中，A —— 第四级排放源对应的其他工业过程源产量，t；

EF —— 污染物产生系数，kg/t；

Y —— 某类燃烧技术的应用比例，%；

η —— 污染控制技术对污染物的去除效率，%。

3.3.3 溶剂使用源

溶剂使用源是指生产、使用有机溶剂的工业生产和生活部门。其第一级分类包括印刷印染、表面涂层、农药使用等溶剂使用行业；第二级分类包括杀虫剂、除草剂、杀菌剂使用及建筑涂料、汽车喷涂和表面涂装溶剂的使用过程；第三级分类包括水性涂料、溶剂涂料、传统油墨、新型油墨等涂料溶剂类型；第四级均按无控情况处理。另外，根据湖北省的工业实际情况，本研究增加了对电子产品制造子源的估算。溶剂使用源排放量（E）的计算公式如下：

$$E = Q \times \mathrm{EF} \tag{3-3}$$

式中，Q —— 溶剂使用量，t；

EF —— 单位质量的油墨或染料的 VOCs 排放系数，kg/t。

3.3.4 移动源

1. 道路移动源

道路移动源按面源处理，结合城市分车型机动车保有量、年均行驶里程等信息进行估算，其污染物排放量计算公式如下：

$$E_i = \sum P_j \times \text{VKT}_j \times \text{EF}_{ij} \qquad (3\text{-}4)$$

式中，E_i —— 机动车 i 污染物年排放总量，kg；

P_j —— j 型车的机动车保有量，辆；

VKT_j —— j 型车的年均行驶里程，km；

EF_{ij} —— j 型车的第 i 类污染物的排放因子，kg/（辆·km）。

2. 非道路移动源

非道路移动源按面源处理，其污染物排放量计算公式如下：

$$E_i = Y_j \times \text{EF}_{ij} \times (1-\eta) \qquad (3\text{-}5)$$

式中，E_i —— 非道路移动源 i 污染物排放量，kg；

Y_j —— j 型车的燃油消耗量，t；

EF_{ij} —— j 型车的第 i 类污染物排放系数，kg/t；

η —— 污染控制措施对污染物的去除效率，%。

对于农用运输车，其污染物排放量还可以按式（3-6）计算：

$$E = P \times \text{EF} \times \text{VKT} \qquad (3\text{-}6)$$

式中，E —— 污染物排放量，kg；

P —— 农用运输车保有量，辆；

EF —— 基于行驶里程的污染物排放系数，kg/（辆·km）；

VKT —— 年均行驶里程，km。

对于工程机械、农业机械和小型通用机械，其污染物排放量也可以采用式（3-7）计算：

$$E = \sum (Pn \times Gn \times \text{LF}n \times \text{hr}n \times \text{EF}n)/1\,000 \qquad (3\text{-}7)$$

式中，P —— 保有量，辆；

n —— 功率段，kW；

G —— 平均额定净功率，kW；

LF —— 负载因子；

hr —— 年使用小时数，h；

EF —— 污染物排放系数，g/（kW·h）。

一般而言，非道路移动源的 SO_2 估算采用物料衡算法，其排放量计算公式如下：

$$G_{SO_2}=2\times B\times S\times(1-\eta) \tag{3-8}$$

式中，G_{SO_2} —— SO_2 排放量，kg；

B —— 燃油消耗量，t；

S —— 燃料含硫率，%；

η —— 脱硫设备的脱硫效率，%（如果没有脱硫设备，η 为 0）。

3.3.5 扬尘源

扬尘源是一个开放污染源，其排放特征受到天气环境、地表类型、人类活动强度等众多因素的影响。扬尘的来源十分混杂，主要有基础设施建设中的扬尘排放，工业废渣和散装材料在露天堆放与装卸时产生的扬尘，因机动车活动或者人流活动而引起的道路上灰尘、渣土、砂石等 PM 的扬起，以及未被植被或者水泥地覆盖的裸露地面的扬尘等。根据湖北省各市（州）的实际情况，本研究参照《扬尘源颗粒物排放清单编制技术指南（试行）》对道路扬尘、施工扬尘、堆场扬尘 3 种扬尘源进行估算。

1. 道路扬尘

道路扬尘调查主要参照《扬尘源颗粒物排放清单编制技术指南（试行）》中的方法进行统计。通过获取的道路长度及车流量信息、降水量信息，对主要道路类型（高速、一级道路、二级道路、三级道路和四级道路等）进行分类型统计。每条道路扬尘排放量的计算公式如下：

$$W_i=\sum[\mathrm{EF}_{ij}\times L_j\times N_j\times(1-n/365)] \tag{3-9}$$

式中，i —— 颗粒物粒径，为 2.5 或 10；

j —— 主要道路类型，包括高速、一级道路、二级道路、三级道路和四级道路；

W_i —— 颗粒物 PM_i 的总排放量，g；

$EF_{i,j}$ —— 不同道路类型 PM_i 平均排放系数，kg/（辆·km）；

L_j —— 不同类型道路长度，km；

N_j —— 一定时期内车辆在该段道路上的平均车流量，辆/a；

n —— 不起尘天数，d（用一年中降水量大于 0.25 mm/d 的天数表示）。

2. 施工扬尘

施工扬尘以点源方式进行统计，根据表格调查获取湖北省各市（州）的施工工地信息，参照《扬尘源颗粒物排放清单编制技术指南（试行）》中总体估算法进行计算，公式如下：

$$W_{Ci}=E_{Ci}\times A_C\times T \tag{3-10}$$

式中，W_{Ci}—— 施工扬尘源中 PM_i 的总排放量，kg；

E_{Ci}—— 整个施工工地 PM_i 的平均排放系数，kg/（月·m^2）；

A_C—— 施工区域面积，m^2；

T—— 工地的施工活跃月份数，一般按施工天数/30 进行计算。

3. 堆场扬尘

堆场扬尘采取点源的方式进行统计。根据湖北省各市（州）的堆场调查情况，参照《城市大气污染物排放清单编制技术手册》中的方法进行计算。

堆场扬尘排放量主要是装卸、运输引起的扬尘与堆积存放期间的风蚀扬尘的加和，计算公式如下：

$$W_Y=\sum_{i=1}^{m}E_h\times G_{Yi}+E_W\times A_Y \tag{3-11}$$

式中，W_Y—— 堆场扬尘源中 PM 的总排放量，kg；

m—— 每年料堆物料装卸总次数，次；

E_h—— 堆场装卸运输过程的扬尘 PM 排放系数，kg/d；

G_{Yi}—— 第 i 次装卸过程的物料装卸量，kg；

E_W—— 料堆受到风蚀作用的 PM 排放系数，kg/m^2；

A_Y—— 料堆表面积，m^2。

3.3.6 农业源

农业源是 NH_3 排放的主要来源，其排放过程与农业和畜牧业的生产活动息息相关，以下主要介绍畜牧业和农业施肥 NH_3 排放的估算方法。

1. 畜禽养殖

畜禽养殖中的 NH_3 排放主要来源于粪尿排泄中的氮，被排泄的氮是决定排放系数的主要因素。粪尿自产生到还田一般经过畜舍、储存管理、农田施用和放牧 4 个环节。根据湖北省各市（州）养殖业的实际情况将畜禽分为肉牛、母猪、肉猪、蛋鸡、肉鸡，基于畜禽年总出栏量和年末存栏量，采用排放因子法进行估算，公式如下：

$$E=\sum(A_i\times \mathrm{EF}_i\times \gamma) \tag{3-12}$$

式中，E—— 大气氨排放量，kg；

i—— 畜禽粪便类型，分为户外、圈舍-液态、圈舍-固态、存储-液态、存储-固态、施肥-液态、施肥-固态；

A_i—— 活动水平，指畜禽排泄物在不同管理阶段、粪便不同形态中含有的总铵态氮

（TAN）量，kg；

EF_i —— 氨排放系数，%TAN；

γ —— 氮-大气 NH_3 转换系数，取 1.214。

2. 氮肥施用

施用氮肥造成的 NH_3 排放通常采用排放系数法进行估算。氮肥施用的 NH_3 排放量估算简化方法是用各类氮肥的施用量乘以相应的排放因子，其公式如下：

$$E = \sum (A_i \times \mathrm{EF}_i) \tag{3-13}$$

式中，E —— 大气氨排放量，kg；

i —— 化肥种类（包括碳酰胺、碳铵、硝铵、硫胺和其他氮肥）；

A_i —— 活动水平，即各种氮肥的施用量，t；

EF_i —— 氮肥的 NH_3 排放系数，kg/t。

3.3.7 生物质燃烧源

生物质燃烧源是指锅炉、炉具等使用未经过改性加工的生物质材料燃烧的过程，以及森林火灾、草原火灾、秸秆露天焚烧等。本次估算共分为生物质炉灶和秸秆露天焚烧两类。

1. 生物质炉灶

生物质炉灶的主要燃料为秸秆和薪柴，其排放量（E）采用式（3-14）计算：

$$E = A \times \mathrm{EF} \tag{3-14}$$

式中，A —— 排放源活动水平，即生物质炉灶燃料消耗量，t；

EF —— 排放系数，kg/t。

2. 秸秆露天焚烧

秸秆露天焚烧消耗的生物量（A）按照式（3-15）计算：

$$A = P \times N \times R \times \eta \tag{3-15}$$

式中，P —— 农作物产量，t；

N —— 草谷比（秸秆干物质量与作物产量的比值）；

R —— 秸秆露天焚烧比例，%；

η —— 燃烧效率。

对于秸秆露天焚烧比例，应通过抽样调查来获取。本研究未开展实际调查，秸秆露天焚烧比例参考相关文献，取值为 10%；燃烧效率参考《城市大气污染物排放清单编制技术手册》，取值为 0.9。

3.3.8　储存运输源

储存运输源的排放过程主要包括油品灌装、油品运输和油品储存过程。本节介绍的储存运输源排放计算方法涵盖了原油运输至炼油厂、储油库的收油/发油作业，油罐车油品运输，加油站卸油作业，机动车加油等过程。其计算方法为

$$E = \sum (\mathrm{EF}_{i,m} \times Q) \tag{3-16}$$

式中，E—— 挥发性有机物排放量，kg；

i—— 油气储运源的排放子源；

m—— 第三级排放源的技术和工艺；

$\mathrm{EF}_{i,m}$—— 可挥发性有机物实际排放系数，kg/t；

Q—— 油气运输量或储存量，t。

3.3.9　废弃物处理源

废弃物处理源是指由工业和生活部门产生的进入集中处理处置设施内的废水、固体废物等过程副产物。根据收集到的活动水平数据的翔实程度，结合湖北省各市（州）的实际情况，垃圾填埋和污水处理均按点源处理，其计算公式如下：

$$E = \sum (A_i \times \mathrm{EF}_i) \tag{3-17}$$

式中，E—— 污染物排放量，kg；

A_i—— 活动水平，处理废水、固体废物的量，t；

i—— 废弃物处理源子源，包括垃圾填埋、废水处理、烟气脱硝；

EF_i—— 子源污染物排放因子。

3.3.10　其他排放源（餐饮油烟）

其他排放源是指上述源分类未涵盖的大气污染物排放源集合，主要指餐饮油烟。根据湖北省各市（州）的具体情况，估算了餐饮油烟的污染物排放情况。餐饮源的污染物主要来源于餐饮企业及家庭烹调过程中排放的油烟，其具有明显的时间特性，主要集中在就餐时间。湖北省各市（州）餐饮油烟的排放估算主要分为餐饮企业排放和家庭厨房排放。计算方法参照《城市大气污染物排放清单编制技术手册》中的推荐方法，以点源结合面源的性质进行计算，计算公式如下：

$$E_i = n \times V \times H \times \eta \times \mathrm{EF}_i \times 10^{-9} \tag{3-18}$$

式中，E_i—— 污染物 i 的排放量，t；

n—— 固定炉头数，个；

V —— 烟气排放速率，m^3/h；

H —— 年总经营时间，h；

EF_i —— 污染物 i 排放系数，mg/m^3；

η —— 厨房气体油烟机的烟气去除效率，%。

3.4 高分辨率大气污染物排放清单建立方法

空间分配是根据排放源的地理位置或者采用与排放源有相同空间变化特征的空间地理信息数据，利用基于地理信息系统（GIS）的计算机技术，将污染物排放量分配到高精度（3 km×3 km）网格中，以研究排放源的排放空间特征，使之满足空气质量模拟预测研究数据的需求，体现排放清单的动态更新成果。

大气污染物排放清单可根据排放源的空间分布形态和数据的详细程度将排放源分为点源、面源和线源。点源一般是单独的一个排放源，并具有详细的空间经纬度数据，其排放空间特征可直接由点源的经纬度数据和排放量确定；面源和线源的排放清单则一般基于区域的污染物统计量。其中，人为面源是由许多缺乏详细经纬度数据的固定中小型排放源组成的，在宏观上表现出空间连续或者不连续的块状特征；机动车和船舶等线源在空间上是移动的，表现出与污染源移动路线一致的地理特征。

与点源不同的是，面源和线源缺乏明确的地理位置信息，需要借助地理空间数据来表征其排放空间特征，该数据被称为空间表征数据。基于污染源的排放空间特征，空间表征数据可以是直接或间接影响排放源估算的参数数据，也可以是在空间分布上与污染源类似的其他地理空间数据，常见的有人口密度分布数据、土地利用数据（如耕地、林地、住宅用地等）、道路网数据和其他特定的排放源分布数据等。

针对湖北省主要污染源的排放空间特征，同时考虑空间表征数据的可获取性及代表性，各个源的空间分配方法见表 3-2。

表 3-2 网格化清单空间分配方法

污染源类别		分配依据	获取方法
工业过程源		GPS 定位经纬度	污染源普查、专项调查
道路移动源		标准道路长度等	污染源普查、部门调研
非道路移动源	工程机械	建筑业机械设备总功率、各区域建筑业总产值	资料收集、部门调研
	农业机械	各区域农用机械总动力	污染源普查、专项调查
	铁路机车	铁路长度、道路长度	

污染源类别		分配依据	获取方法
扬尘源	施工扬尘	工地具体位置（经纬度）、施工总面积	专项调查
	道路扬尘	标准道路长度	专项调查
	堆场扬尘	GPS 定位经纬度	专项调查
非工业溶剂使用源	居民生活和商业中的溶剂使用	各区域非农业人口分布	污染源普查、专项调查
	干洗	GPS 定位经纬度	专项调查
储存运输源	油品储运	GPS 定位经纬度、油品运输量	污染源普查
	加油站	加油站具体位置（经纬度）、油品销售量等	
民用源	燃煤	各区域人口分布等	污染源普查、专项调查
	天然气		
	液化石油气		
农业源	农药施用	各城市耕地面积分布、施用量	污染源普查、专项调查
	畜禽养殖	畜牧场具体位置（经纬度）	
	氮肥施用	各区域耕地面积分布	
	固氮植物	各区域固氮植物种植面积分布	
生物质燃烧源	秸秆露天焚烧	各城市耕地面积分布、农作物产量、农村居民点分布	污染源普查、专项调查
	生物质炉灶	工业企业经纬度	污染源普查
废弃物处理源		GPS 定位经纬度	污染源普查
其他排放源（餐饮油烟）		餐饮企业经纬度	专项调查

3.5 调查数据审核与质控程序

3.5.1 调查数据审核与质控

排放清单编制参数包括活动水平数据、排放系数及其他计算参数（如含硫率、污染物去除效率等），由于所需的编制参数种类繁多，很难从单一来源获取所需全部数据，在实际应用中编制参数往往来自多个不同来源，数据质量也参差不齐。在此过程中，有 4 个影响排放清单编制质量的主要环节，需要确保数据来源的权威性、时效性、一致性和代表性。

1．来源权威性

排放清单编制参数的来源多样，包括污染源普查、专项调研、部门统计、统计年鉴/公报、文献参考等。

一般情况下，当进行了详细可靠的现场调研时，首先，应采用调研结果，但必须保证其经过了充分的质控和校验程序。其次，应尽量采用较为权威公开的数据来源，如政府、环境保护相关部门公开的统计数据，或国内外权威研究机构、专家学者发布的详细研究报告等。再次，当对比不同来源的数据时，除了考虑其来源的权威性，还需要分析数据获取方法的科学性和代表性，如现场调研的样本量和范围、采样和分析方法、数据统计方法等，必要时结合常规的污染源特征进行判断。最后，记录详细来源，包括作者、机构单位、数据有效时段、发表途径、资料名称等，如有相关网页链接和红头文件等则同步下载保存，以便于日后复查。

2. 数据时效性

大气污染物排放清单的编制往往以具体某一年为目标，称之为基准年，所有对应使用的数据代表年份应该尽可能地往此年份靠拢，并尽量更新。基于清单基准年和数据的可获取性，审视所选用的活动水平数据和排放因子等编制参数是否在基准年内、是否是最新的，如若不是，则应继续查找其他途径并进行更新，同时记录好各项数据的获取年份，以便日后复查。

另外，很多情况下基准年的当年数据无法获取或尚未公布，可使用相近年份的替代数据，但是替代年份数据需要考虑目标区域在不同年份之间是否存在突变情况。例如，由于国家大面积“煤改气”工程的推广实施，部分企业在 2016 年下半年开始进行锅炉改造，因而导致企业停产，能源消费量变化较大，此类情况下数据的替代性较差，建议采用其他方法进行推算补充。同时，利用小时间尺度（月、日、小时）的数据推算全年总量数据时，需考虑公休日、维修时段、突发气象灾害等重要因素的影响。

3. 数据一致性

不同的清单计算方法需要应用不同的编制参数。审视清单开发所需数据是否有一致的来源和数据属性（如数据格式、数据测试和获取年份），如果所用数据有多个来源，需要注意不同来源之间的数据是否具有可比性，在使用之前应先将数据统一转为一致的格式，再进行计算。

对于具体的某个排放源，需要注意当中所使用的排放系数和活动水平数据的类型与单位是否一致，其他计算参数类型、数值和单位是否一致，避免出现使用了错误类型的活动数据或者因单位转换问题而导致结果错误的情况。

对于清单计算的整体数据，需要注意不同排放源编制参数之间的一致性，结合各排放源的实际情况和本地管理特征做出综合筛选，避免不同来源数据的质量差异导致各个排放源之间出现结果误差。

4. 数据代表性

数据代表性是指所选取的活动水平数据和排放系数、其他编制参数等是否能够最大限度地用于表征目标区域内的污染源排放特征。为保证数据具有代表性，应尽量选用本地化的活动水平数据和排放因子实测数据，在本地数据匮乏或难以获取的情况下，须审视所选用的替代数据是否有足够的代表性和可替代性。

对于本地化的实测与调研数据，需要考虑数据获取的实施方案是否科学有效、实施人员是否具备足够的专业性、调查测试对象是否代表各级技术水平或管理水平、实施过程的质控程序是否完善、数据结果是否经过对比校验（如实地调研数据和环统数据对比）等，从各方面验证本地数据的代表性和质量。

对于替代数据，除了需要确定数据本身的质量，还需要确定其可替代性，即同时存在不同的替代数据时，对比筛选最接近、假设参数最少、推算过程最科学的替代数据，以尽量减少由假设推算过程导致的数据误差。

3.5.2　数据录入与处理

排放清单编制工作涉及大量的数据和不同的数据记录媒介，包括各类纸质材料和电子材料，因此有繁重的数据录入与处理工作。在暂时没有信息化系统工具协助的情况下，目前清单数据录入和处理主要是通过电子表格人工进行的，容易因为人的疏忽而使该过程发生错误且不易察觉，因此该环节需要采取相应的质量控制程序。

1. 数据录入检查

一般来说，数据录入人员需要将各类资料和数据按照既定的格式统一录入记录/计算表中，同时标记好对应的数据来源。一方面，需要制定规范的录入和来源记录表供录入人员使用，避免遗漏了对重要信息的登记。另一方面，在完成初次数据录入后，为避免人为错误，需要安排至少 1 名专人进行核查。如时间允许，应检查全部录入内容；如时间不允许，检查比例不少于 50%。

需要特别注意的是，在录入同一来源（如统计年鉴）不同年份的数据时，应注意比较不同年份数据变化的总体趋势是否平缓，如有突升或骤降的数据，应查明数据出现波动的原因（如某一年份的统计口径发生了变化），并及时做好记录，以便日后复查。

2. 数据处理检查

为满足清单计算需求，所录入的原始数据一部分能直接应用，另一部分需要经过转换、补充和校验等处理后才能继续使用。

对于点源数据，后续将进行空间分配处理，因此需要先校验其经纬度坐标，通过比对上报的详细地址和地理坐标，利用地理信息定位系统和软件等进行核查，如谷歌地球和地理信息系统（ArcGIS）软件等。

对于数据单位换算、数值有效位数保留、数据格式整理（如数据分类和汇总处理）等直接处理过程和计算公式的输入等，需要通过重复检查来避免转换错误，以保证准确性。

对所缺乏关键数据进行必要的假设和换算时，需要列明假设条件和转换公式的来源与依据等，以便日后复查，保证其合理性。

3.5.3 清单编制过程 QA/QC 程序

在数据采集及清单编制过程中，为保证最终的清单结果质量，需要对数据收集和处理过程、相关计算过程、清单完整性等进行质量检查，即贯穿清单编制整个过程的质量控制。本研究严格依照排放清单质量控制与验证方法，对清单编制过程进行审核，将排放清单编制的审核流程分为过程审核、结果审核和输出审核 3 个阶段，具体流程见表 3-3。

表 3-3 排放清单编制审核流程

审核流程	审核程序	审核人员	审核内容
过程审核	校核	各排放清单负责人	分别对各排放清单估算过程、清单结果贡献率分析、横向对比等进行分析校验
结果审核	初审	各排放清单负责人	分别对各排放清单活动数据、排放系数、估算方法等输入过程、编制过程进行审核
	二审	排放清单小组成员	各排放清单负责人进行交叉检查，对数据来源、清单结果等进行审核，以减少人为错误
	再审	排放清单编制领导小组	对整体清单结果进行审核，确保估算方法、排放系数选取和排放量结果的合理性
	终审	排放清单编制专家	研究探讨排放清单结果及编制过程中的问题，提出意见或建议
输出审核	报告输出	非排放清单编制人员	对整个报告中文字描述、图文图表、报告格式等进行逐字检查，以确保质量

第4章

污染源活动水平分析

4.1 污染源分布情况

根据 2019 年 12 月二污普分源调查对象的统计结果，湖北省的污染源总数为 73 254 个，包括工业企业、规模化畜禽养殖场、集中式污染处理设施及油品储运销环节，其相应数量分别为 46 060 家、20 840 个、2 463 套和 3 891 个，其中油品储运销环节涉及的污染源包括储油库、加油站和油品运输企业，其数量分别为 30 个、3 774 个和 87 家。全省各市（州）的污染源分布情况如表 4-1 所示。

表 4-1　湖北省各市（州）污染源分布情况

行政区划	工业企业数量/家	规模化畜禽养殖场数量/个	集中式污染处理设施/套	油品储运销环节				污染源总数/个
				储油库/个	加油站/个	油品运输企业/家	总计/个	
武汉市	9 229	1 655	999	8	438	13	459	12 342
黄石市	2 756	695	25	1	142	4	147	3 623
十堰市	3 345	437	595	2	184	2	188	4 565
宜昌市	4 919	1 114	106	2	388	13	403	6 542
襄阳市	3 838	2 501	39	3	364	11	378	6 756
鄂州市	1 366	156	129	0	71	4	75	1 726
荆门市	2 485	1 879	145	1	370	14	385	4 894
孝感市	2 826	2 567	29	1	232	2	235	5 657
荆州市	3 099	2 722	45	2	356	1	359	6 225
黄冈市	3 600	4 056	105	3	368	3	374	8 135
咸宁市	2 468	910	88	3	236	1	240	3 706
随州市	1 420	568	23	2	152	6	160	2 171

行政区划	工业企业数量/家	规模化畜禽养殖场数量/个	集中式污染处理设施/套	油品储运销环节				污染源总数/个
				储油库/个	加油站/个	油品运输企业/家	总计/个	
恩施州	2 518	311	70	1	222	4	227	3 126
省直辖县级行政区划	2 191	1 269	65	1	251	9	261	3 786
合　计	46 060	20 840	2 463	30	3 774	87	3 891	73 254

注：省直辖县级行政区划包括天门市、仙桃市、潜江市和神农架林区。

湖北省各市（州）污染源总数最多的是武汉市，其次是黄冈市、襄阳市、宜昌市和荆州市，在全省污染源中的占比分别为16.85%、11.11%、9.22%、8.93%和8.50%。工业企业数量在全省排名前5位的分别是武汉市（20.04%）、宜昌市（10.68%）、襄阳市（8.33%）、黄冈市（7.82%）和十堰市（7.26%）；规模化畜禽养殖场数量排名前5位的分别是黄冈市（19.46%）、荆州市（13.06%）、孝感市（12.32%）、襄阳市（12.00%）和荆门市（9.02%）；油品储运销环节涉及的污染源数量排名前5位的分别是武汉市（11.80%）、宜昌市（10.36%）、荆门市（9.89%）、襄阳市（9.71%）和黄冈市（9.61%）。其中，储油库主要集中在武汉市、襄阳市、黄冈市和咸宁市，占比分别是26.67%、10.00%、10.00%和10.00%；加油站数量最多的是武汉市（11.61%），其次是宜昌市、荆门市、黄冈市和襄阳市，占比分别是10.28%、9.80%、9.75%和9.64%；油品运输企业数量在10个以上的城市有4个，分别为荆门市、武汉市、宜昌市、襄阳市，占比分别是16.09%、14.94%、14.94%、12.64%。

4.1.1 工业源分布现状

湖北全省总共有46 060家工业企业，其中31 625家企业有废气排放，占比为68.66%。全省各市（州）有废气排放的工业企业数量和占比如图4-1所示。

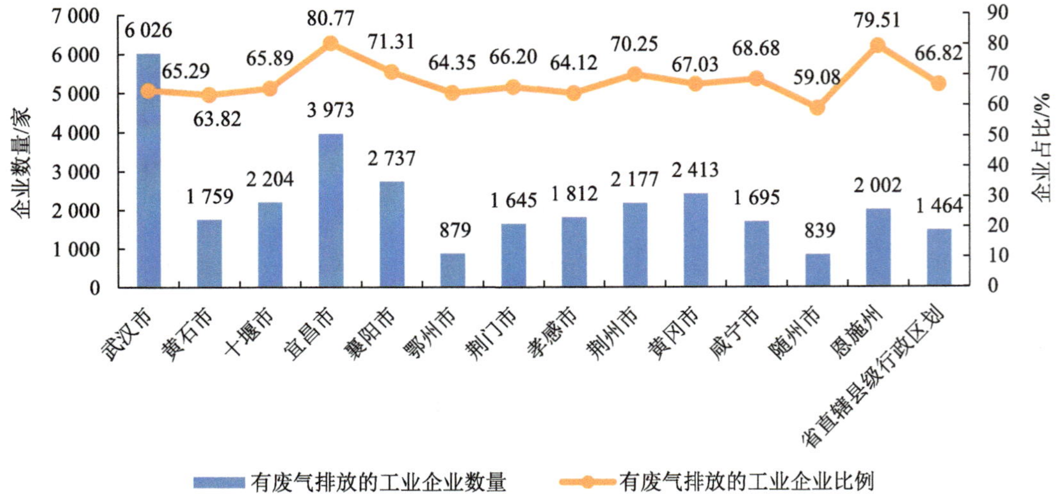

图4-1 湖北省各市（州）有废气排放的工业企业数量和占比

湖北省有废气排放的工业企业中，数量最多的是武汉市，占比 19.05%，其次是宜昌市、襄阳市、黄冈市和十堰市，占比分别为 12.56%、8.65%、7.63%、6.97%。有废气排放的企业在本地企业中占比最高的是宜昌市（80.77%），其次分别是恩施州（79.51%）、襄阳市（71.31%）、荆州市（70.25%）和咸宁市（68.68%）。

4.1.2　工业锅炉分布情况

湖北省共有工业锅炉 6 057 台，各市（州）工业锅炉数量如图 4-2 所示。

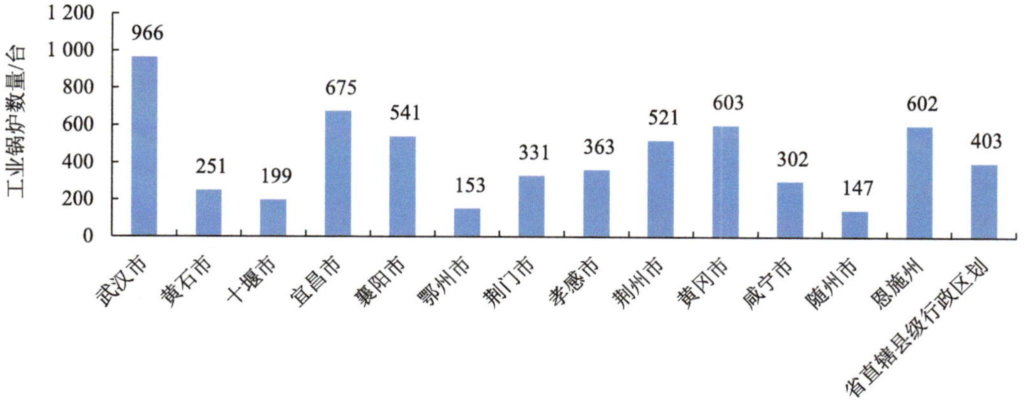

图 4-2　湖北省各市（州）工业锅炉数量

湖北省工业锅炉数量排名前五的分别是武汉市、宜昌市、黄冈市、恩施州和襄阳市，在全省中占比分别为 15.95%、11.14%、9.96%、9.94%和 8.93%。

4.1.3　废气排放口分布情况

湖北省共有废气排放口 5 890 个，各市（州）废气排放口数量如图 4-3 所示。

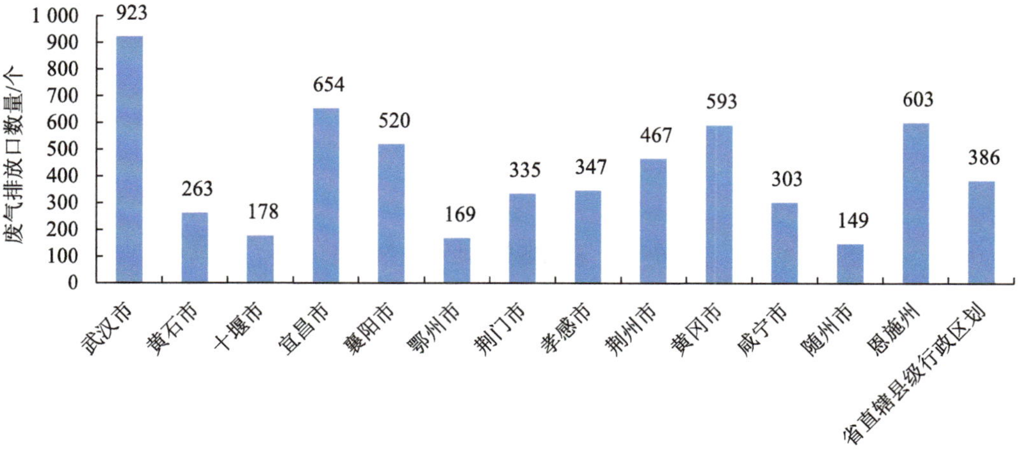

图 4-3　湖北省各市（州）废气排放口数量

湖北省废气排放口数量最多的是武汉市，占全省排放口总数的 15.67%，其次为宜昌市、恩施州、黄冈市和襄阳市，占比依次为 11.10%、10.24%、10.07%和 8.83%。

4.2 工业行业分布现状

工业企业按行业分类可分为 42 类，湖北省各行业企业数量如图 4-4 所示。其中，企业数量排名前五的行业分别是非金属矿物制品业、金属制品业、农副食品加工业、汽车制造业与酒、饮料和精制茶制造业，其企业数量占全省企业总数的比例分别为 18.27%、8.23%、7.85%、6.05%和 5.75%。

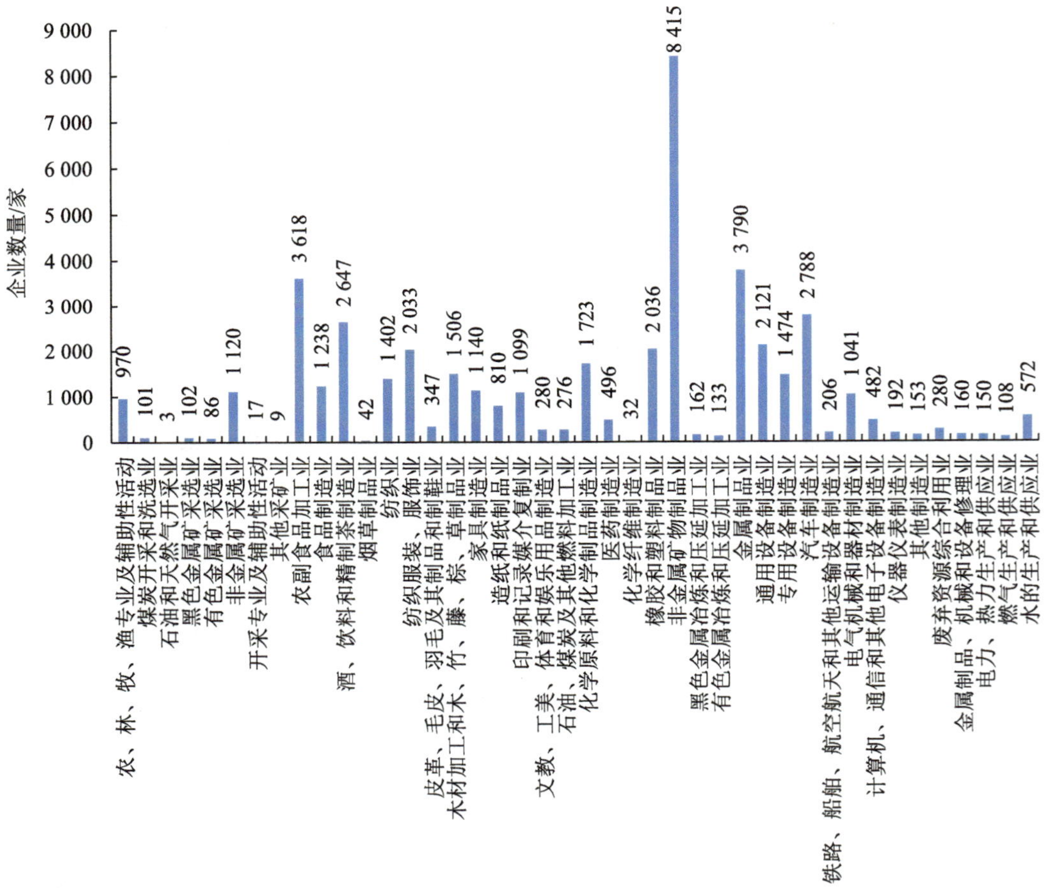

图 4-4 湖北省各行业企业数量

4.2.1 武汉市

武汉市涉气工业企业数量排名前 10 位的行业分布如图 4-5 所示。占比超过 5%的行业包括水泥制品制造、金属结构制造、汽车零部件及配件制造，其占比分别为 10.5%、8.8%、

6.5%，其他行业企业共有 3 211 家，占比 53.4%。

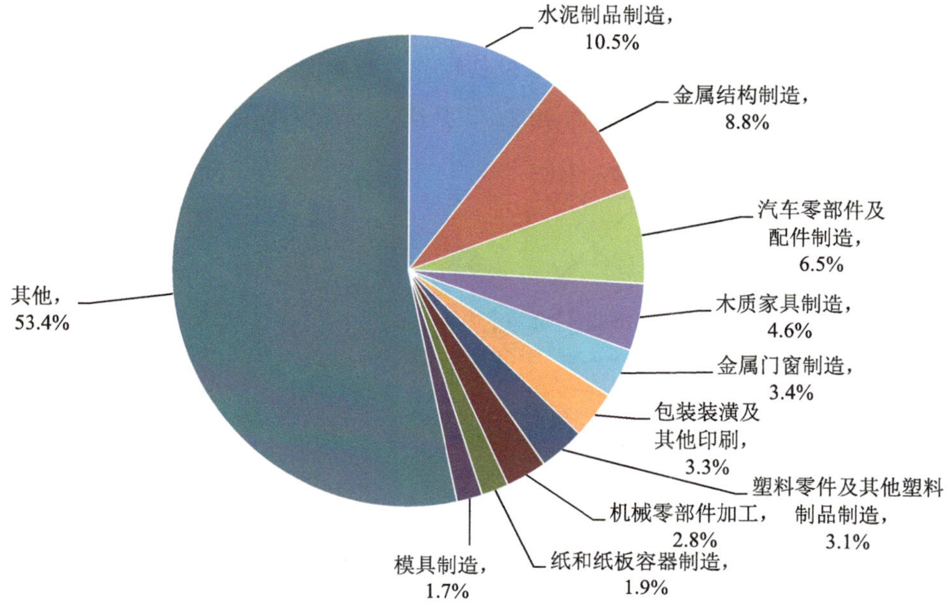

注：因四舍五入，图中各项加总不一定为 100%，本书余同。

图 4-5　武汉市涉气工业企业数量排名前 10 位的行业分布

4.2.2　黄石市

黄石市涉气工业企业数量排名前 10 位的行业分布如图 4-6 所示。占比超过 5%的行业有 2 个，分别是水泥制品制造和黑色金属铸造，其占比分别为 7.4%和 7.2%。

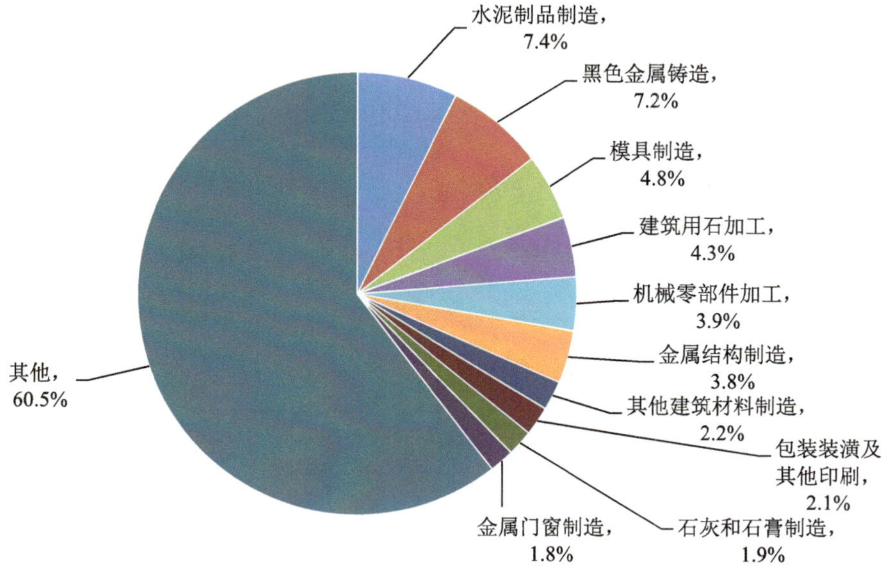

图 4-6　黄石市涉气工业企业数量排名前 10 位的行业分布

4.2.3 十堰市

十堰市涉气工业企业数量排名前 10 位的行业分布如图 4-7 所示。全市汽车零部件及配件制造企业的数量为 885 家，占比为 40.2%，其次为水泥制品制造，占比为 8.4%。

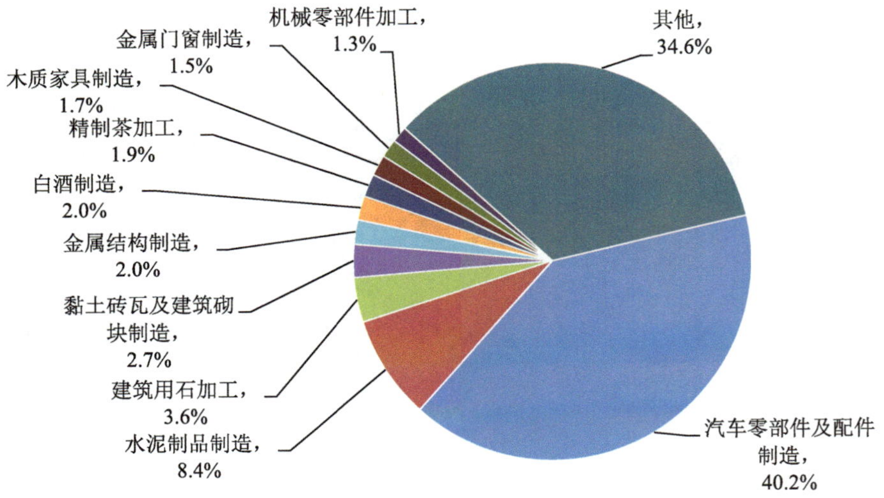

图 4-7 十堰市涉气工业企业数量排名前 10 位的行业分布

4.2.4 宜昌市

宜昌市涉气工业企业数量排名前 10 位的行业分布如图 4-8 所示。占比超过 10%的行业有 2 个，分别为白酒制造、水泥制品制造，其企业数量分别为 493 家、479 家，占比分别为 12.4%、12.1%，农产品初加工活动和食用植物油加工的企业数量也相对较多，占比分别为 8.0%和 5.3%。

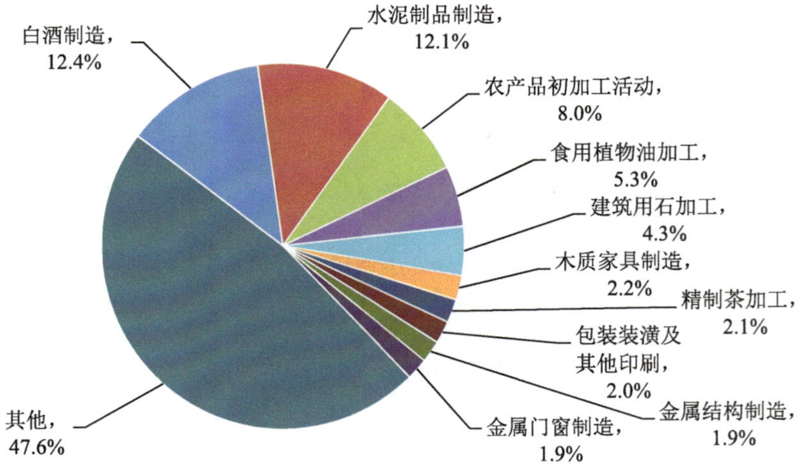

图 4-8 宜昌市涉气工业企业数量排名前 10 位的行业分布

4.2.5　襄阳市

襄阳市涉气工业企业数量排名前 10 位的行业分布如图 4-9 所示。占比超过 5%的行业仅有 2 个，分别为汽车零部件及配件制造和水泥制品制造，其企业数量分别为 306 家和 258 家，占比分别为 11.2%和 9.4%，黏土砖瓦及建筑砌块制造企业的数量为 113 家，占比为 4.2%。

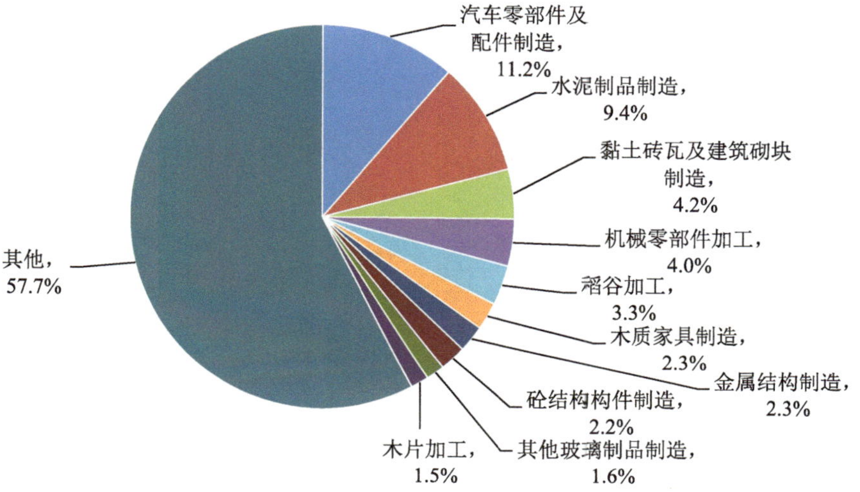

图 4-9　襄阳市涉气工业企业数量排名前 10 位的行业分布

4.2.6　鄂州市

鄂州市涉气工业企业数量排名前 10 位的行业分布如图 4-10 所示。水泥制品制造行业的企业数量最多，为 100 家，占全市涉气企业总数的 11.4%，其次为金属结构制造和切削工具制造，占比均为 6.2%，机械零部件加工企业占比达 5.8%。

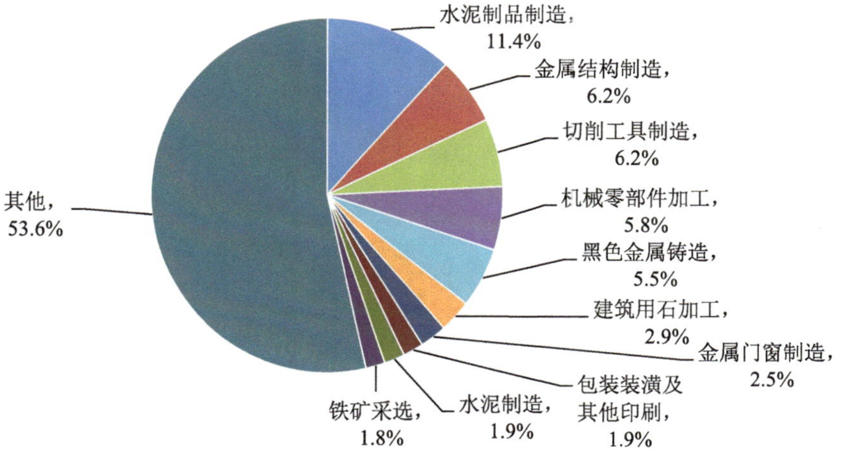

图 4-10　鄂州市涉气工业企业数量排名前 10 位的行业分布

4.2.7 荆门市

荆门市涉气工业企业数量排名前 10 位的行业分布如图 4-11 所示。数量占比最多的 3 个行业为水泥制品制造、稻谷加工和白酒制造，其占比分别为 10.8%、9.8%和 4.5%。

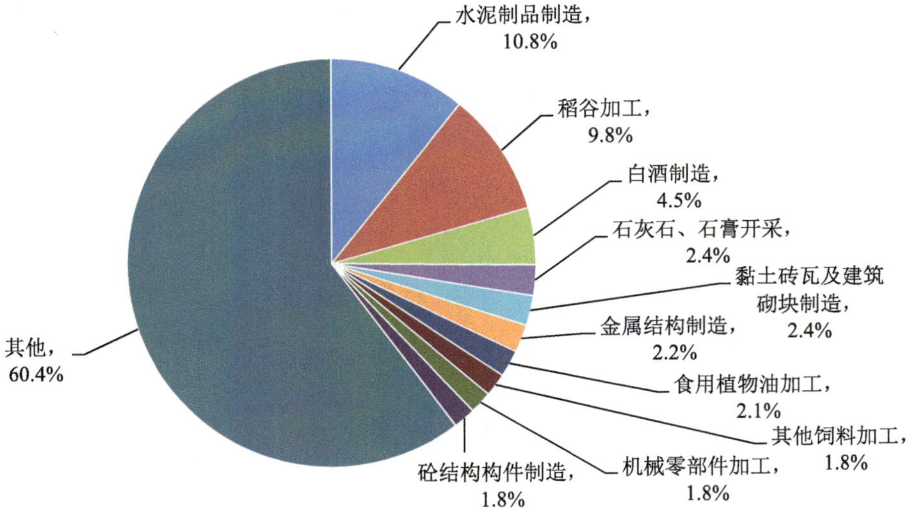

图 4-11 荆门市涉气工业企业数量排名前 10 位的行业分布

4.2.8 孝感市

孝感市涉气工业企业数量排名前 10 位的行业分布如图 4-12 所示。与荆门市工业企业占比类似，水泥制品制造和稻谷加工行业的企业数量较多，占比分别为 7.5%和 5.3%，其次为黏土砖瓦及建筑砌块制造，占比为 4.0%。

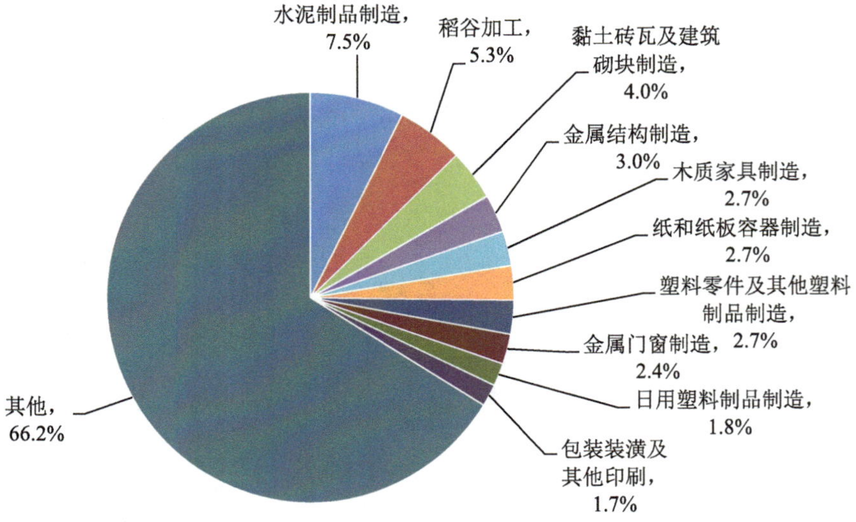

图 4-12 孝感市涉气工业企业数量排名前 10 位的行业分布

4.2.9　荆州市

荆州市涉气工业企业数量排名前 10 位的行业分布如图 4-13 所示。稻谷加工企业数量最多，达到 234 家，占全市涉气企业总数的 10.7%，其次为水泥制品制造、汽车零部件及配件制造、金属结构制造行业，其企业数量分别为 192 家、96 家、82 家，占比分别为 8.8%、4.4%、3.8%。

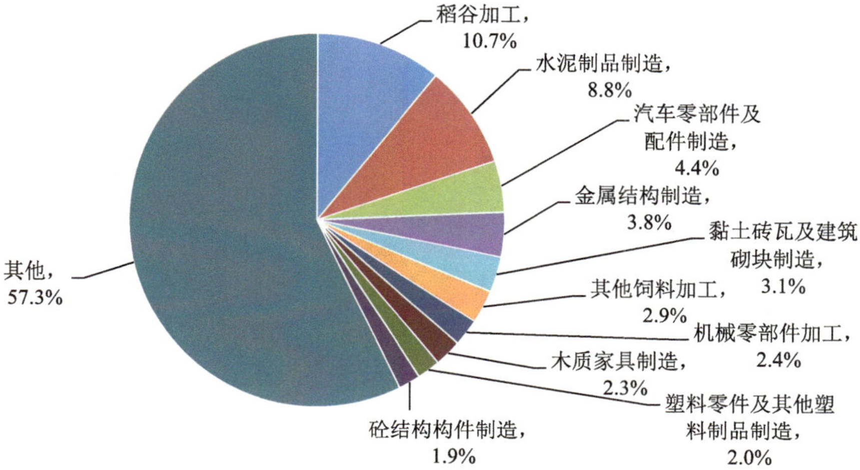

图 4-13　荆州市涉气工业企业数量排名前 10 位的行业分布

4.2.10　黄冈市

黄冈市涉气工业企业数量排名前 10 位的行业分布如图 4-14 所示。占比超过 8%的行业有 2 个，分别是建筑用石加工和水泥制品制造，其占比分别为 11.5%和 9.2%。

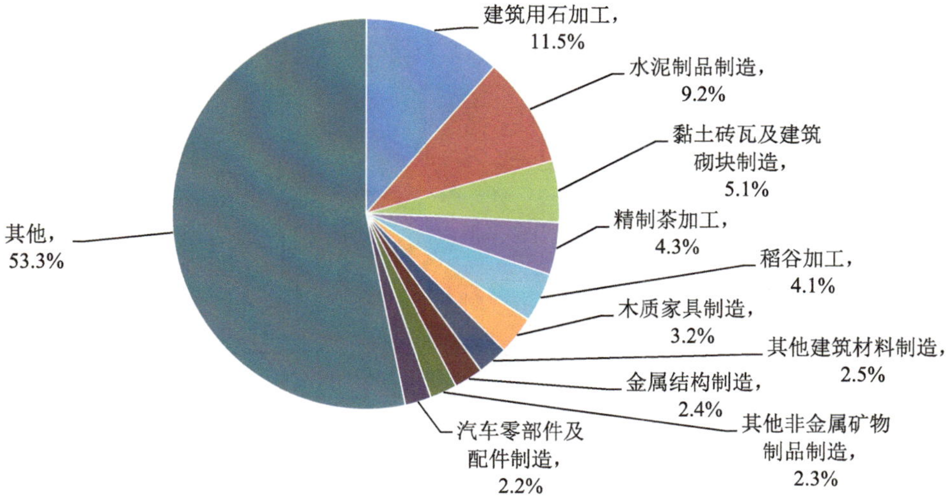

图 4-14　黄冈市涉气工业企业数量排名前 10 位的行业分布

4.2.11 咸宁市

咸宁市涉气工业企业数量排名前 10 位的行业分布如图 4-15 所示。占比超过 5%的行业有 2 个，分别是水泥制品制造和建筑用石加工，其企业数量分别为 229 家和 91 家，占比分别为 13.5%和 5.4%。

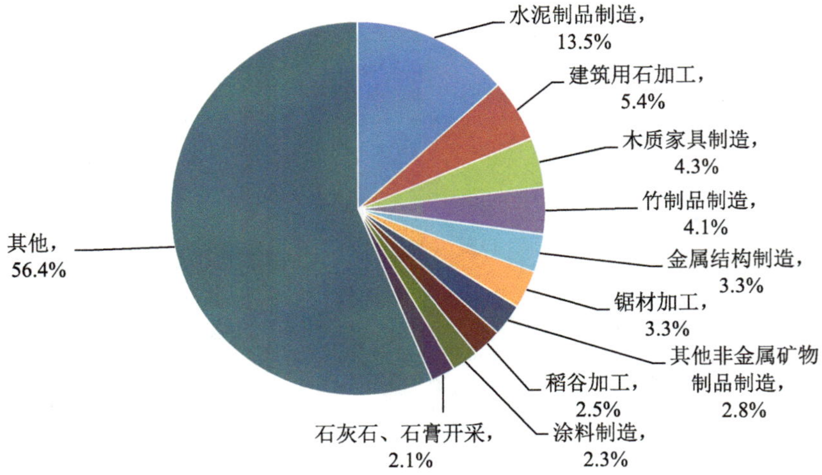

图 4-15　咸宁市涉气工业企业数量排名前 10 位的行业分布

4.2.12 随州市

随州市涉气工业企业数量排名前 10 位的行业分布如图 4-16 所示。占比超过 8%的行业有 2 个，分别是水泥制品制造和汽车零部件及配件制造，其占比分别为 10.9%和 8.7%，其次为稻谷加工，占比 5.9%。

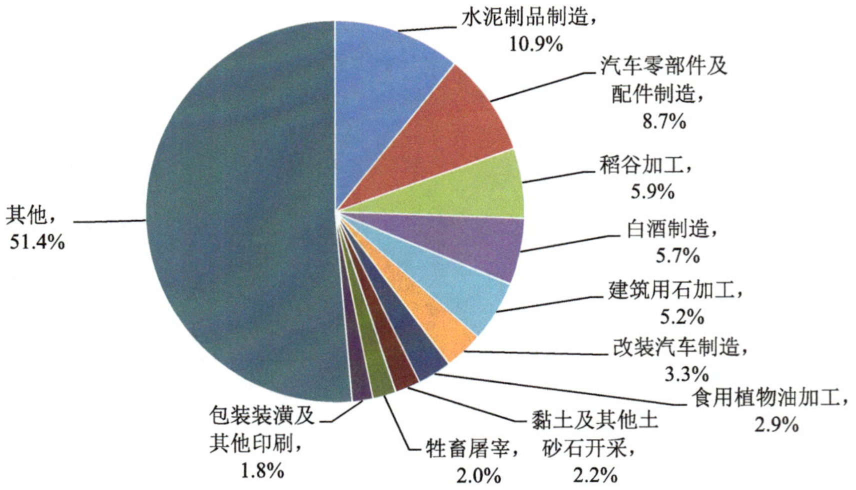

图 4-16　随州市涉气工业企业数量排名前 10 位的行业分布

4.2.13　恩施州

恩施州涉气工业企业数量排名前 10 位的行业分布如图 4-17 所示。占比超过 8%的行业有 4 个，包括白酒制造、农产品初加工活动、水泥制品制造和建筑用石加工，其占比分别为 23.3%、14.6%、10.2%和 8.0%。

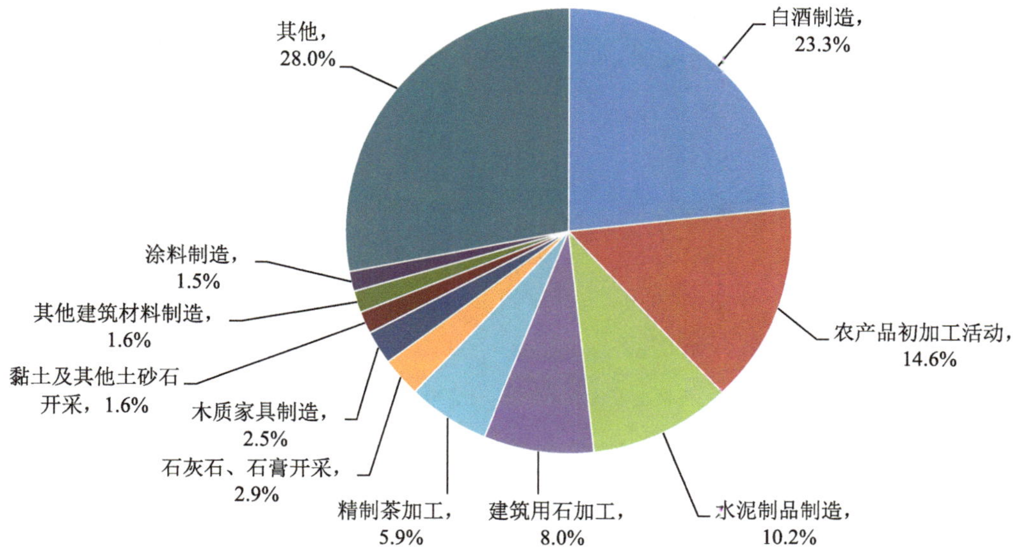

图 4-17　恩施州涉气工业企业数量排名前 10 位的行业分布

4.3　能源消费情况

根据《中国能源统计年鉴 2018》，2017 年湖北省共消耗 17 150 万 tce，占全国能源总消耗量的 3.8%。其中，煤炭、焦炭、汽油、天然气的消耗量分别为 11 776.96 万 t、1 062.32 万 t、749.18 万 t、49.96 亿 m^3，分别占全国能源总消耗量的 3.1%、2.4%、6.0%、2.1%。表 4-2 给出了 2017 年湖北省全社会和规模以上工业企业的能源消耗情况：全省规模以上工业企业共消耗煤炭 8 394.58 万 t、焦炭 1 062.32 万 t、原油 1 427.76 万 t、汽油 8.00 万 t、液化石油气 34.37 万 t、电力 1 290.62 亿 kW·h，分别占全省能源消耗量的 71.3%、100.0%、99.9%、1.1%、21.0%；以标准煤计算，规模以上工业企业的能耗为 14 159.66 万 tce，占全省能耗总量的 82.6%。进一步分析各行业的原煤消耗情况（图 4-18）可以看出，电力、热力生产和供应业，化学原料和化学制品制造业，非金属矿物制品业，黑色金属冶炼和压延加工业及医药制造业是湖北省原煤消耗的主要行业，分别占全省规模以上工业行业原煤消耗总量的 52.8%、16.6%、14.1%、8.2%和 1.4%，其他行业的原煤消耗占比为 7.0%。

表 4-2　2017 年湖北省分种类能源消耗情况

类别	全社会能源消耗	规模以上工业企业	
		能源消耗	在全省中的占比/%
煤炭	11 776.96 万 t	8 394.58 万 t	71.3
焦炭	1 062.32 万 t	1 062.32 万 t	100
石油	2 581.03 万 t	—	—
原油	1 428.91 万 t	1 427.76 万 t	99.9
汽油	749.18 万 t	8.00 万 t	1.1
煤油	97.16 万 t	1.02 万 t	1.0
柴油	868.27 万 t	44.35 万 t	5.1
燃料油	130.15 万 t	3.29 万 t	2.5
液化石油气	163.36 万 t	34.37 万 t	21.0
天然气	49.96 亿 m^3	—	—
电力	2 043.37 亿 kW·h	1 290.62 亿 kW·h	63.2
合　计	17 150.00 万 tce	14 159.66 万 tce	82.6

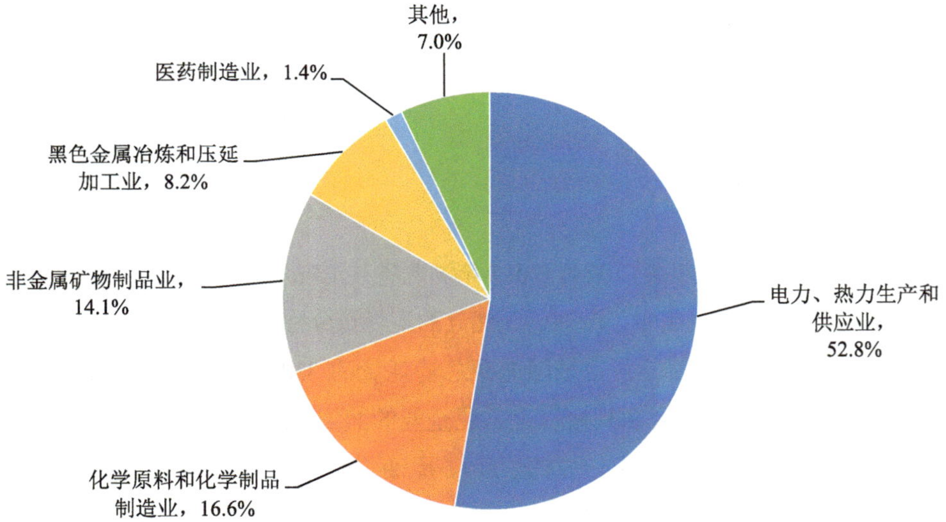

图 4-18　湖北省规模以上工业行业原煤消耗情况

图4-19给出了2014—2017年湖北省规模以上工业企业综合能源消耗量及煤炭消耗量，可以看出全省工业综合能源消耗总量呈平缓上升的趋势，年均增长率为 0.9%，但煤炭消耗量逐年下降，2014 年规模以上工业企业共消耗 9 353.58 万 t 煤炭，到 2017 年减少了 959 万 t，年均下降率为 3.4%，反映出湖北省能源结构调整的成效。

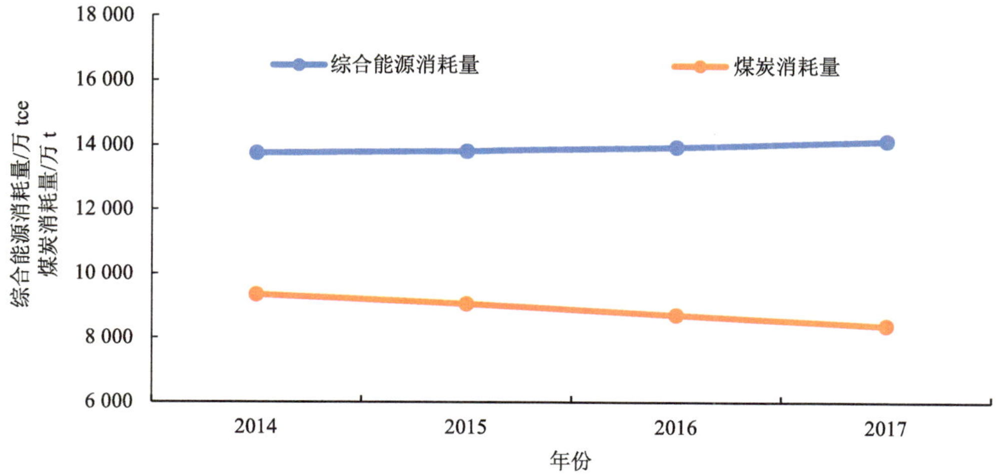

图 4-19　2014—2017 年湖北省规模以上工业企业综合能源消耗量和煤炭消耗量

通过查询湖北省及各市（州）的统计年鉴，收集到 12 个城市 2017 年规模以上工业原煤消耗情况（图 4-20）。这 12 个城市的原煤消耗量合计为 7 848.3 万 t，占全省规模以上工业原煤消耗量（8 394.6 万 t）的 93.5%。从图 4-20 可以看出，2017 年武汉市为全省规模以上工业原煤消耗量最高的城市，达到 1 672.5 万 t，占全省的 20.0%；其次为宜昌市，其工业原煤消耗量为 1 103.7 万 t，占全省的 13.1%；孝感市规模以上工业原煤消耗量达到 885.3 万 t，位列全省第三，这主要是因为该市较多造纸企业存在自备电厂，均为大型燃煤锅炉；黄石市因为存在火电、焦化、水泥、有色等重点燃煤行业企业，所以其原煤消耗量也较高；随州市规模以上工业原煤消耗量仅为 7 万 t，显著低于其他地级市。

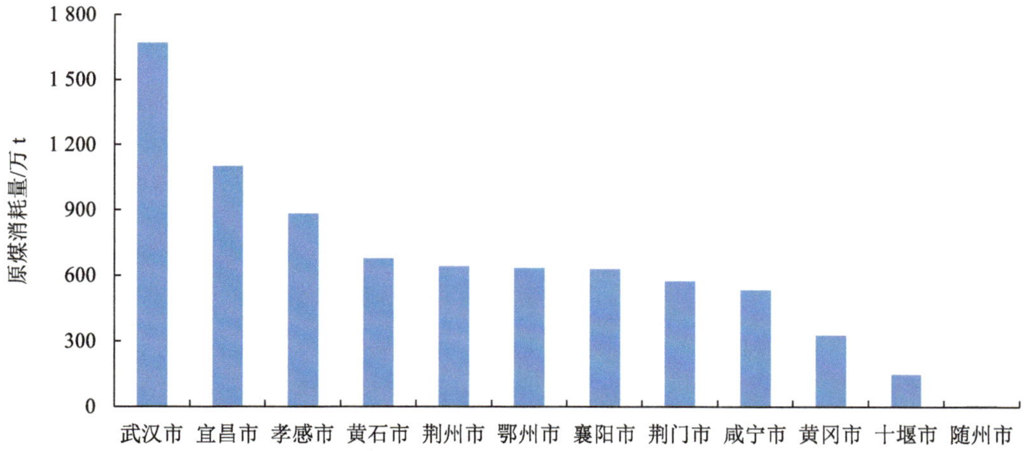

图 4-20　2017 年湖北省部分城市规模以上工业原煤消耗量

4.4 主要工业产品产量

根据《湖北省统计年鉴 2018》，2017 年湖北省共有工业企业 15 097 家，其中轻工业企业 6 100 家，重工业企业 8 997 家，工业总产值 45 642.59 亿元。2017 年湖北省规模以上企业的主要产品产量见表 4-3。其中，火力发电量为 1 042.0 亿 kW·h，占全国火力发电总量的 2.2%；焦炭产量为 885.3 万 t，占全国焦炭总产量（43 142.6 万 t）的 20.5%；生铁、粗钢产量分别为 2 401.3 万 t、2 875.2 万 t，分别占全国总产量（生铁 71 361.9 万 t、粗钢 87 074.1 万 t）的 3.4% 和 3.3%，排名分别为全国第八和第七；硅酸盐水泥熟料和水泥产量分别为 5 735.0 万 t、11 106.1 万 t，水泥占全国水泥总产量（233 084.1 万 t）的 4.8%，排名全国第十二；平板玻璃产量为 8 764.9 万质量箱，占全国总产量的 10.5%，排名全国第三，仅次于河北省（13 780.2 万质量箱）和广东省（9 174.0 万质量箱）；农用氮、磷、钾化学肥料（折纯）产量为 698.4 万 t，占全国总产量的 12.2%，排名全国第一；硫酸（折 100%）产量为 1 132.5 万 t，占全国硫酸总产量的 14.0%，排名全国第二，仅次于云南省（1 373.1 万 t）；砖、瓦产量分别为 565.1 亿块、19.6 亿片；汽车产量为 266.9 万辆，占全国总产量的 22.3%，排名全国第四。

表 4-3 2017 年湖北省规模以上企业主要产品产量

产品名称	产品产量	产量单位	产品名称	产品产量	产量单位
火力发电量	1 042.0	亿 kW·h	乙烯	86.7	万 t
焦炭	885.3	万 t	丙烯	45.6	万 t
生铁	2 401.3	万 t	纯苯	44.3	万 t
粗钢	2 875.2	万 t	精甲醇	28.6	万 t
铁合金	16.2	万 t	合成氨（无水氨）	340.4	万 t
精炼铜（电解铜）	48.5	万 t	农用氮、磷、钾化学肥料（折纯）	698.4	万 t
铅	20.6	万 t	化学农药原药（折有效成分 100%）	18.0	万 t
原铝（电解铝）	7.3	万 t	涂料	40.5	万 t
硅酸盐水泥熟料	5 735.0	万 t	初级形态的塑料	190.9	万 t
水泥	11 106.1	万 t	合成橡胶	3.9	万 t
平板玻璃	8 764.9	万质量箱	合成纤维聚合物	2.4	万 t
原油加工量	1 421.8	万 t	化学试剂	50.5	万 t
汽油	375.2	万 t	化学药品原药	30.0	万 t
煤油	120.9	万 t	中成药	60.7	万 t
柴油	489.7	万 t	化学纤维用浆粕	1.4	万 t

产品名称	产品产量	产量单位	产品名称	产品产量	产量单位
润滑油	6.8	万 t	化学纤维	27.6	万 t
燃料油	1.8	万 t	泡沫塑料	32.6	万 t
石脑油	159.4	万 t	砖	565.1	亿块
液化石油气	64.9	万 t	瓦	19.6	亿片
石油焦	109.9	万 t	石墨及碳素制品	14.3	万 t
石油沥青	19.5	万 t	汽车	266.9	万辆
硫酸（折 100%）	1 132.5	万 t	改装汽车	28.1	万辆
盐酸（含量 31%）	47.0	万 t	低速载货汽车	0.6	万辆
浓硝酸（折 100%）	0.6	万 t	白酒	61 987.7	万 L
烧碱（折 100%）	79.7	万 t	啤酒	165 523.4	万 L
纯碱（碳酸钠）	155.6	万 t	葡萄酒	57.0	万 L
纤维板	372.2	万 m^3	胶合板	319.5	万 m^3

根据各市（州）统计年鉴，通过分析其主要工业产品生产情况发现湖北省重点行业存在明显差异。全省共有 3 家焦化企业，位于武汉市、黄石市、鄂州市；8 家长流程钢铁企业分布在武汉市及周边地区，包括武汉市、鄂州市、黄石市、咸宁市和随州市；3 家石化企业分布在武汉市、荆门市、潜江市；平板玻璃企业分布在武汉市、宜昌市、咸宁市、荆州市、荆门市；汽车制造企业主要分布在武汉市、襄阳市、十堰市。图 4-21（a）和（b）给出了武汉、黄石等地的钢铁产品产量占比。2017 年，武汉市生铁、粗钢产量分别为 1 554.6 万 t、1 743.9 万 t，分别占全省总产量的 64.7%、63.1%，均来自武汉钢铁集团；黄石市、鄂州市的生铁和粗钢产量分别为 454.2 万 t 和 451.3 万 t、389.2 万 t 和 567.1 万 t，各占全省总产量的 18.9%和 16.3%、16.2%和 20.5%，分别来自黄石新冶钢、新兴管业、大冶特钢及鄂城钢铁生产。图 4-21（c）给出了湖北省部分城市原油加工量占比，可以看出湖北省仅武汉市、荆门市和潜江市存在原油加工企业，其原油加工量分别为 792.7 万 t、515.9 万 t 和 113.2 万 t，占比分别为 55.8%、36.3%和 8.0%，武汉市主要来自中韩石化和武汉石化，荆门市来自中石化荆门分公司，潜江市来自石化企业金澳科技。从图 4-21（d）可以看出，目前湖北省仅有 5 个市存在平板玻璃制造企业，其中荆州市、宜昌市、武汉市企业生产规模较大，2017 年的产量分别为 2 903.1 万质量箱、1 909.8 万质量箱、2 031.9 万质量箱，这 3 个城市的平板玻璃产量对全省总产量的贡献率达到 78.1%。除仙桃市、天门市、潜江市和神农架林区外，湖北省其他 13 个市（州）均存在水泥生产企业，见图 4-21（e）。2017 年，黄石市水泥产量为全省最高，达到 1 689.5 万 t，占全省总产量的 15.2%；其次为宜昌市，水泥产量为 1 485.2 万 t，占比 13.4%；武汉市的水泥产量占全省总量的 9.3%。湖北省汽车整车制造企业主要集中在武汉市、十堰市和襄阳市，见图 4-21（f）。2017 年，

武汉市共生产 189.8 万辆汽车，占全省汽车总产量的 66.8%，市内汽车制造企业主要集中在武汉经济开发区（汉南），聚集了东风汽车集团、神龙汽车、上海通用等企业；十堰市和襄阳市的汽车产量分别为 62.1 万辆和 32.1 万辆，占比分别为 21.9%和 11.3%。

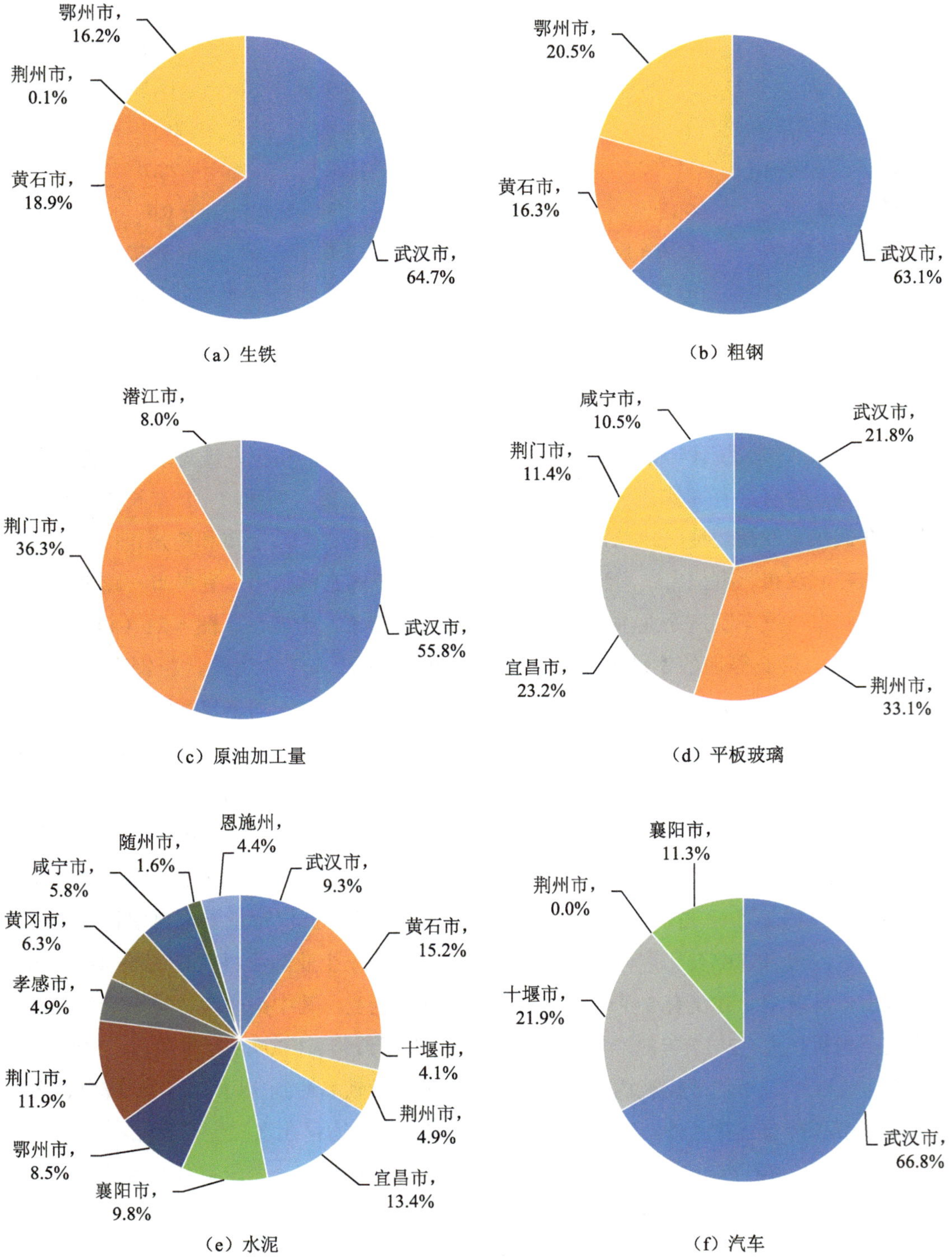

图 4-21　2017 年湖北省各市（州）重点工业产品产量占比

4.5　机动车保有量

根据《湖北省统计年鉴 2018》和二污普成果中移动源调查资料得到湖北省 17 个市（州）2000—2017 年注册机动车保有量。2017 年，湖北省机动车保有量为 866.7 万辆，其中汽油车保有量为 791.6 万辆，占比 91.3%；柴油车保有量为 72.4 万辆，占比 8.4%。根据表 4-4，2017 年湖北省载客汽车保有量为 595.2 万辆，其中小型载客汽车保有量达到 586.2 万辆，占比 98.5%；全省载货汽车保有量为 71.3 万辆，其中微型、轻型、中型、重型载货汽车的占比分别为 0.1%、68.5%、8.2%、23.2%，可以看出湖北省货车主要为轻型及重型车辆。从燃料类型来看，燃气载客汽车保有量为 2.4 万辆，占全省载客汽车保有量的 0.4%；柴油载货汽车保有量为 55.9 万辆，占全省载货汽车的 78.4%，其中中型及重型柴油载货汽车保有量为 22.4 万辆，占全省柴油载货汽车保有量的 40.1%。

表 4-4　2017 年湖北省机动车保有量　　单位：辆

机动车类型		汽油	柴油	燃气	合计
微型载客汽车	出租车	5		0	5
	其他车	16 496		221	16 717
小型载客汽车	出租车	30 419	77	3 178	33 674
	其他	5 741 105	77 369	9 771	5 828 245
中型载客汽车	公交车	56	661	151	868
	其他	6 354	19 521	29	25 904
大型载客汽车	公交车	94	7 883	9 306	17 283
	其他	1 430	25 736	1 768	28 934
微型载货汽车		323	60	0	383
轻型载货汽车		151 937	334 760	1 723	488 420
中型载货汽车		28	59 177	17	58 222
重型载货汽车		152	164 797	626	165 575
低速汽车	三轮汽车		4 634		4 634
	低速货车		29 188		29 188
摩托车	普通摩托车	1 921 951			1 921 951
	轻便摩托车	46 063			46 063
合　计		7 916 413	723 863	26 790	8 667 066

2009—2017 年湖北省载客汽车保有量的年际变化情况如图 4-22 所示。2009 年，湖北省载客汽车保有量为 119.8 万辆，2017 年达到 595.5 万辆，年均增长率为 22.2%，该增长主要来自载客汽车保有量增长的贡献。2017 年，全省载货汽车保有量为 72.3 万辆，较 2009 年增加 26.2 万辆，年均增长率为 6.0%，其中重型、轻型载货汽车保有量均呈逐年上升趋势，但是中型、轻型载货汽车保有量逐年减少，年均减少率分别为 8.6%和 15.1%。

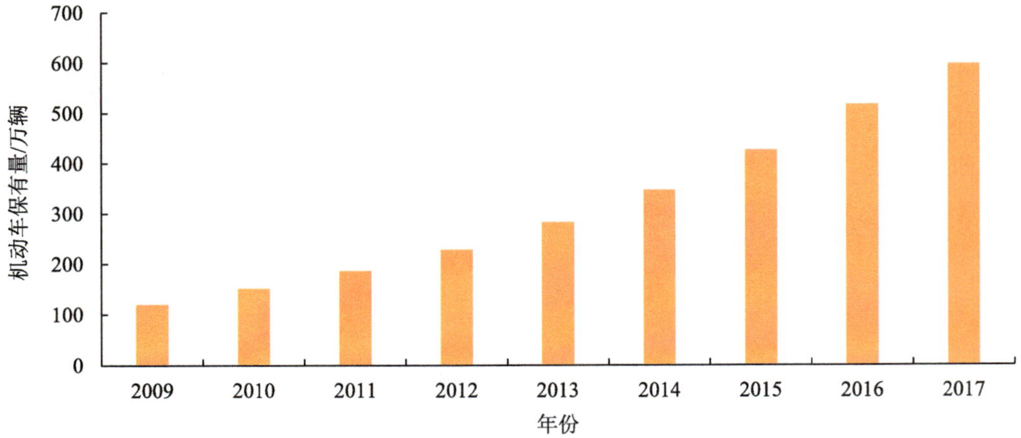

图 4-22 2009—2017 年湖北省载客汽车保有量变化情况

图 4-23 比较了 2017 年湖北、河南、安徽、湖南、山西、江西六省的机动车保有量，虽然数据来源于国家统计局，与二污普数据存在一定偏差，但仍可以反映各地同期高低水平。可以看出，湖北省机动车保有量在我国中部六省中较低，仅高于山西和江西两省，河南、安徽、湖南三省的机动车总量和载客汽车保有量均高于湖北。

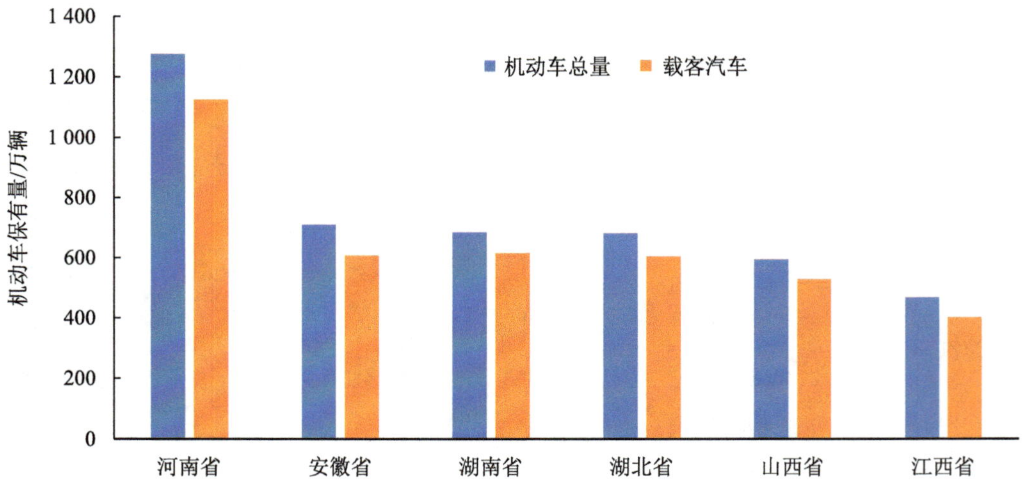

图 4-23 2017 年中部六省机动车保有量对比

图 4-24 给出了 2017 年湖北省各市（州）机动车保有量及载货汽车保有量占比情况，可以看出，2017 年武汉市机动车保有量为 255.9 万辆，为全省最高，占全省机动车保有量的 29.5%；其次为宜昌市和襄阳市，其机动车保有量分别为 78.6 万辆和 71.0 万辆，“一主两副” 3 个城市（武汉、宜昌、襄阳）的机动车保有量占全省的比例达到 46.8%。载客汽车方面，武汉市小型载客汽车保有量为 238.2 万辆，占全省小型载客汽车保有量的 40.6%，说明湖北省民用机动车主要集中在武汉地区。载货汽车方面，武汉市、襄阳市和恩施州载货汽车保有量较高，分别达到 12.0 万辆、10.4 万辆和 7.7 万辆，其中柴油货车保有量分别为 11.3 万辆、9.4 万辆和 4.4 万辆。从占比情况来看，随州市载货汽车保有量占各市（州）机动车保有量的比例为全省最高，达到 17.2%，其次为神农架林区和襄阳市，其占比分别为 16.7%和 14.7%。

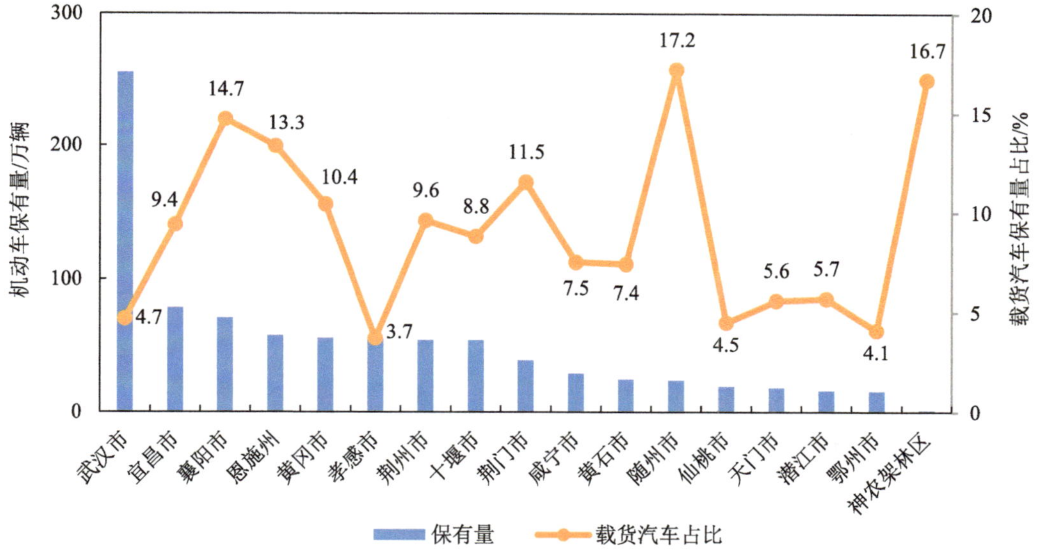

图 4-24　2017 年湖北省各市（州）机动车保有量及载货汽车保有量占比

4.6　农业生产

4.6.1　农业机械使用

根据二污普成果（表 4-5），2017 年湖北省农业机械总动力为 4 335.4 万 kW，其中柴油发动机动力为 3 005.6 万 kW，占比 69.3%；汽油发动机动力为 164.9 万 kW，占比 3.8%。全省共有拖拉机 134.1 万台，总动力为 1 592.9 万 kW；渔业机械 45.8 万台，总动力为 85.7 万 kW。横向比较各市（州）农业生产机械拥有情况可以发现，襄阳市农业机械总动力为全省最高，为 646.1 万 kW，其农业机械化水平高于其他地市，拖拉机总动力达到

387.3 万 kW，总台数为 38.5 万台，占全省拖拉机总台数的 28.7%；荆州市渔业机械数量为全省最高，数量达到 12.2 万台，占全省渔业机械总台数的 26.6%。从农业生产燃油量分析，2017 年湖北省农业生产活动共消耗 142.9 万 t 燃油，其中柴油消耗量为 125.7 万 t。按照用途分类，其中 74.2 万 t 燃油用于农田作业，14.2 万 t 燃油用于农田基本建设，33.6 万 t 燃油用于农业运输。图 4-25 给出了湖北省各市（州）农业生产燃油消耗量，可以看出虽然襄阳市农业机械总动力最高，但其燃油消耗量低于随州市、宜昌市和十堰市；随州市农业生产总燃油量为全省最高，达到 19.8 万 t，其中柴油消耗量为 16.4 万 t；宜昌市农业生产柴油消耗量为全省最高，达到 18.3 万 t。

表 4-5　2017 年湖北省主要农业生产机械拥有量

地（区、市、州）	农业机械总动力/（万 kW）	柴油发动机动力/（万 kW）	汽油发动机动力/（万 kW）	拖拉机台数/万台	拖拉机总动力/（万 kW）	渔业机械台数/万台	渔业机械总动力/（万 kW）
湖北省	4 335.4	3 005.6	164.9	134.1	1 592.9	45.8	85.7
武汉市	228.7	133.5	7.5	3.1	54.1	5.2	8.2
黄石市	116.6	57.5	2.6	0.9	26.5	2.7	5.5
十堰市	188.3	105.1	3.2	1.4	17.2	0.1	0.6
宜昌市	293.0	176.2	18.1	9.2	96.2	1.6	3.9
襄阳市	646.1	537.4	7.2	38.5	387.3	0.5	0.9
鄂州市	59.3	28.3	1.8	0.7	10.5	2.1	4.5
荆门市	476.5	420.4	12.6	29.9	306.5	4.3	7.1
孝感市	260.9	173.8	11.3	5.9	107.4	2.6	5.1
荆州市	625.6	489.8	17.9	13.9	218.2	12.2	14.2
黄冈市	353.4	206.7	22.5	4.0	63.1	5.3	10.4
咸宁市	183.1	100.1	7.0	2.0	35.0	2.0	5.4
随州市	213.7	175.8	8.1	13.2	103.5	0.6	1.2
恩施州	237.9	97.0	22.7	0.9	13.9	1.7	2.6
仙桃市	140.5	85.8	6.6	2.2	38.7	3.5	13.7
潜江市	143.6	98.5	7.6	4.1	55.2	0.7	1.7
天门市	159.8	118.8	7.3	4.1	59.2	0.7	0.8
神农架林区	8.5	1.0	1.0	0	0.4	0	0

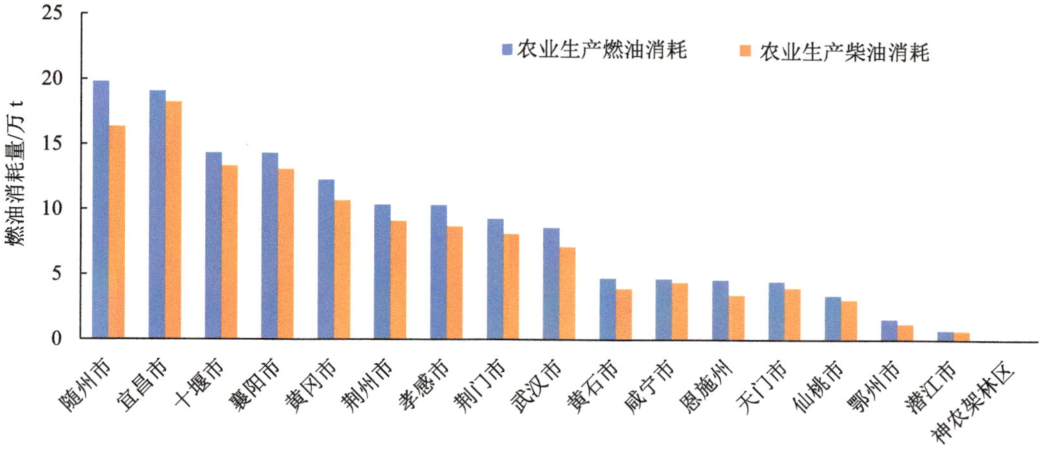

图 4-25 2017 年湖北省各市（州）农业生产燃油消耗量

4.6.2 畜牧养殖

根据《湖北省统计年鉴 2018》，2017 年年末全省牛、马、羊存栏数分别为 238.00 万头、0.33 万头、543.53 万只，肉猪出栏数为 4 448.02 万头，家禽出栏数为 51 946.17 万只，禽蛋产量为 168.17 万 t。从各市（州）情况来看，牛存栏数最多的地市为黄冈市，达到 53.5 万头，占全省的 22.5%；羊存栏数最多的地市为宜昌市，达到 98.9 万头，占全省的 18.2%；猪出栏数最多的地市为襄阳市，达到 580.0 万头，占全省的 13.0%；家禽出栏数最多的地市为孝感市，达到 15.8%。根据二污普结果，2017 年湖北省共有 20 206 家规模化畜禽养殖企业，鄂东、鄂中地区畜禽养殖场的数量显著高于鄂西地区，黄冈市、孝感市、荆州市数量较多。

第5章

2017年大气污染物排放清单

根据大气污染物排放清单编制技术指南（以下简称技术指南），结合湖北省本地污染源活动水平数据调查工作成果，共得到17个市（州）的基准排放清单结果，并依此编制湖北省2017年大气污染物排放清单。依据技术指南分类，可将大气污染源分为10类，分别为化石燃料固定燃烧源、工业过程源、溶剂使用源、移动源（道路、非道路）、扬尘源、生物质燃烧源、储存运输源、废弃物处理源、农业源和其他排放源（餐饮油烟）。本章主要对所有污染源的排放情况进行汇总分析，后续将按照部门分类对逐个源进行细化特征分析。

5.1 大气污染物排放清单总量

根据技术指南给出的源分类，得到湖北省2017年各类大气污染物排放情况（表5-1）：SO_2为18.4万t、NO_x为57.3万t、CO为307.2万t、VOCs为58.3万t、NH_3为31.5万t、PM_{10}为68.8万t、$PM_{2.5}$为35.2万t、BC为2.7万t、OC为4.0万t。全省SO_2、CO、VOCs、$PM_{2.5}$、BC主要来自工业过程源排放，NO_x主要来自道路移动源和非道路移动源排放，NH_3主要来自农业源排放，PM_{10}主要来自扬尘源排放，OC主要来自生物质燃烧源排放。图5-1给出了各类污染源的排放分担率。

表5-1　湖北省2017年大气污染物排放清单　　单位：万t

源项	SO_2	NO_x	CO	VOCs	NH_3	PM_{10}	$PM_{2.5}$	BC	OC
化石燃料固定燃烧源	5.4	9.3	32.8	3.1	0.4	2.4	1.4	0.3	0.3
工业过程源	11.3	11.3	205.2	20	2.5	32.3	20.9	0.9	1.3
道路移动源	0.5	17.9	31.6	6.9	0.4	0.6	0.7	0.3	0.1
非道路移动源	0.7	17.5	9.6	2.5	0	1.4	1.3	0.7	0.2
溶剂使用源	0	0	0	18.0	0	0	0	0	0
农业源	0	0	0	0	27.2	0	0	0	0

源项	SO_2	NO_x	CO	VOCs	NH_3	PM_{10}	$PM_{2.5}$	BC	OC
扬尘源	0	0	0	0	0	28.0	7.2	0	0
生物质燃烧源	0.5	1.3	28.0	4.1	0.4	3.2	3.0	0.5	1.7
储存运输源	0	0	0	2.8	0	0	0	0	0
废弃物处理源	0	0	0	0.3	0.6	0	0	0	0
其他排放源（餐饮油烟）	0	0	0	0.6	0	0.9	0.7	0	0.4
合　计	18.4	57.3	307.2	58.3	31.5	68.8	35.2	2.7	4.0

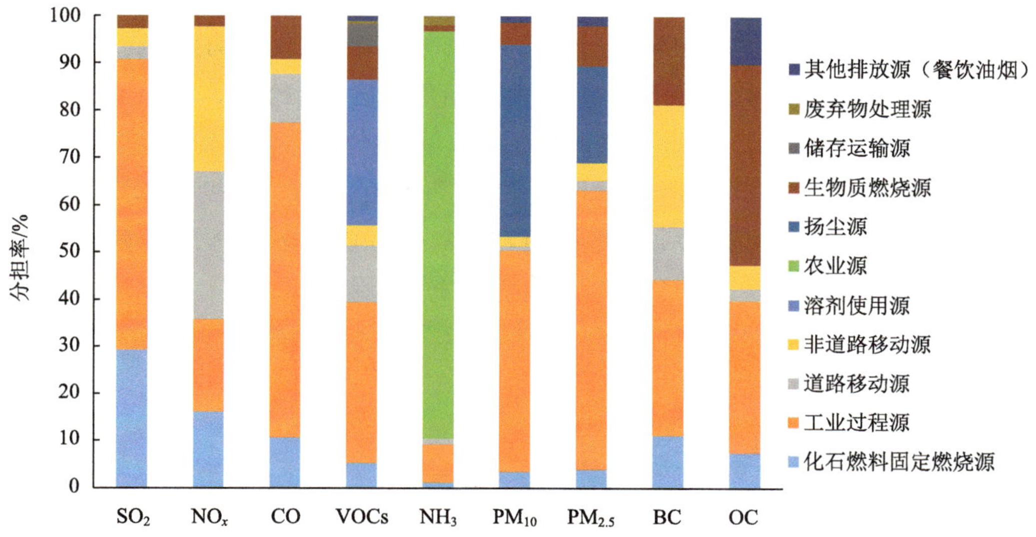

图 5-1　湖北省 2017 年各类污染源的排放分担率

对于 SO_2，2017 年湖北省工业过程源的排放量为 11.3 万 t，占总量的 61.4%，是最大的贡献源项；化石燃料固定燃烧源排放的 SO_2 占排放总量的 29.3%；道路移动源和非道路移动源的 SO_2 排放量分别为 0.5 万 t 和 0.7 万 t，对总量的分担率分别为 2.7%和 3.8%；生物质燃烧源对 SO_2 的排放分担率达到 2.7%。

对于 NO_x，道路移动源、非道路移动源、工业过程源和化石燃料固定燃烧源是其主要排放源，2017 年的排放量分别为 17.9 万 t、17.5 万 t、11.3 万 t 和 9.3 万 t，分别占 NO_x 排放总量的 31.2%、30.5%、19.7%和 16.2%。目前，湖北省 58 台燃煤火电机组均已完成超低排放改造，SO_2、NO_x 和烟尘的排放水平均可稳定达到超低排放，从而导致化石燃料固定燃烧源的排放分担率低于工业过程源。另外，近 10 年湖北省的机动车保有量呈持续高速增长的趋势，年均增长率为 22.2%，从而导致机动车排放量占比较高。生物质燃烧源对 NO_x 的贡献率为 2.3%。

对于 CO，其主要来源于工业过程源、化石燃料固定燃烧源、道路移动源和生物质燃烧源，2017 年的排放量分别为 205.2 万 t、32.8 万 t、31.6 万 t 和 28.0 万 t，分别占 CO 排放总量的 66.8%、10.7%、10.3%和 9.1%，主要是因为武汉、黄石、咸宁、随州等地均有长流程钢铁及短流程炼钢企业，钢铁行业的烧结、炼铁和炼钢生产过程会产生大量的 CO，导致工业过程源占比最高，其他源的 CO 排放则主要来源于燃料的不完全燃烧。

对于 VOCs，2017 年湖北省 VOCs 排放量为 58.3 万 t，其中工业过程源和溶剂使用源的排放量分别为 20.0 万 t 和 18.0 万 t，占比分别为 34.3%和 30.9%。移动源对 VOCs 也有一定贡献，其中道路移动源的排放量为 6.9 万 t，非道路移动源的排放量为 2.5 万 t。化石燃料固定燃烧源和生物质燃烧源的 VOCs 均来自燃料燃烧排放，其排放量分别为 3.1 万 t 和 4.1 万 t。储存运输源的 VOCs 排放量为 2.8 万 t，占 VOCs 排放总量的 4.8%。

对于 NH_3，农业源是其最主要的贡献源。2017 年，湖北省农业 NH_3 排放量为 27.2 万 t，占 NH_3 排放总量的 86.4%，牲畜养殖和化肥施用是农业 NH_3 的主要来源。

对于 PM，2017 年湖北省 $PM_{2.5}$ 和 PM_{10} 的排放量分别为 68.8 万 t 和 35.2 万 t，工业过程源和扬尘源是其主要来源，工业过程源对 PM_{10} 和 $PM_{2.5}$ 的排放分担率分别为 46.9%和 59.4%，扬尘源的排放分担率分别为 40.7%和 20.5%，工业过程源中的钢铁、水泥、建材是 PM 的主要来源，扬尘源中施工扬尘和道路扬尘是主要来源。

对于 BC 和 OC，其部门分布存在较大差异，BC 最主要的排放源是工业过程源，OC 最大的排放源则是生物质燃烧源。

5.2 主要大气污染物排放特征与空间分布

根据不同污染物的排放结果，本节对主要大气污染物的排放特征与空间分布进行分析。

5.2.1 SO_2

湖北省 2017 年 SO_2 排放总量为 18.4 万 t。分析其污染源排放贡献发现，SO_2 主要来自化石燃料燃烧和工业过程。其中，对 SO_2 排放贡献最大的污染源为工业过程源，排放量为 11.3 万 t，占全省 SO_2 排放总量的 61.4%；其次为化石燃料固定燃烧源，排放量为 5.4 万 t，占全省 SO_2 排放总量的 29.3%。移动源对 SO_2 也有一定贡献，道路移动源和非道路移动源的 SO_2 排放量分别为 0.5 万 t 和 0.7 万 t，贡献率分别为 2.7%和 3.8%；生物质燃烧源的 SO_2 排放量为 0.5 万 t，占全省 SO_2 排放总量的 2.7%。

横向比较湖北省各市（州）的 SO_2 排放量（图 5-2），主要排放城市为襄阳市、荆门市和武汉市，这 3 个城市 2017 年的 SO_2 排放量分别为 5.5 万 t、2.5 万 t 和 2.4 万 t，分别占全省 SO_2 排放总量的 29.9%、13.6%和 13.0%；其次为黄石市、十堰市和咸宁市，其 SO_2 排放量分别为 1.5 万 t、0.9 万 t 和 0.9 万 t，分别占全省 SO_2 排放总量的 8.2%、4.9%和 4.9%。

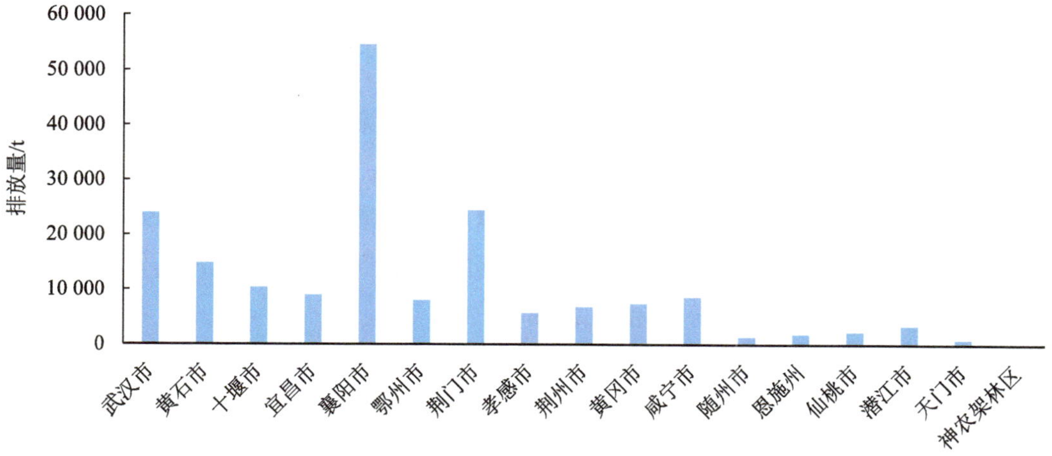

图 5-2 湖北省 2017 年各市（州）SO_2 排放量

5.2.2 NO_x

湖北省 2017 年 NO_x 排放量为 57.3 万 t，分析其污染源排放贡献发现，NO_x 主要来自移动源和工业过程源。其中，对 NO_x 排放贡献最高的为移动源，道路移动源和非道路移动源的 NO_x 排放量分别为 17.9 万 t 和 17.5 万 t，分别占全省 NO_x 排放总量的 31.2%和 30.5%；其次为工业过程源，其 NO_x 排放量为 11.3 万 t，占全省 NO_x 排放总量的 19.7%，主要来自钢铁、水泥、焦化等高污染行业排放。化石燃料固定燃烧源对 NO_x 也有较高贡献，其排放量为 9.3 万 t，贡献率为 16.2%；生物质燃烧源的 NO_x 排放量为 1.3 万 t，占全省 NO_x 排放总量的 2.3%。

横向比较全省各市（州）的 NO_x 排放测算结果（图 5-3），NO_x 主要排放城市为武汉市、荆州市和襄阳市，这 3 个城市 2017 年的 NO_x 排放量分别为 15.3 万 t、8.2 万 t 和 6.1 万 t，分别占全省 NO_x 排放总量的 26.7%、14.3%和 10.6%。

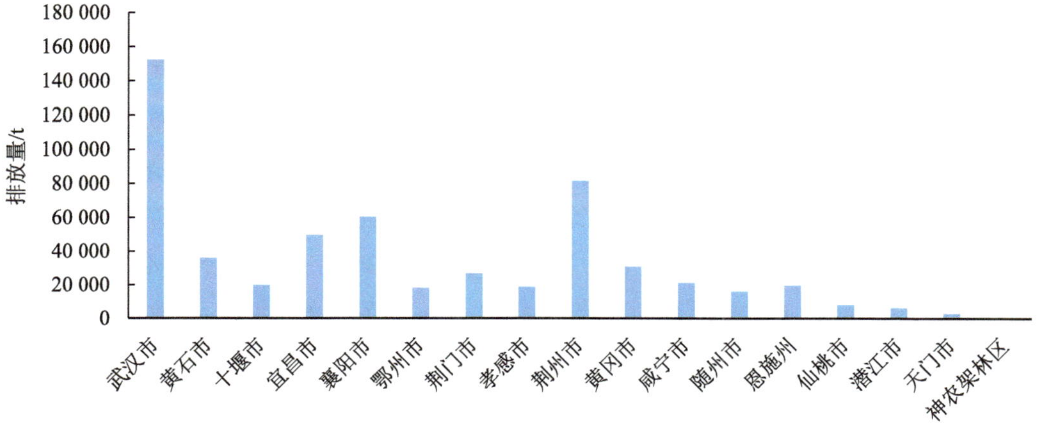

图 5-3 湖北省 2017 年各市（州）NO_x 排放量

5.2.3 CO

湖北省 2017 年 CO 排放量为 307.2 万 t，其排放主要来自长流程钢铁企业分布较为密集的鄂东地区（图 5-4），其中排放量最大的城市为武汉市，占全省 CO 排放总量的 30.5%；其次为黄石市、鄂州市和咸宁市，分别占全省 CO 排放总量的 10.7%、10.0%和 8.9%。从源项贡献情况来看，CO 主要来自工业过程源，贡献率达到 66.8%；其次为化石燃料固定燃烧源和道路移动源，贡献率分别为 10.7%和 10.3%。

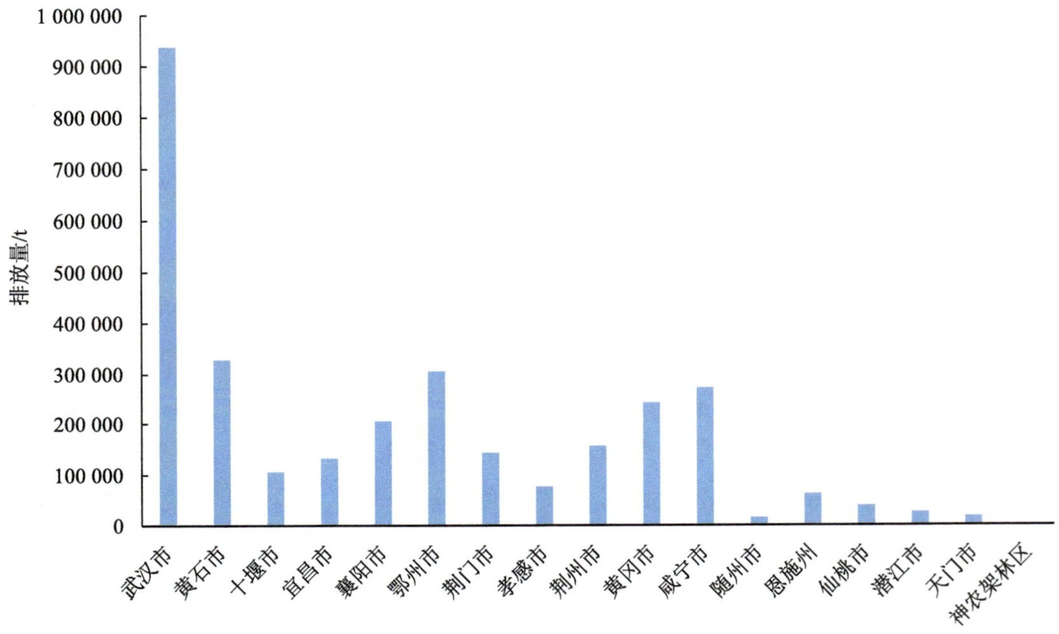

图 5-4 湖北省 2017 年各市（州）CO 排放量

5.2.4 PM_{10}

湖北省 2017 年 PM_{10} 排放量为 68.8 万 t，其中排放最大的城市为武汉市，占全省 PM_{10} 排放总量的 20.4%；其次为襄阳市，占全省 PM_{10} 排放总量的 15.8%（图 5-5）。对于武汉、襄阳、黄石、荆州等 PM_{10} 排放量相对较高的城市，扬尘源和工业过程源是其最大的排放源。武汉市、孝感市、黄石市、黄冈市的扬尘源排放量分别为 8.6 万 t、2.7 万 t、2.1 万 t、2.1 万 t，占各市 PM_{10} 排放总量的比例分别为 59.2%、33.3%、33.6%、47.8%；工业过程源 PM_{10} 排放量分别为 4.3 万 t、3.1 万 t、3.9 万 t、1.7 万 t，分别占各市 PM_{10} 排放总量的 29.8%、39.0%、64.4%、38.2%。

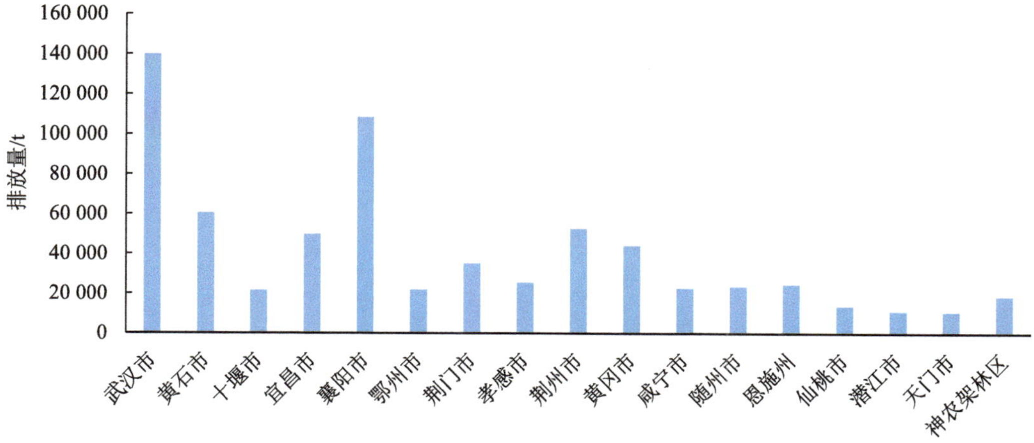

图 5-5　湖北省 2017 年各市（州）PM_{10} 排放量

5.2.5　$PM_{2.5}$

湖北省 2017 年 $PM_{2.5}$ 排放量为 35.2 万 t，排放量最大的城市为襄阳市，为 9.1 万 t，占全省 $PM_{2.5}$ 排放总量的 25.9%；其次为武汉市，排放量为 5.6 万 t，占全省 $PM_{2.5}$ 排放总量的 15.9%；孝感市、黄石市和宜昌市的 $PM_{2.5}$ 排放量分别为 1.3 万 t、2.9 万 t 和 2.4 万 t，分别占全省 $PM_{2.5}$ 排放总量的 3.7%、8.2%和 6.8%（图 5-6）。工业过程源是湖北省各市（州）$PM_{2.5}$ 最主要的排放源，武汉市、孝感市、黄石市、宜昌市和荆门市的工业过程源 $PM_{2.5}$ 排放量对各市 $PM_{2.5}$ 排放总量的贡献分别为 42.6%、50.9%、81.7%、59.5%和 76.9%。

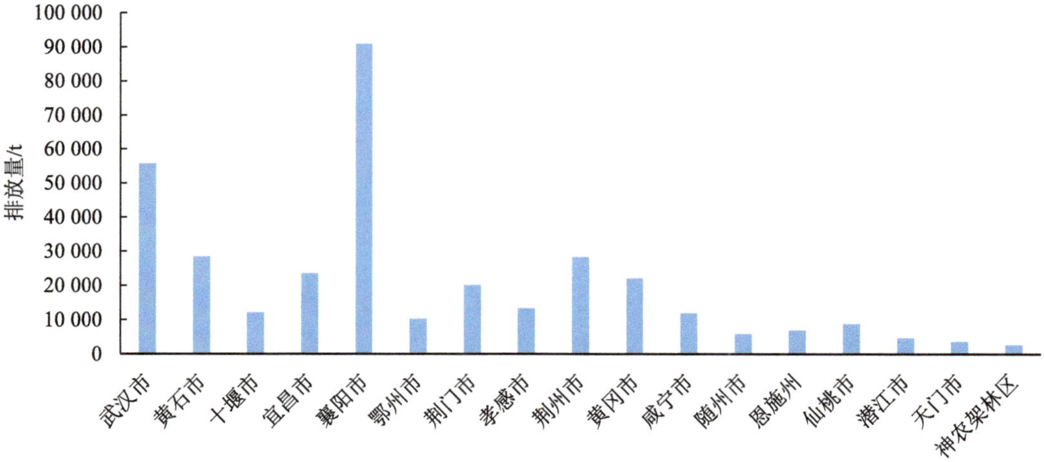

图 5-6　湖北省 2017 年各市（州）$PM_{2.5}$ 排放量

进一步分析 $PM_{2.5}$ 的主要组分 BC 和 OC 的排放情况可知，2017 年湖北省 OC 排放总量为 4.0 万 t，BC 排放总量为 2.7 万 t，其中 OC 主要来自工业过程源和生物质燃烧源，BC

则主要来自工业过程源和非道路移动源。从湖北省各市（州）的排放结果来看，武汉市、荆州市、黄石市对 OC 的排放贡献较高，占全省 OC 排放总量的比例分别达到 14.8%、12.4%、11.9%（图 5-7），黄石市、荆州市、武汉市对 BC 的排放贡献较高，占全省 BC 排放总量的比例分别为 14.0%、13.3%、12.1%（图 5-8）。

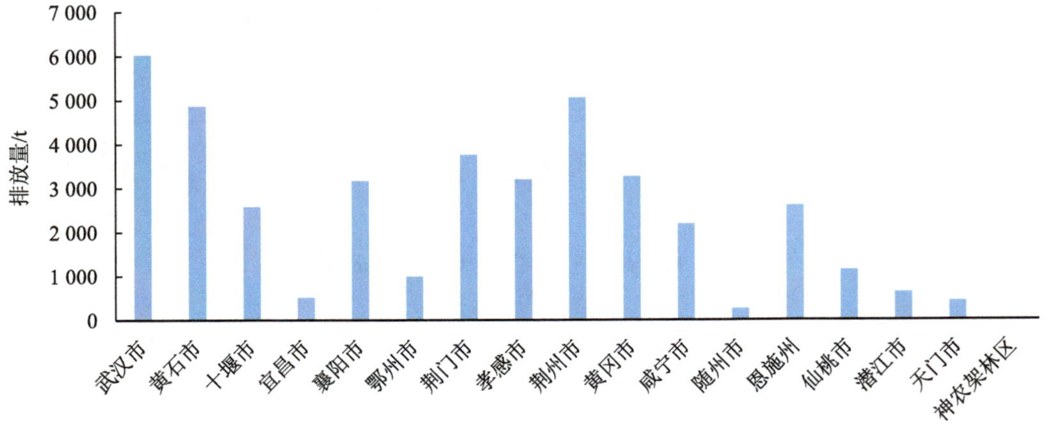

图 5-7 湖北省 2017 年各市（州）OC 排放量

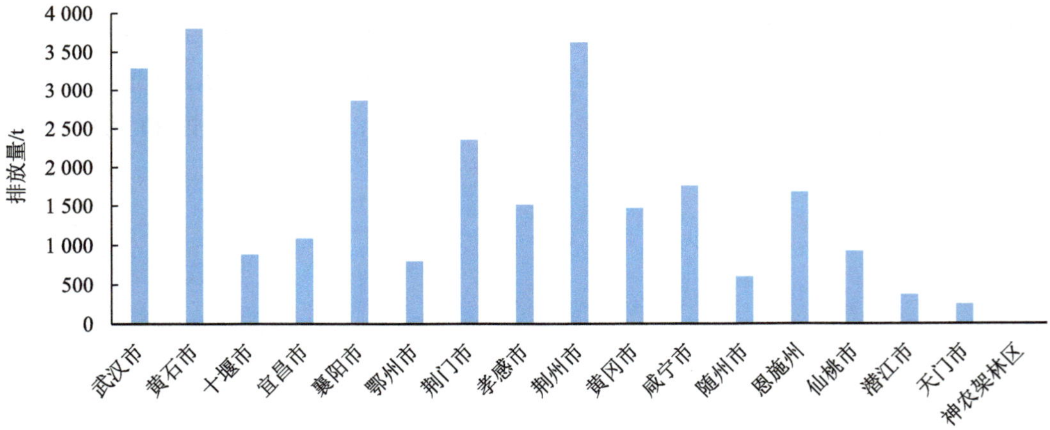

图 5-8 湖北省 2017 年各市（州）BC 排放量

5.2.6 VOCs

湖北省 2017 年 VOCs 排放量为 58.3 万 t，主要排放城市为武汉市、荆州市和襄阳市，其排放量分别为 16.9 万 t、6.2 万 t 和 5.5 万 t，分别占全省 VOCs 排放总量的 29.0%、10.6% 和 9.4%（图 5-9）。工业过程源是 VOCs 排放最大的来源，武汉市、宜昌市、荆门市、荆州市、黄冈市、孝感市、黄石市、随州市工业过程源的 VOCs 排放量分别占各市 VOCs 排放总量的 49.5%、68.7%、78.2%、65.8%、58.9%、60.2%、68.5%、59.2%。生活源排放对 VOCs 也有一定贡献，武汉市、随州市、仙桃市、咸宁市和天门市的生活源 VOCs 排放分别占各市 VOCs 排放总量的 17.9%、31.4%、35%、34.6%和 40.9%。

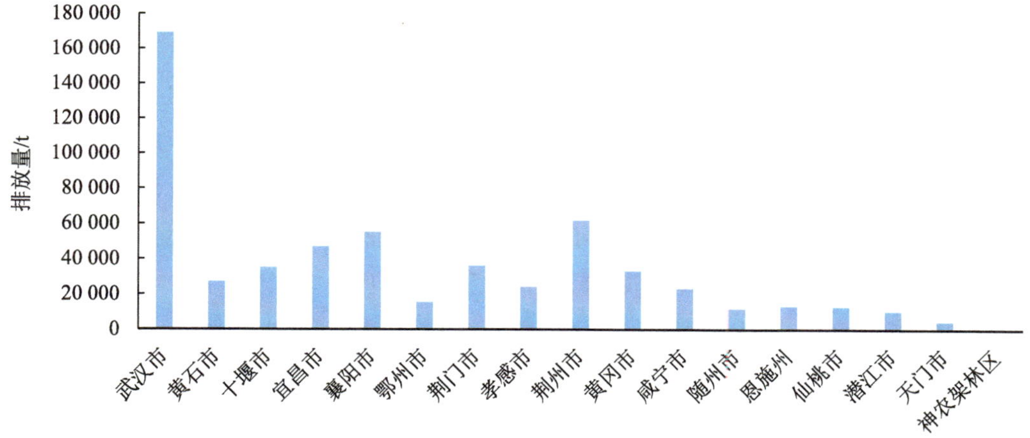

图 5-9　湖北省 2017 年各市（州）VOCs 排放量

5.2.7　NH_3

湖北省 2017 年 NH_3 排放量为 31.5 万 t，主要排放城市为恩施州、荆州市和荆门市，其排放量分别为 4.4 万 t、4.0 万 t 和 3.8 万 t，分别占全省 NH_3 排放量的 14.0%、12.7%和 12.1%（图 5-10）。农业源是 NH_3 排放最大的来源，荆门市、黄冈市、荆州市、孝感市、宜昌市、武汉市、天门市、随州市的农业源 NH_3 排放量占比分别为 79.8%、86.2%、94.7%、92.4%、51.4%、61.8%、96.7%、81.6%。工业过程源排放对 NH_3 也有一定贡献，荆门市、宜昌市和潜江市的工业过程源排放占比分别为 19.3%、35.3%和 44.0%。

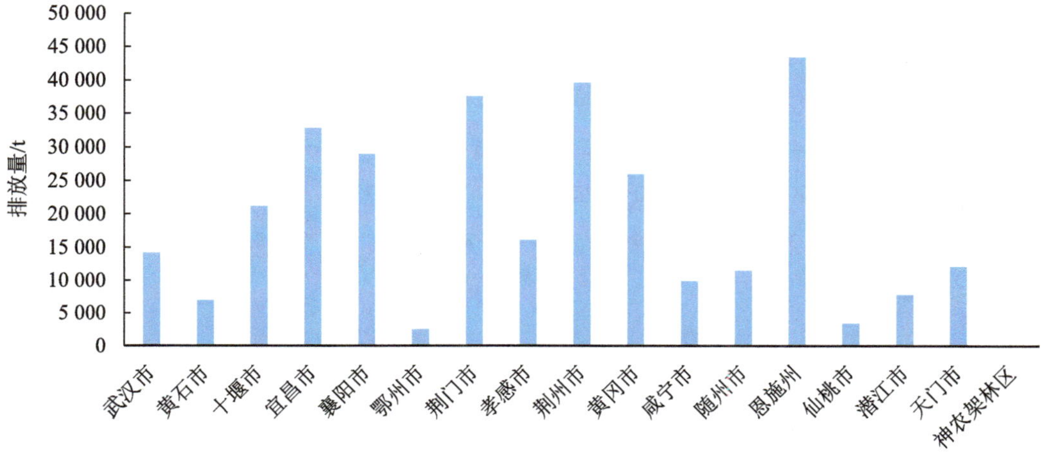

图 5-10　湖北省 2017 年各市（州）NH_3 排放量

5.3 城市排放特征

5.3.1 武汉市

武汉市 2017 年大气污染物排放清单见表 5-2，SO_2 排放量为 24 033.7 t、NO_x 排放量为 152 625.0 t、CO 排放量为 938 004.9 t、VOCs 排放量为 169 298.4 t、NH_3 排放量为 14 248.2 t、PM_{10} 排放量为 140 019.9 t、$PM_{2.5}$ 排放量为 55 791.7 t、BC 排放量为 3 295.5 t、OC 排放量为 6 035.7 t。由图 5-11 可知，武汉市的 SO_2 主要来自工业过程源、化石燃料固定燃烧源、道路移动源和非道路移动源，其排放贡献比例分别为 62.1%、23.2%、10.1%和 3.1%；NO_x 主要来自道路移动源、工业过程源、非道路移动源和化石燃料固定燃烧源，其贡献率分别为 40.1%、24.2%、19.3%和 15.9%，其中机动车 NO_x 排放量较大，对武汉市的环境空气质量影响较大；CO 主要来自工业过程源、道路移动源、化石燃料固定燃烧源和生物质燃烧源，排放分担率分别为 77.0%、11.4%、8.1%和 2.2%，其中工业过程源中的钢铁企业是 CO 重点排放源；VOCs 主要来自工业过程源、溶剂使用源、道路移动源和储存运输源，排放分担率分别为 40.9%、22.8%、20.0%和 9.5%；NH_3 主要来自农业源，贡献率达到 61.8%，其次为道路移动源和废弃物处理源，其贡献率分别为 13.9%和 13.4%；PM 的主要贡献源项与其他污染物不同，PM_{10} 最大的贡献源项为扬尘源，贡献率为 61.1%，其次为工业过程源，贡献率为 28.4%，而 $PM_{2.5}$ 主要来自工业过程源和扬尘源，贡献率分别为 42.0%和 37.0%，其他排放源（餐饮油烟）对其贡献率也达到 5.4%；BC 主要来自工业过程源、非道路移动源和道路移动源，贡献率分别为 38.9%、21.5%和 20.1%；OC 则主要来自工业过程源和生物质燃烧源，贡献率分别为 34.3%和 21.6%。

表 5-2 武汉市 2017 年大气污染物排放清单 单位：t

源项	SO_2	NO_x	CO	VOCs	NH_3	PM_{10}	$PM_{2.5}$	BC	OC
化石燃料固定燃烧源	5 583.8	24 211.2	76 372.9	2 913.3	605.5	4 285.5	2 501.6	152.3	40.1
工业过程源	14 935.9	36 978.3	722 602.2	69 289.3	737.6	39 812.6	23 426.9	1 281.5	2 069.7
道路移动源	2 417.2	61 145.0	107 209.0	33 816.7	1 978.0	1 645.8	1 520.2	662.1	212.5
非道路移动源	750.4	29 415.4	11 540.1	2 886.5		2 488.9	2 378.1	709.0	296.2
溶剂使用源				38 671.1					
农业源					8 801.9				
扬尘源						85 593.5	20 658.5		
生物质燃烧源	346.4	875.1	20 280.7	2 763.7	209.5	2 423.4	2 290.3	429.3	1 305.9
储存运输源				16 062.4					

源项	SO_2	NO_x	CO	VOCs	NH_3	PM_{10}	$PM_{2.5}$	BC	OC
废弃物处理源				256.3	1 915.7				
其他排放源（餐饮油烟）				2 639.1		3 770.2	3 016.1	61.3	2 111.3
合　计	24 033.7	152 625.0	938 004.9	169 298.4	14 248.2	140 019.9	55 791.7	3 295.5	6 035.7

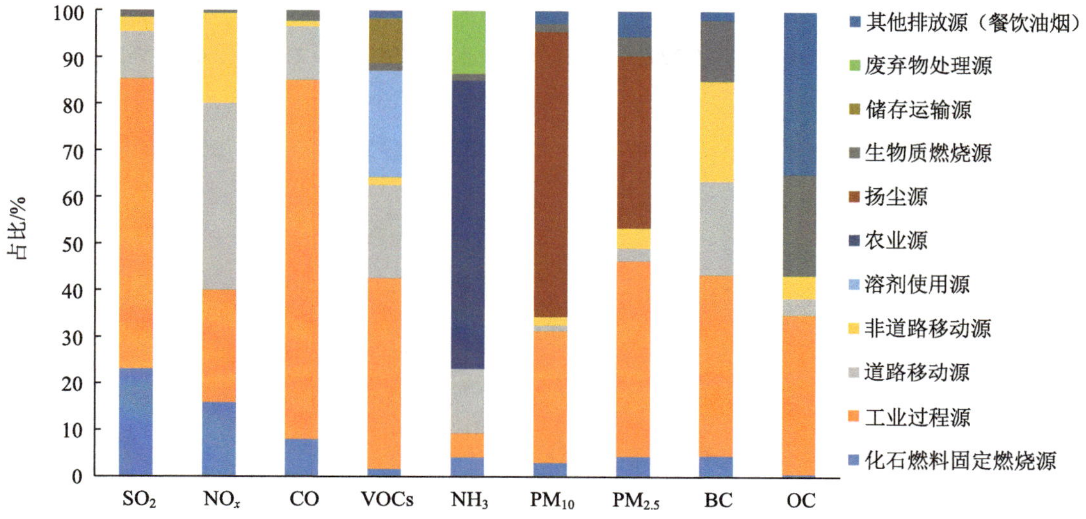

图 5-11　武汉市 2017 年大气污染物排放部门分布

5.3.2　黄石市

黄石市 2017 年大气污染物排放清单见表 5-3，SO_2 排放量为 14 915.6 t、NO_x 排放量为 36 287.0 t、CO 排放量为 328 552.3 t、VOCs 排放量为 27 282.5 t、NH_3 排放量为 7 031.7 t、PM_{10} 排放量为 60 689.1 t、$PM_{2.5}$ 排放量为 28 537.3 t、BC 排放量为 3 806.4 t、OC 排放量为 4 869.8 t。由图 5-12 可知，黄石市的 SO_2 主要来自工业过程源、化石燃料固定燃烧源、道路移动源和非道路移动源，排放贡献率分别为 72.8%、25.2%、0.9%和 0.9%；NO_x 主要来自工业过程源、道路移动源、非道路移动源和化石燃料固定燃烧源，贡献率分别为 51.6%、19.4%、16.6%和 12.1%，其中工业过程源的 NO_x 主要来自黄石市的钢铁和水泥企业；CO 主要来自工业过程源、化石燃料固定燃烧源、道路移动源，排放分担率分别为 90.8%、4.6%、3.2%，其中工业过程源中的钢铁企业是 CO 重点排放源；VOCs 主要来自工业过程源、溶剂使用源、道路移动源，排放分担率分别为 53.8%、29.8%、7.0%；NH_3 主要来自农业源，贡献率达到 77.6%，其次为化石燃料固定燃烧源和废弃物处理源，贡献率分别为 8.6%和 8.5%；PM 的主要贡献源项与其他污染物不同，PM_{10} 最大的贡献源项为工业过程源，贡献率为 62.9%，其次为扬尘源，贡献率为 33.2%，$PM_{2.5}$ 同样主要来自工业过程源和扬尘源，贡献率分别为 79.3%和 14.6%；BC 主要来自工业过程源、非道路移动源，贡献率分别为 85.4%、6.5%；工业过程源对 OC 的贡献率为 91.9%，生物质燃烧源对 OC 的贡献率仅为 3.6%。

表 5-3　黄石市 2017 年大气污染物排放清单　　单位：t

源项	SO_2	NO_x	CO	VOCs	NH_3	PM_{10}	$PM_{2.5}$	BC	OC
化石燃料固定燃烧源	3 761.5	4 382.8	15 116.0	473.3	602.0	1 229.3	774.2	89.9	52.4
工业过程源	10 851.9	18 729.6	298 272.0	14 667.3	139.3	38 181.2	22 616.8	3 250.0	4 473.6
道路移动源	133.9	7 055.2	10 477.6	1 911.2	105.0	255.4	261.6	140.7	49.1
非道路移动源	131.3	6 019.0	1 854.8	863.6	89.3	384.0	364.7	246.7	78.1
溶剂使用源				8 143.4					
农业源					5 458.4				
扬尘源						20 155.7	4 157.7		
生物质燃烧源	37.0	100.4	2 831.9	409.8	39.9	359.2	272.3	77.9	175.5
储存运输源				324.0					
废弃物处理源				361.8	597.8				
其他排放源（餐饮油烟）				128.1		124.3	90.0	1.2	41.1
合　计	14 915.6	36 287.0	328 552.3	27 282.5	7 031.7	60 689.1	28 537.3	3 806.4	4 869.8

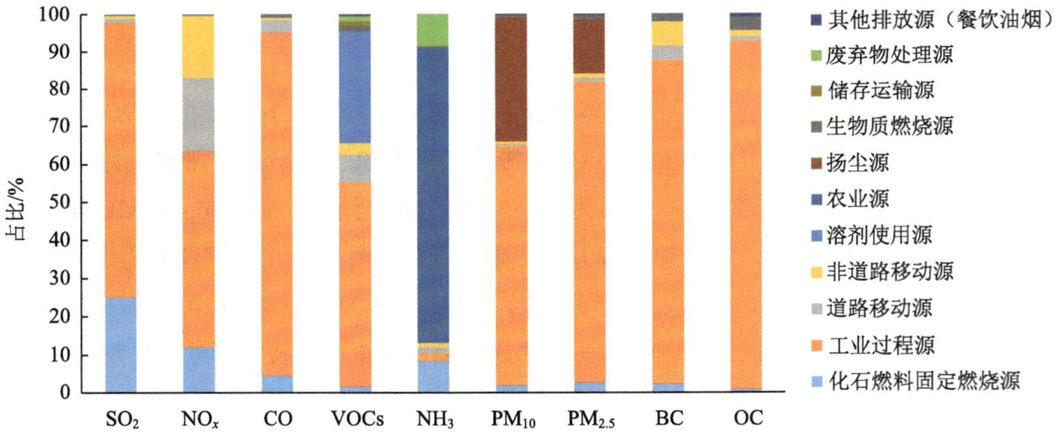

图 5-12　黄石市 2017 年大气污染物排放部门分布

5.3.3　十堰市

十堰市 2017 年大气污染物排放清单见表 5-4，SO_2 排放量为 10 437.9 t、NO_x 排放量为 20 176.6 t、CO 排放量为 106 282.1 t、PM_{10} 排放量为 21 671.8 t、$PM_{2.5}$ 排放量为 12 198.9 t、BC 排放量为 887.8 t、OC 排放量为 2 584.6 t、VOCs 排放量为 35 428.1 t、NH_3 排放量为

21 265.0 t，化石燃料固定燃烧源是 SO_2 最大排放源，NO_x 主要来自道路移动源，道路移动源和化石燃料固定燃烧源是 CO 的主要排放源，PM_{10}、$PM_{2.5}$ 的主要排放源是扬尘源，BC 和 OC 主要来自生物质燃烧源，VOCs 则主要来自工业过程源，农业源是 NH_3 的最大排放贡献源。

表 5-4　十堰市 2017 年大气污染物排放清单　　单位：t

源项	SO_2	NO_x	CO	VOCs	NH_3	PM_{10}	$PM_{2.5}$	BC	OC
化石燃料固定燃烧源	6 563.0	2 440.0	23 941.2	492.2	13.1	1 646.6	894.8	21.6	17.5
工业过程源	1 131.1	2 859.3	8 326.7	17 281.4	62.4	7 974.8	3 228.9	12.4	64.0
道路移动源	166.3	10 667.0	51 664.4	8 717.1	141.3	618.7	567.0	283.4	100.8
非道路移动源	2 252.1	3 606.0	2 529.9	494.3	0	404.2	360.7	207.6	67.0
溶剂使用源				4 416.1					
农业源					20 879.9				
扬尘源						6 751.6	3 349.2		
生物质燃烧源	325.4	604.3	19 819.9	2 555.1	168.3	2 498.3	2 376.3	333.9	1 339.9
储存运输源				1 471.9					
废弃物处理源									
其他排放源（餐饮油烟）						1 777.6	1 422.0	28.9	995.4
合　计	10 437.9	20 176.6	106 282.1	35 428.1	21 265.0	21 671.8	12 198.9	887.8	2 584.6

十堰市 2017 年大气排放源中 SO_2、NO_x、CO、PM_{10}、$PM_{2.5}$、BC、OC、VOCs 和 NH_3 的排放分担率见图 5-13。化石燃料固定燃烧源（包括电厂、工业燃烧源和民用燃烧源）为 SO_2 的最大排放贡献源，分担率达 62.9%，其中电厂和工业燃烧源分别占排放总量的 24.6% 和 23.4%，是重要的排放源。这是由于 SO_2 主要来自化石燃料（如煤炭、重油等）所含硫分的燃烧过程，电厂和工业燃烧源是最大的化石燃料消费部门。道路移动源的 NO_x 排放主要来源于重型货车，重型货车是主要的柴油机动车消费车型，运营效率低、空驶率高是其高能耗、高排放的重要原因。同时，由于人民生活水平的不断提高，城市机动车保有量逐年快速增加，2017 年十堰市机动车保有量达到了 56 万辆，机动车的大量尾气排放对 NO_x 的贡献十分明显。除此之外，非道路机械中的农业机械使用的农用柴油消耗对 NO_x 的排放贡献也不容忽视。对 CO 来说，道路移动源是其最大的排放贡献源，分担率达 48.6%。十堰市是我国重要的汽车生产和科研基地，是以汽车工业为主的新兴工业城市，居民出行以小型客车和摩托车为主。化石燃料固定燃烧源是 CO 排放的第二大源项，分担率为 22.5%。VOCs 的第一大排放源为工业过程源，贡献率为 48.8%。PM_{10} 与 $PM_{2.5}$ 主要来自扬尘源（道路扬尘、建筑扬尘），分别占排放总量的 36.8%和 26.5%。扬尘的 PM_{10} 排放来源于道路、建筑施工活动。由于城市发展规模不断扩大，建筑活动频繁，且城乡过渡的市郊区域施工面积大，这些区域多释放出扬尘。生物质燃烧源是 BC 和 OC 最大的贡献源，分担率分别

为 37.6%和 51.8%，其中 OC 的主要来源为秸秆露天焚烧，这是因为焚烧时地面温度急剧升高，OC 排放也明显上升。NH_3 排放超过 98%的贡献率来自农业源的畜禽养殖和农业施肥。其中，畜禽养殖的 NH_3 排放来源于粪尿等排泄物的含氮物质在微生物作用下氧化分解，农业施肥排放的 NH_3 则是由氮肥施用过程中的挥发所致。

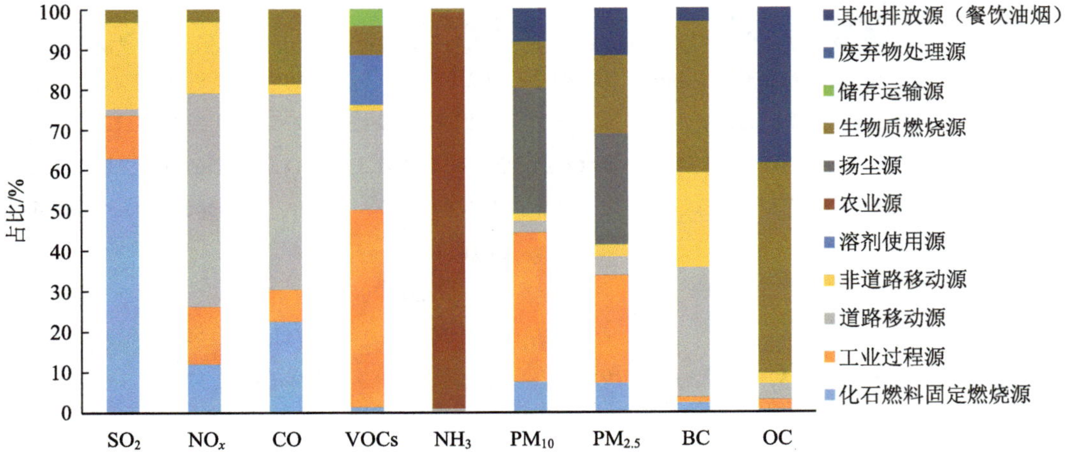

图 5-13 十堰市 2017 年大气污染物排放部门分布

5.3.4 宜昌市

宜昌市 2017 年大气污染物排放清单见表 5-5，SO_2 排放量为 9 039.4 t、NO_x 排放量为 50 084.4 t、CO 排放量为 132 426.3 t、VOCs 排放量为 47 009.0 t、NH_3 排放量为 32 891.7 t、PM_{10} 排放量为 49 806.7 t、$PM_{2.5}$ 排放量为 23 611.6 t、BC 排放量为 1 089.7 t、OC 排放量为 517.5 t。由图 5-14 可知，宜昌市的 SO_2 主要来自工业过程源、化石燃料固定燃烧源、非道路移动源和道路移动源，排放贡献比例分别为 59.1%、30.7%、6.2%和 3.4%；NO_x 主要来自非道路移动源、道路移动源、工业过程源和化石燃料固定燃烧源，贡献比例分别为 39.1%、27.0%、16.8%和 16.8%，其中工业过程源的 NO_x 主要来自平板玻璃、水泥、氮肥制造等企业排放；CO 主要来自工业过程源、道路移动源、化石燃料固定燃烧源和非道路移动源，排放分担率分别为 55.9%、15.9%、14.1%和 13.2%；VOCs 主要来自工业过程源、化石燃料固定燃烧源、溶剂使用源，排放分担率分别为 41.3%、23.7%、15.4%；NH_3 主要来自农业源，贡献率达到 77.1%，其次为工业过程源和废弃物处理源，贡献率分别为 19.9%和 2.0%；PM 的主要贡献源项与其他污染物不同，PM_{10} 最大的贡献源项为工业过程源，贡献率为 54.8%，其次为扬尘源，贡献率为 38.7%，$PM_{2.5}$ 同样主要来自工业过程源和扬尘源，贡献率分别为 72.7%和 16.6%；BC 主要来自非道路移动源、道路移动源和化石燃料固定燃烧源，贡献率分别为 72.9%、16.9%和 5.8%；道路和非道路移动源对 OC 的贡献率分别为 10.8%和 47.9%，生物质燃烧源的贡献率达到 13.0%，餐饮油烟的贡献率达到 9.4%。

表 5-5 宜昌市 2017 年大气污染物排放清单 单位：t

源项	SO_2	NO_x	CO	VOCs	NH_3	PM_{10}	$PM_{2.5}$	BC	OC
化石燃料固定燃烧源	2 773.6	8 405.8	18 665.6	11 140.1	0	1 138.7	564.6	63.5	68.3
工业过程源	5 343.0	8 422.2	74 049.7	19 407.6	6 552.5	27 270.5	17 154.9	28.6	29.3
道路移动源	311.5	13 509.2	21 057.3	4 054.6	276.2	386.8	355.3	184.3	56.1
非道路移动源	563.8	19 560.7	17 492.9	3 673.7	0	1 456.0	1 390.3	794.1	247.8
溶剂使用源				7 222.7					
农业源					25 372.9				
扬尘源						19 283.7	3 915.8		
生物质燃烧源	47.5	186.5	1 160.8	189.8	21.9	126.0	119.7	17.8	67.2
储存运输源				996.6					
废弃物处理源	0	0	0	229.9	668.2	0	0	0	0
其他排放源（餐饮油烟）	0	0	0	94.0	0	145.0	111.0	1.4	48.8
合 计	9 039.4	50 084.4	132 426.3	47 009.0	32 891.7	49 806.7	23 611.6	1 089.7	517.5

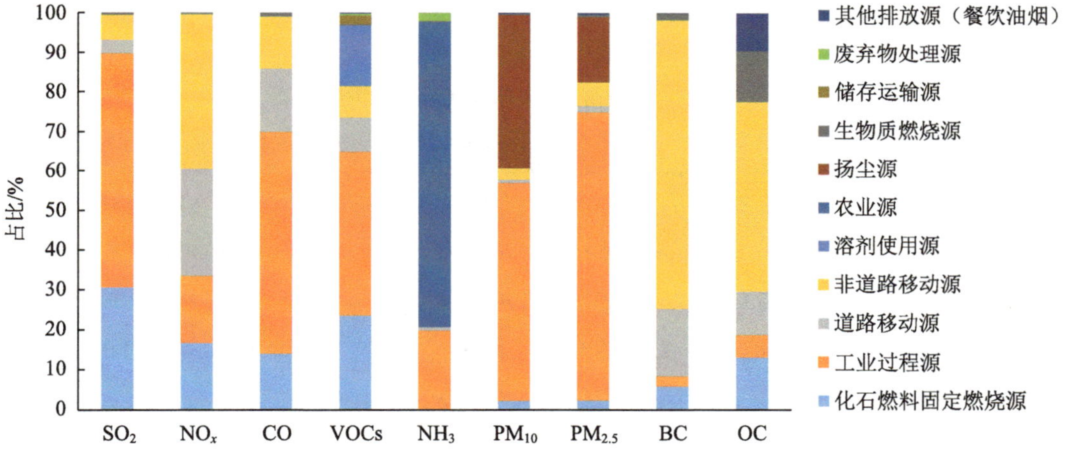

图 5-14 宜昌市 2017 年大气污染物排放部门分布

5.3.5 襄阳市

襄阳市 2017 年大气污染物排放清单见表 5-6，SO_2 排放量为 54 700.8 t、NO_x 排放量为 60 731.4 t、CO 排放量为 205 223.0 t、VOCs 排放量为 55 417.6 t、NH_3 排放量为 29 060.3 t、PM_{10} 排放量为 108 576.9 t、$PM_{2.5}$ 排放量为 91 067.6 t、BC 排放量为 2 862.9 t、OC 排放量为3 177.3 t。由图 5-15 可知，襄阳市的 SO_2 主要来自工业过程源和化石燃料固定燃烧源，

排放贡献比例分别为 69.5%和 28.1%，非道路移动源的排放贡献率为 1.1%；NO_x 主要来自非道路移动源、道路移动源、化石燃料固定燃烧源和工业过程源，贡献率分别为 36.9%、32.0%、22.1%和 8.3%，其中移动源对襄阳市 NO_x 污染的贡献较高；CO 主要来自工业过程源、道路移动源、生物质燃烧源和化石燃料固定燃烧源，排放分担率分别为 74.5%、11.0%、6.3%和 5.1%；VOCs 主要来自溶剂使用源、工业过程源、道路移动源，排放分担率分别为 50.4%、30.4%、7.4%，襄阳市高新区为省内主要的汽车生产基地，汽车制造企业排放导致溶剂使用源的 VOCs 排放较高；NH_3 主要来自农业源，贡献率达到 89.2%，高于其他城市，这主要是因为襄阳市规模畜禽养殖企业较多，NH_3 的主要贡献源项还包括工业过程源和废弃物处理源，贡献率分别为 7.5%和 1.5%；PM 的主要贡献源项与其他污染物不同，PM_{10} 最大的贡献源项为工业过程源，贡献率为 86.6%，其次为扬尘源，贡献率为 7.5%，$PM_{2.5}$ 同样主要来自工业过程源和扬尘源，其中工业过程源的贡献率达到 91.7%，扬尘源的贡献率仅为 2.3%，扬尘源对 PM 排放量的贡献率较其他城市偏低，这主要是因为襄阳市自 2017 年开始要求市域范围内所有建筑施工工地落实“八个百分百”，使计算中襄阳市扬尘 PM 的控制效率高于其他地区；BC 主要来自非道路移动源、工业过程源、道路移动源和化石燃料固定燃烧源，贡献率分别为 37.6%、26.9%、13.8%和 13.5%；OC 最大的排放源为工业过程源，贡献率达到 34.2%，其次为生物质燃烧源，贡献率达到 13.0%，道路移动源和非道路移动源对 OC 的贡献率分别为 4.2%和 10.8%，餐饮油烟贡献率达到 7.2%。

表 5-6　襄阳市 2017 年大气污染物排放清单　　单位：t

源项	SO_2	NO_x	CO	VOCs	NH_3	PM_{10}	$PM_{2.5}$	BC	OC
化石燃料固定燃烧源	15 372.6	13 444.2	10 397.2	482.3	75.0	2 170.0	1 611.1	386.9	501.8
工业过程源	38 031.1	5 024.1	152 791.7	16 869.8	2 177.6	94 063.9	83 470.8	771.3	1 087.3
道路移动源	422.8	19 451.7	22 642.2	4 093.4	296.7	779.9	715.4	394.4	135.0
非道路移动源	610.0	22 425.5	6 533.8	2 510.7	0	1 457.8	1 376.3	1 077.3	342.8
溶剂使用源				27 916.9					
农业源					25 926.4				
扬尘源						8 129.3	2 068.2		
生物质燃烧源	264.3	385.9	12 858.1	2 068.4	134.9	1 565.5	1 497.4	226.3	880.5
储存运输源				753.9					
废弃物处理源	0	0	0	434.9	449.7	0	0	0	0
其他排放源（餐饮油烟）	0	0	0	287.3	0	410.5	328.4	6.7	229.9
合　计	54 700.8	60 731.4	205 223.0	55 417.6	29 060.3	108 576.9	91 067.6	2 862.9	3 177.3

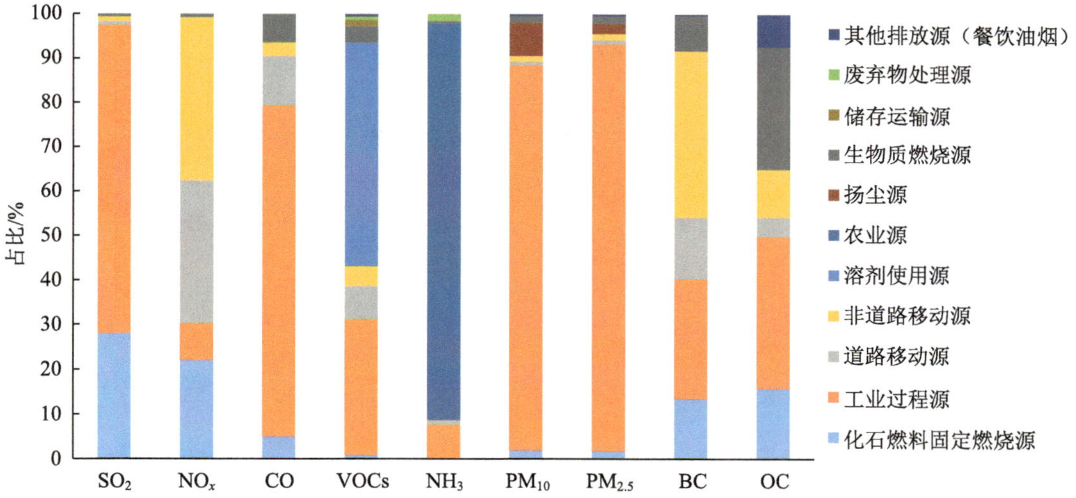

图 5-15　襄阳市 2017 年大气污染物排放部门分布

5.3.6　鄂州市

鄂州市 2017 年大气污染物排放清单见表 5-7，SO_2 排放量为 8 029.2 t、NO_x 排放量为 18 340.5 t、CO 排放量为 306 258.1 t、VOCs 排放量为 15 523.4 t、NH_3 排放量为 2 603.0 t、PM_{10} 排放量为 21 979.4 t、$PM_{2.5}$ 排放量为 10 243.0 t、BC 排放量为 803.4 t、OC 排放量为 1 002.9 t。由图 5-16 可知，鄂州市的 SO_2 主要来自工业过程源和化石燃料固定燃烧源，排放贡献比例分别为 66.7%和 31.6%，其中工业过程源重点为鄂城钢铁排放；NO_x 主要来自工业过程源、非道路移动源和化石燃料固定燃烧源，贡献率分别为 63.4%、15.5%和 11.9%，道路移动源对 NO_x 的排放贡献率为 8.7%，低于其他城市，这可能是因为鄂州市规模较小，紧邻武汉市，本地的机动车保有量较小，采用基于保有量的方法计算鄂州市机动车排放量可能会存在一定的低估现象；CO 主要来自工业过程源、化石燃料固定燃烧源和生物质燃烧源，排放分担率分别为 89.9%、6.9%和 1.9%，其中工业过程源中鄂城钢铁排放量最大；VOCs 主要来自工业过程源、溶剂使用源和化石燃料固定燃烧源，排放分担率分别为 58.7%、19.9%和 5.4%；NH_3 主要来自农业源，贡献率达到 53.7%，NH_3 的主要贡献源项还包括工业过程源和化石燃料固定燃烧源，贡献率分别为 23.9%和 16.8%，废弃物处理源的贡献率仅为 1.8%；PM_{10} 最大的贡献源项为工业过程源，贡献率为 53.2%，其次为扬尘源，贡献率为 34.6%；$PM_{2.5}$ 同样主要来自工业过程源和扬尘源，贡献率分别为 64.6%和 21.1%，其中工业过程源中鄂城钢铁、世纪新峰雷水泥及其他石灰建材企业排放量较高，扬尘源对 $PM_{2.5}$ 的贡献率低于粗颗粒物；BC 主要来自化石燃料固定燃烧源、工业过程源和生物质燃烧源，贡献率分别为 41.0%、40.7%和 13.8%；OC 最大的排放源为化石燃料固定燃烧源，贡献率达到 38.5%，其次为生物质燃烧源，贡献率达到 29.2%，餐饮油烟的贡献率达到 3.3%。

表 5-7 鄂州市 2017 年大气污染物排放清单 单位：t

源项	SO_2	NO_x	CO	VOCs	NH_3	PM_{10}	$PM_{2.5}$	BC	OC
化石燃料固定燃烧源	2 534.8	2 178.1	21 153.8	838.2	436.1	1 558.1	539.7	329.2	385.7
工业过程源	5 352.8	11 620.8	275 240.9	9 107.6	622.7	11 697.0	6 621.9	327.2	244.6
道路移动源	34.5	1 593.8	2 652.1	504.8	31.2	47.5	43.7	22.4	7.0
非道路移动源	56.3	2 843.3	1 534.7	357.6	0	236.0	224.3	12.4	40.1
溶剂使用源				3 086.2					
农业源					1 398.0				
扬尘源						7 615.8	2 166.4		
生物质燃烧源	50.8	104.5	5 676.6	758.1	67.1	662.8	536.6	111.2	292.4
储存运输源				669.8					
废弃物处理源	0	0	0	3.0	47.9	0	0	0	0
其他排放源（餐饮油烟）	0	0	0	198.1	0	162.2	110.4	1.0	33.1
合　计	8 029.2	18 340.5	306 258.1	15 523.4	2 603.0	21 979.4	10 243.0	803.4	1 002.9

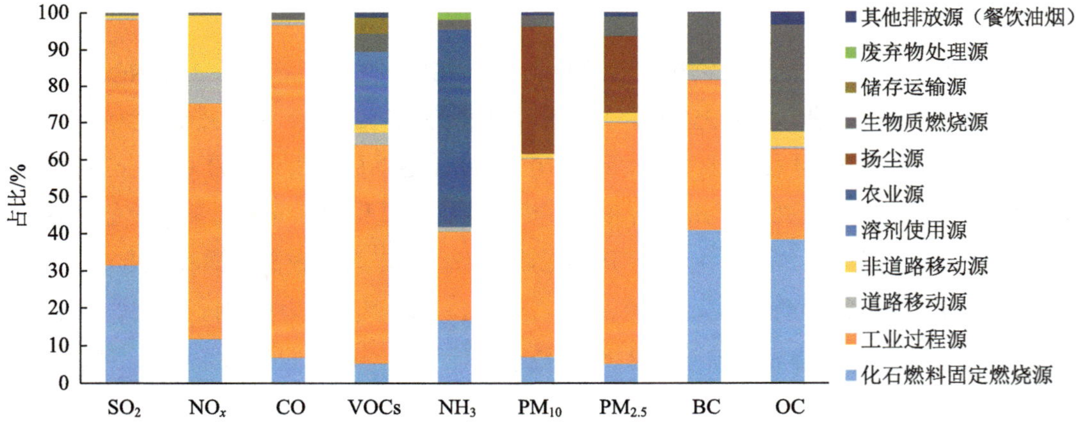

图 5-16 鄂州市 2017 年大气污染物排放部门分布

5.3.7 荆门市

荆门市 2017 年大气污染物排放清单见表 5-8，SO_2 排放量为 24 528.7 t、NO_x 排放量为 26 901.1 t、CO 排放量为 143 331.5 t、VOCs 排放量为 36 323.1 t、NH_3 排放量为 37 710.7 t、PM_{10} 排放量为 35 234.1 t、$PM_{2.5}$ 排放量为 20 144.4 t、BC 排放量为 2 354.9 t、OC 排放量为 3 765.9 t。由图 5-17 可知，荆门市的 SO_2 主要来自工业过程源和化石燃料固定燃烧源，排放贡献分别为 87.1%和 10.6%，其中工业过程源重点为荆门市磷肥制造企业的硫酸生产线排放；NO_x 主要来自工业过程源、道路移动源、化石燃料固定燃烧源和非道路移动源，贡献率分别为 34.8%、26.6%、22.2%和 13.8%，其中工业过程源中的水泥及石灰制造企业排放较多；CO 主要来自工业过程源、生物质燃烧源和化石燃料固定燃烧源，排放分担率分别为 68.3%、14.2%和 9.4%，道路移动源对 CO 的贡献率为 6.8%；VOCs 主要来自工业过程源、溶剂使用源和生物质燃烧源，排放分担率分别为 43.9%、36.6%和 8.1%；NH_3 主要来自农业源，贡献率达到 79.8%，其主要贡献源项还包括工业过程源，贡献率为 17.8%，主要来自荆门市氮肥制造企业合成氨工序排放；PM_{10} 最大的贡献源项为工业过程源，贡献率为 69.0%，其次为扬尘源，贡献率为 15.4%；$PM_{2.5}$ 与 PM_{10} 不同，主要来自工业过程源和生物质燃烧源，贡献率分别为 74.2%和 11.3%，扬尘源对其贡献率为 5.6%；BC 主要来自工业过程源、生物质燃烧源和化石燃料固定燃烧源，贡献率分别为 65.7%、15.4%和 7.2%；OC 最大的排放源为工业过程源，贡献率达到 63.3%，其次为生物质燃烧源，贡献率达到 32.6%。

表 5-8　荆门市 2017 年大气污染物排放清单　　单位：t

源项	SO_2	NO_x	CO	VOCs	NH_3	PM_{10}	$PM_{2.5}$	BC	OC
化石燃料固定燃烧源	2 606.6	5 959.3	13 447.7	1 582.0	591.7	2 566.5	1 305.0	169.9	25.0
工业过程源	21 368.5	9 368.2	97 896.5	15 938.7	6 703.9	24 324.0	14 946.8	1 546.3	2 384.5
道路移动源	153.5	7 150.3	9 768.6	1 478.7	124.9	286.4	262.6	143.2	50.3
非道路移动源	47.3	3 722.8	1 915.3	745.0	0	199.0	184.6	132.0	42.7
溶剂使用源				13 287.9					
农业源					30 089.8				
扬尘源						5 436.5	1 128.0		
生物质燃烧源	352.8	700.5	20 303.4	2 953.7	182.2	2 359.8	2 268.0	362.5	1 229.3
储存运输源				293.9					
废弃物处理源	0	0	0	0	18.2	0	0	0	0
其他排放源（餐饮油烟）	0	0	0	43.2	0	61.9	49.4	1.0	34.1
合　计	24 528.7	26 901.1	143 331.5	36 323.1	37 710.7	35 234.1	20 144.4	2 354.9	3 765.9

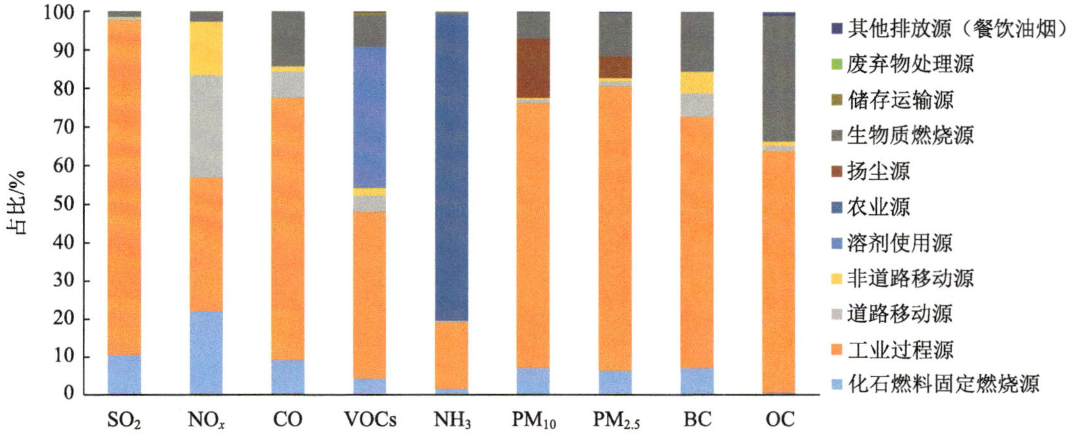

图 5-17　荆门市 2017 年大气污染物排放部门分布

5.3.8 孝感市

孝感市 2017 年大气污染物排放清单见表 5-9，SO_2 排放量为 5 738.0 t、NO_x 排放量为 18 818.0 t、CO 排放量为 77 534.8 t、VOCs 排放量为 24 199.0 t、NH_3 排放量为 16 113.4 t、PM_{10} 排放量为 25 542.9 t、$PM_{2.5}$ 排放量为 13 310.3 t、BC 排放量为 1 514.0 t、OC 排放量为 3 208.0 t。由图 5-18 可知，孝感市的 SO_2 主要来自化石燃料固定燃烧源、工业过程源和生物质燃烧源，排放贡献率分别为 50.9%、34.9%和 9.4%，这主要是因为孝感市的造纸及盐化工企业存在较多自备电厂燃煤锅炉，2017 年尚未达到超低排放水平，导致 SO_2 排放较高；NO_x 主要来自化石燃料固定燃烧源、道路移动源、非道路移动源和生物质燃烧源，贡献率分别为 30.6%、28.8%、26.7%和 7.9%，工业过程源对 NO_x 的贡献率为 6.0%，这主要是因为孝感市无长流程钢铁、有色金属、平板玻璃等重点 NO_x 排放企业；CO 主要来自生物质燃烧源、化石燃料固定燃烧源、工业过程源，排放分担率分别为 33.8%、26.9%、25.2%，道路移动源对 CO 的贡献率达到 12.3%；VOCs 主要来自工业过程源、生物质燃烧源和溶剂使用源，排放分担率分别为 51.6%、24.2%和 9.9%；NH_3 主要来自农业源，贡献率达到 90.1%，废弃物处理源和工业过程源的贡献率分别为 3.2%和 2.6%；PM_{10} 最大的贡献源项为工业过程源，贡献率为 42.9%，其次为扬尘源，贡献率为 35.0%，生物质燃烧源排放分担率为 15.0%；$PM_{2.5}$ 与 PM_{10} 不同，工业过程源和生物质燃烧源是主要贡献源，贡献率分别为 45.9%和 28.0%，扬尘源的贡献率也较高，为 16.6%；BC 主要来自生物质燃烧源、工业过程源和非道路移动源；OC 最大的排放源为生物质燃烧源，餐饮油烟的贡献率达到 6.3%。

表 5-9 孝感市 2017 年大气污染物排放清单 单位：t

源项	SO_2	NO_x	CO	VOCs	NH_3	PM_{10}	$PM_{2.5}$	BC	OC
化石燃料固定燃烧源	2 920.6	5 763.4	20 822.4	624.9	114.7	836.3	397.4	105.6	124.0
工业过程源	2 003.1	1 127.7	19 504.6	12 480.5	422.0	10 968.9	6 110.0	428.3	514.5
道路移动源	133.7	5 423.8	9 544.4	1 658.5	150.5	216.2	199.0	106.7	38.9
非道路移动源	142.7	5 022.6	1 435.4	565.1	0	391.7	372.7	251.2	79.9
溶剂使用源				2 393.4					
农业源					14 518.6				
扬尘源						8 931.5	2 208.8		
生物质燃烧源	537.9	1 480.5	26 228.0	5 855.8	385.6	3 837.2	3 733.5	616.3	2 248.5
储存运输源				222.0					
废弃物处理源	0	0	0	241.0	522.0	0	0	0	0
其他排放源（餐饮油烟）	0	0	0	157.8	0	361.1	288.9	5.9	202.2
合　计	5 738.0	18 818.0	77 534.8	24 199.0	16 113.4	25 542.9	13 310.3	1 514.0	3 208.0

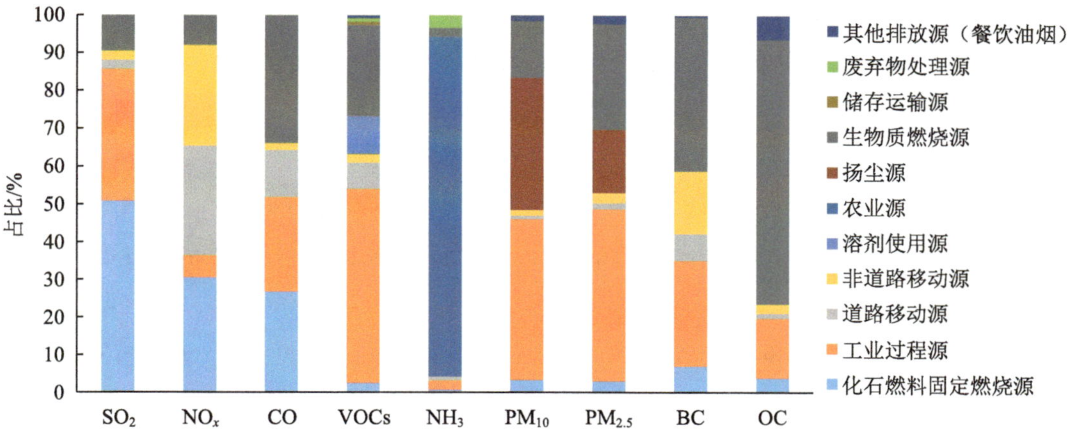

图 5-18 孝感市 2017 年大气污染物排放部门分布

5.3.9 荆州市

荆州市 2017 年大气污染物排放清单见表 5-10，SO_2 排放量为 6 799.6 t、NO_x 排放量为 81 729.7 t、CO 排放量为 156 735.8 t、VOCs 排放量为 61 881.9 t、NH_3 排放量为 39 709.3 t、PM_{10} 排放量为 52 843.6 t、$PM_{2.5}$ 排放量为 28 376.6 t、BC 排放量为 3 620.3 t、OC 排放量为 5 064.0 t。由图 5-19 可知，荆州市的 SO_2 主要来自工业过程源、生物质燃烧源、化石燃料固定燃烧源和非道路移动源，排放贡献比例分别为 32.1%、26.7%、23.1%和 14.0%；NO_x 主要来自非道路移动源、化石燃料固定燃烧源、道路移动源和生物质燃烧源，贡献比例分别为 62.7%、14.3%、13.8%和 6.3%，其中非道路移动源中的 NO_x 主要来自船舶排放；CO 主要来自生物质燃烧源、化石燃料固定燃烧源、非道路移动源和道路移动源，排放分担率分别为 43.4%、22.1%、16.2%和 13.6%；VOCs 主要来自工业过程源、溶剂使用源和生物质燃烧源，排放分担率分别为 26.9%、25.3%和 15.7%；NH_3 主要来自农业源，贡献率达到 93.7%；PM_{10} 最大的贡献源项为扬尘源，贡献率达到 42.6%，其次为工业过程源，贡献率为 33.4%，生物质燃烧源对 PM_{10} 也有一定贡献，贡献率为 12.8%；$PM_{2.5}$ 与 PM_{10} 类似，工业过程源、扬尘源和生物质燃烧源是主要贡献源，贡献率分别为 32.7%、26.2%和 22.8%；BC 主要来自非道路移动源和生物质燃烧源，二者的排放分担率分别为 61.8%和 28.7%，占比达到 90%，而 OC 最大的排放源为生物质燃烧源，贡献率达到 78.7%。

表 5-10 荆州市 2017 年大气污染物排放清单 单位：t

源项	SO_2	NO_x	CO	VOCs	NH_3	PM_{10}	$PM_{2.5}$	BC	OC
化石燃料固定燃烧源	1 570.0	11 726.0	34 609.4	7 179.9	93.8	788.3	530.2	151.9	179.6
工业过程源	2 181.5	2 244.9	7 322.0	16 669.3	243.9	17 657.3	9 267.2	46.2	40.0
道路移动源	278.7	11 307.6	21 306.5	3 939.8	277.8	306.1	283.8	142.0	44.5

源项	SO_2	NO_x	CO	VOCs	NH_3	PM_{10}	$PM_{2.5}$	BC	OC
非道路移动源	952.3	51 280.2	25 403.8	6 757.7	0	4 071.7	3 896.2	2 238.0	709.4
溶剂使用源				15 644.2					
农业源					37 224.5				
扬尘源						22 530.4	7 429.8		
生物质燃烧源	1 817.1	5 171.0	68 094.1	9 703.8	1 480.2	6 767.0	6 467.3	1 039.1	3 984.8
储存运输源				827.3					
废弃物处理源	0	0	0	442.7	389.1	0	0	0	0
其他排放源（餐饮油烟）	0	0	0	717.2	0	722.8	502.1	3.1	105.7
合　计	6 799.6	81 729.7	156 735.8	61 881.9	39 709.3	52 843.6	28 376.6	3 620.3	5 064.0

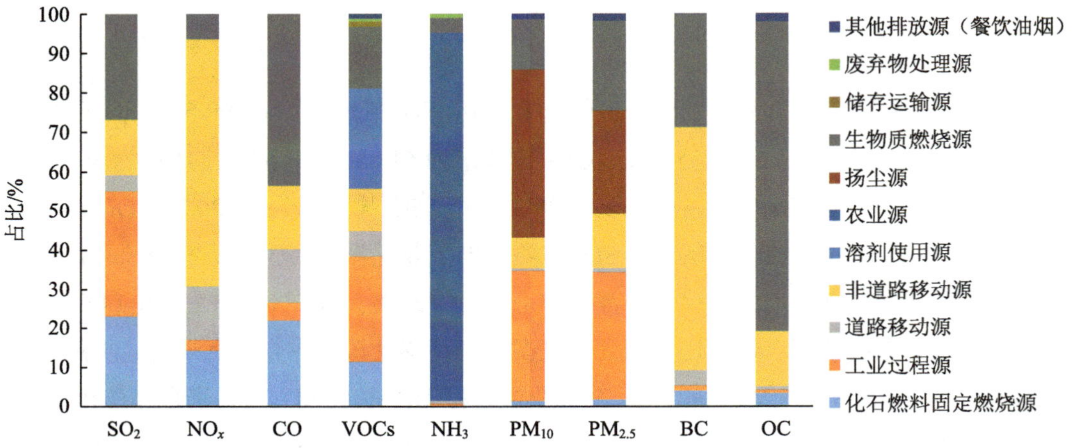

图 5-19　荆州市 2017 年大气污染物排放部门分布

5.3.10　黄冈市

黄冈市 2017 年大气污染物排放清单见表 5-11，SO_2 排放量为 7 489.4 t、NO_x 排放量为 31 049.2 t、CO 排放量为 242 424.2 t、VOCs 排放量为 33 145.4 t、NH_3 排放量为 26 027.1 t、PM_{10} 排放量为 44 212.1 t、$PM_{2.5}$ 排放量为 22 106.7 t、BC 排放量为 1 465.3 t、OC 排放量为 3 273.6 t。由图 5-20 可知，黄冈市的 SO_2 主要来自工业过程源、化石燃料固定燃烧源和非道路移动源，排放贡献比例分别为 51.5%、25.5%和 9.9%，生物质燃烧源对 SO_2 贡献率也达到 9.6%；NO_x 主要来自道路移动源、工业过程源和化石燃料固定燃烧源，贡献比例分别为 38.2%、23.8%和 18.2%，非道路移动源的排放贡献达到 14.3%，移动源对黄冈市 NO_x 排放的贡献率共计 52.6%；CO 主要来自工业过程源、生物质燃烧源和道路移动源，排放分担率分别为 69.4%、19.4%和 5.7%；VOCs 最大的排放源为工业过程源，贡献率达到 33.8%，这主要是因为黄冈市开发区、罗田县和武穴市等地区为化工、医药产业聚集区，溶剂使用源和生物质燃烧源对 VOCs 的贡献率分别为 31.7%和 18.2%；NH_3 主要来自农业源，贡献率达到 86.2%，废弃物处理源和工业过程源的贡献率分别为 1.0%和 6.7%；PM_{10} 最大的贡献源项为扬尘源，贡献率达到 47.8%，其次为工业过程源，贡献率为 36.8%，生物质燃烧源对 PM_{10} 也有一定贡献，占比为 12.1%；$PM_{2.5}$ 与 PM_{10} 类似，扬尘源、工业过程源和生物质燃烧源是主要贡献源，贡献率分别为 40.6%、30.4%和 22.1%；BC 主要来自生物质燃烧源，贡献率达到 65.6%，其次为非道路移动源，排放贡献为 13.1%；同样地，OC 最大的排放源也是生物质燃烧源，贡献率达到 89.1%，显著高于 BC。

表 5-11　黄冈市 2017 年大气污染物排放清单　单位：t

源项	SO_2	NO_x	CO	VOCs	NH_3	PM_{10}	$PM_{2.5}$	BC	OC
化石燃料固定燃烧源	1 910.1	5 636.7	10 430.7	1 056.0	112.3	676.8	333.6	42.4	26.3
工业过程源	3 858.8	7 386.8	168 193.9	11 190.6	1 732.0	16 252.7	6 718.5	136.5	126.4
道路移动源	261.5	11 872.4	13 807.2	2 155.6	308.4	236.3	609.4	130.7	38.8
非道路移动源	738.7	4 444.6	2 966.2	703.0	44.1	330.7	309.4	192.0	59.0
溶剂使用源				10 510.9					
农业源					22 429.1				
扬尘源						21 135.2	8 984.9		
生物质燃烧源	720.3	1 708.7	47 026.2	6 034.5	1 139.3	5 331.9	4 890.6	960.6	2 916.5
储存运输源				1 043.0					
废弃物处理源	0	0	0	194.8	261.9	0	0	0	0
其他排放源（餐饮油烟）	0	0	0	257.0	0	248.5	260.3	3.1	106.6
合　计	7 489.4	31 049.2	242 424.2	33 145.4	26 027.1	44 212.1	22 106.7	1 465.3	3 273.6

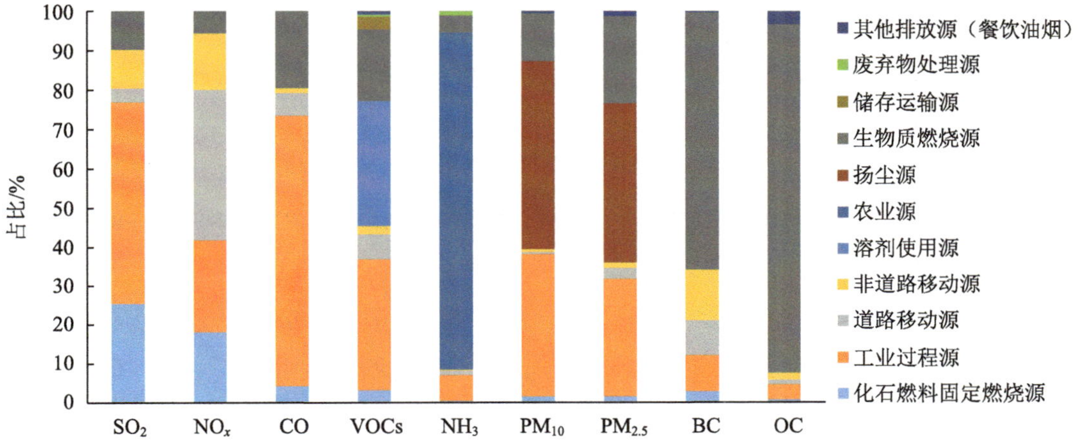

图 5-20　黄冈市 2017 年大气污染物排放部门分布

5.3.11 咸宁市

咸宁市 2017 年大气污染物排放清单见表 5-12，SO_2 排放量为 8 637.6 t、NO_x 排放量为 21 343.3 t、CO 排放量为 272 622.1 t、VOCs 排放量为 23 228.6 t、NH_3 排放量为 9 977.0 t、PM_{10} 排放量为 22 779.6 t、$PM_{2.5}$ 排放量为 12 029.6 t、BC 排放量为 1 758.3 t、OC 排放量为 2 190.7 t。由图 5-21 可知，咸宁市的 SO_2 主要来自工业过程源、化石燃料固定燃烧源和生物质燃烧源，排放贡献比例分别为 52.9%、40.4%和 3.7%，其中化石燃料固定燃烧源的 SO_2 主要来自赤壁市华润电力、晨力纸业的燃煤锅炉排放；NO_x 主要来自道路移动源、工业过程源和非道路移动源，贡献比例分别为 29.3%、24.0%和 23.0%，其中工业过程源中的长流程钢铁企业金盛兰和平板玻璃制造企业南玻玻璃为重点排放源，移动源 NO_x 的贡献比例达到 52.2%；VOCs 主要来自工业过程源、溶剂使用源和生物质燃烧源，排放分担率分别为 36.6%、26.7%和 12.7%；NH_3 主要来自农业源，占比 82.5%，废弃物处理源和工业过程源的贡献率仅为 2.3%和 3.2%；PM_{10} 最大的贡献源项为工业过程源，其次为扬尘源，二者的贡献率分别为 38.6%和 32.5%，生物质燃烧源对 PM_{10} 也有一定贡献，占比为 10.7%；对于 $PM_{2.5}$，工业过程源、化石燃料固定燃烧源、扬尘源、生物质燃烧源是主要贡献源，贡献率分别为 41.1%、18.6%、18.0%、16.7%；BC 主要来自化石燃料固定燃烧源和生物质燃烧源，二者的排放分担率分别为 37.5%和 23.2%；OC 最大的排放源为生物质燃烧源，贡献率达到 50.1%，其次为化石燃料固定燃烧源，贡献率为 36.2%。

表 5-12 咸宁市 2017 年大气污染物排放清单 单位：t

源项	SO_2	NO_x	CO	VOCs	NH_3	PM_{10}	$PM_{2.5}$	BC	OC
化石燃料固定燃烧源	3 492.5	4 162.6	51 230.3	1 943.5	808.1	3 190.7	2 236.9	659.4	792.7
工业过程源	4 566.4	5 129.6	187 690.3	8 493.2	315.6	8 791.3	4 943.2	260.4	181.9
道路移动源	136.5	6 254.4	8 574.2	1 604.7	106.5	199.6	182.6	97.7	29.9
非道路移动源	123.4	4 899.2	3 557.3	744.6	0	522.7	495.4	287.0	88.2
溶剂使用源				6 201.1					
农业源					8 232.0				
扬尘源						7 398.6	2 166.5		
生物质燃烧源	318.8	897.5	21 570	2 953.2	283.8	2 431.7	2 003.7	407.4	1 098.0
储存运输源				843.5					
废弃物处理源	0	0	0	94.8	231.0	0	0	0	0
其他排放源（餐饮油烟）	0	0	0	350	0	245.0	1.3	46.4	0
合 计	8 637.6	21 343.3	272 622.1	23 228.6	9 977.0	22 779.6	12 029.6	1 758.3	2 190.7

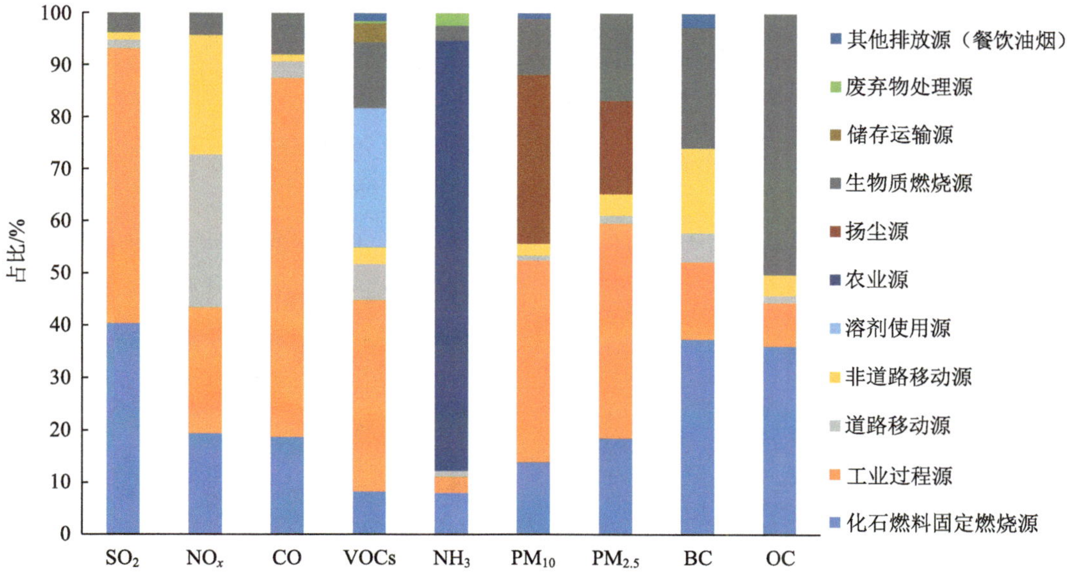

图 5-21 咸宁市 2017 年大气污染物排放部门分布

5.3.12 随州市

随州市 2017 年大气污染物排放清单见表 5-13，SO_2 排放量为 1 379.4 t、NO_x 排放量为 16 235.1 t、CO 排放量为 15 708.8 t、VOCs 排放量为 11 855.3 t、NH_3 排放量为 11 567.6 t、PM_{10} 排放量为 23 812.5 t、$PM_{2.5}$ 排放量为 5 996.0 t、BC 排放量为 602.3 t、OC 排放量为 265.9 t。由图 5-22 可知，随州市的 SO_2 主要来自化石燃料固定燃烧源、工业过程源和非道路移动源，排放贡献比例分别为 35.2%、33.9%和 16.9%；NO_x 主要来自非道路移动源和道路移动源，排放贡献比例分别为 57.5%和 39.1%；CO 主要来自工业过程源，排放分担率为 38.2%，主要是该市长流程钢铁企业广水华鑫实业排放的，其次为道路移动源和非道路移动源，贡献率分别为 35.7%和 21.8%；VOCs 主要来自溶剂使用源，排放贡献率达到 68.4%，这是因为随州市高新区是湖北省改装汽车生产企业聚集区域，汽车喷涂过程中产生了大量的 VOCs，工业过程源也是 VOCs 的重要来源之一，排放贡献比例为 10.7%；NH_3 主要来自农业源，贡献率达到 81.6%，工业过程源对 NH_3 排放的贡献比例为 15.3%，废弃物处理源的贡献率仅为 2.1%；PM_{10} 最大的贡献源项为扬尘源，其次为工业过程源，二者的贡献率分别为 57.7%、37.6%；对于 $PM_{2.5}$，扬尘源、工业过程源、餐饮油烟是主要贡献源，其贡献率分别为 50.8%、34.0%、1.5%；BC 和 OC 均主要来自非道路移动源排放，贡献率分别为 73.9%和 53.1%，道路移动源对两种污染物的贡献比例也较高，分别为 18.3%和 14.1%，生物质燃烧源对 OC 的排放贡献比例仅为 2.6%。

表 5-13 随州市 2017 年大气污染物排放清单 单位：t

源项	SO_2	NO_x	CO	VOCs	NH_3	PM_{10}	$PM_{2.5}$	BC	OC
化石燃料固定燃烧源	485.3	362.2	404.0	18.3	0.1	189.7	66.9	14.0	1.7
工业过程源	467.1	91.8	6 006.3	1 264.2	1 768.4	8 955.1	2 038.7	29.0	16.6
道路移动源	159.5	6 353.9	5 610.1	844.3	95.3	216.7	199.3	110.4	37.4
非道路移动源	233.2	9 340.2	3 423.0	1 200.3	0	576.9	541.6	445.3	141.1
溶剂使用源				8 108.7					
农业源					9 438.0				
扬尘源						13 737.4	3 045.0		
生物质燃烧源	34.3	87.0	265.4	42.3	23.6	25.9	15.8	1.8	7.0
储存运输源				204.9					
废弃物处理源	0	0	0	96.7	242.2	0	0	0	0
其他排放源（餐饮油烟）	0	0	0	75.6	0	110.8	88.7	1.8	62.1
合 计	1 379.4	16 235.1	15 708.8	11 855.3	11 567.6	23 812.5	5 996.0	602.3	265.9

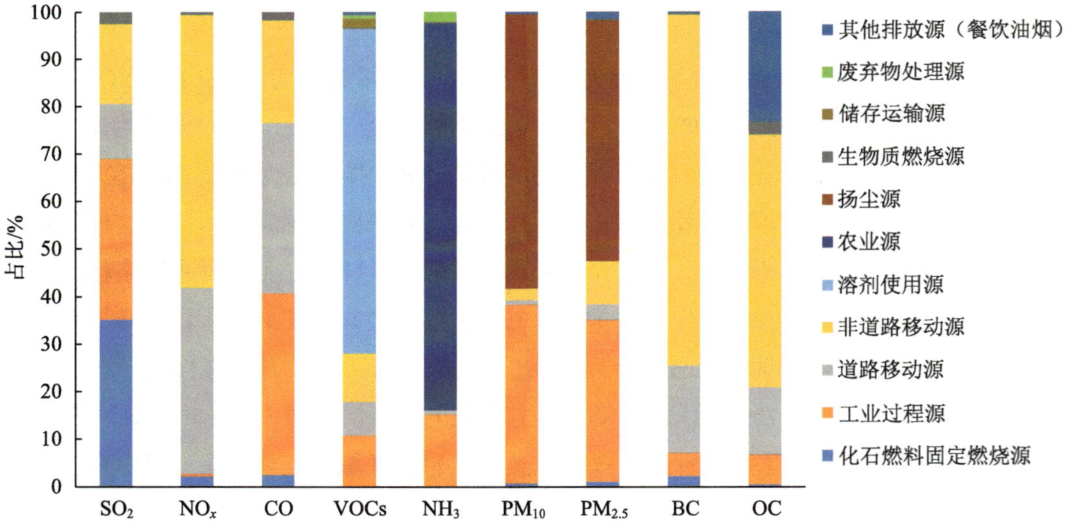

图 5-22 随州市 2017 年大气污染物排放部门分布

5.3.13 恩施州

恩施州 2017 年大气污染物排放清单见表 5-14，SO_2 排放量为 1 939.5 t、NO_x 排放量为 19 834.2 t、CO 排放量为 63 001.8 t、VOCs 排放量为 13 427.4 t、NH_3 排放量为 43 542.5 t、PM_{10} 排放量为 24 863.7 t、$PM_{2.5}$ 排放量为 7 045.8 t、BC 排放量为 1 672.9 t、OC 排放量为

2 610.7 t。由图 5-23 可知，恩施州的 SO_2 主要来自化石燃料固定燃烧源、非道路移动源和道路移动源，排放贡献比例分别为 60.8%、14.3%和 10.9%，工业过程源排放分担率仅为 5.6%，这主要是因为恩施州无产生 SO_2 的企业生产过程，包括硫酸生产、化肥制造等，由于恩施州多为山区，农村人口占比较高，秸秆、薪柴等燃烧比例较其他城市高，因此生物质燃烧源对 SO_2 的排放分担率达到 8.4%；NO_x 主要来自道路移动源和非道路移动源，排放贡献率分别为 48.6%和 35.9%，工业过程源的贡献率为 11.5%，主要来自恩施州水泥熟料生产线排放；CO 主要来自道路移动源、工业过程源和化石燃料固定燃烧源，排放分担率分别为 25.3%、22.7%和 19.2%，非道路移动源对 CO 的排放分担率达到 19.1%；VOCs 主要来自道路移动源、工业过程源和溶剂使用源，排放贡献率分别达到 23.4%、18.4%和 18.3%；NH_3 主要来自农业源，贡献率达到 98.1%，恩施州的农业 NH_3 排放为全省最高，这主要是因为该州猪、牛等易产生大量 NH_3 排放的畜禽养殖规模较大，且散养占比较大。对于 PM，PM_{10} 和 $PM_{2.5}$ 最大的贡献源项均为扬尘源，其对 PM_{10} 的贡献率达到 87.2%，工业过程源对二者的排放分担率仅为 0.6%和 0.8%。生物质燃烧源对 $PM_{2.5}$ 的排放贡献率达到 15.4%，仅次于扬尘源，由于恩施州 2017 年仍存在较多的燃煤小锅炉，化石燃料固定燃烧源对 $PM_{2.5}$ 也有一定贡献，贡献率为 7.1%。

表 5-14　恩施州 2017 年大气污染物排放清单　　单位：t

源项	SO_2	NO_x	CO	VOCs	NH_3	PM_{10}	$PM_{2.5}$	BC	OC
化石燃料固定燃烧源	1 179.9	551.7	12 076.3	442.8	22.2	674.8	500.2	162.9	224.9
工业过程源	108.2	2 277.0	14 306.5	2 476.6	84.0	147.3	59.3	868.3	1 459.9
道路移动源	211.1	9 632.8	15 942.8	3 143.1	180.6	274.6	253.8	131.6	39.2
非道路移动源	277.8	7 120.9	12 034.1	2 432.0	0	616.8	584.0	330.9	104.7
溶剂使用源				2 458.0					
农业源					42 709.4				
扬尘源						21 672.4	4 306.2		
生物质燃烧源	162.5	251.8	8 642.1	1 256.4	99.9	1 150.5	1 085.0	174.7	628.5
储存运输源				900.3					
废弃物处理源	0	0	0	145.0	446.4	0	0	0	0
其他排放源（餐饮油烟）	0	0	0	173.2	0	327.3	257.3	4.5	153.5
合　计	1 939.5	19 834.2	63 001.8	13 427.4	43 542.5	24 863.7	7 045.8	1 672.9	2 610.7

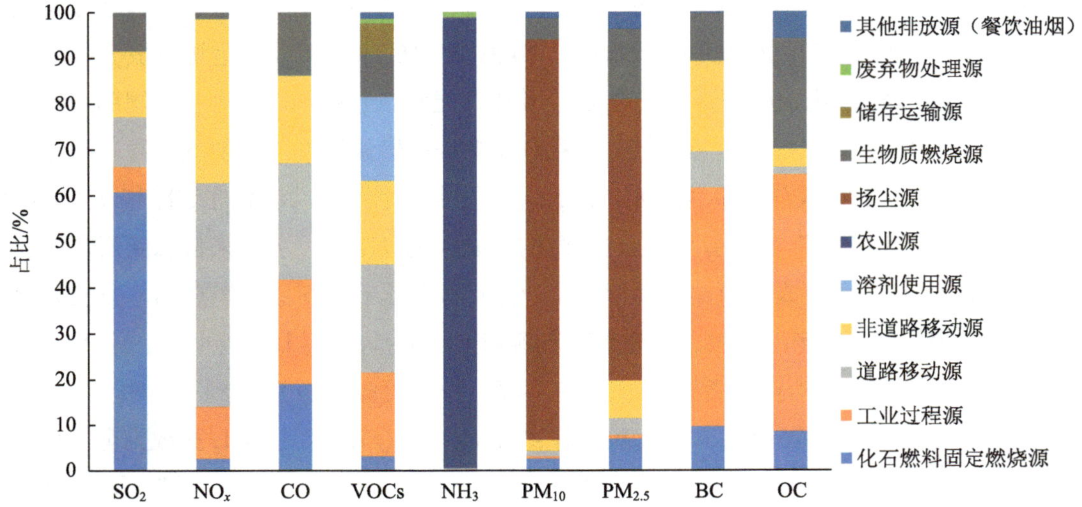

图 5-23　恩施州 2017 年大气污染物排放部门分布

5.3.14　仙桃市

仙桃市 2017 年大气污染物排放清单见表 5-15，SO_2 排放量为 2 297.8 t、NO_x 排放量为 8 317.3 t、CO 排放量为 39 700.0 t、VOCs 排放量为 12 977.8 t、NH_3 排放量为 3 472.1 t、PM_{10} 排放量为 13 857.4 t、$PM_{2.5}$ 排放量为 8 916.3 t、BC 排放量为 924.3 t、OC 排放量为 1 146.7 t。由图 5-24 可知，仙桃市的 SO_2 主要来自化石燃料固定燃烧源、工业过程源和生物质燃烧源，排放贡献率分别为 65.7%、20.5%和 7.2%；NO_x 主要来自道路移动源和非道路移动源，排放贡献率分别为 31.2%和 42.4%，工业过程源对 NO_x 的贡献率也较高，达到 15.9%；CO 主要来自生物质燃烧源、化石燃料固定燃烧源和工业过程源，排放分担率分别为 36.4%、22.9%和 22.9%，道路移动源对 CO 的排放贡献（11.0%）高于非道路移动源（6.8%）；VOCs 主要来自溶剂使用源、工业过程源和生物质燃烧源，排放贡献率分别达到 46.7%、36.0%和 8.7%；NH_3 主要来自农业源，贡献率达到 92.6%，道路移动源对 NH_3 的贡献率为 2.4%，工业过程源对 NH_3 排放的贡献较小，显著低于其他城市，这主要是由仙桃市的产业特征决定的；PM_{10} 最大的贡献源项为工业过程源，其次为扬尘源，二者贡献率分别为 57.5%和 18.0%，生物质燃烧源对 PM_{10} 也有一定贡献，贡献率为 10.4%；对于 $PM_{2.5}$，工业过程源、生物质燃烧源和道路移动源是主要的排放源，贡献率分别为 53.8%、15.4%和 12.2%；BC 和 OC 的主要来源相同，均来自生物质燃烧源、工业过程源。

表 5-15　仙桃市 2017 年大气污染物排放清单　　单位：t

源项	SO_2	NO_x	CO	VOCs	NH_3	PM_{10}	$PM_{2.5}$	BC	OC
化石燃料固定燃烧源	1 510.7	477.3	9 091.3	568.7	0	1 423.6	493.5	178.9	206.2
工业过程源	470.3	1 324.3	9 089.5	2 414.2	37.1	7 961.0	4 796.8	239.6	210.7
道路移动源	55.6	2 597.5	4 384.7	75.4	81.7	11.5	1 092.2	49.9	11.5
非道路移动源	95.2	3 527.7	2 698.7	584.7	0	358.8	340.2	193.4	60.8
溶剂使用源				7 063.4					
农业源					3 216.3				
扬尘源						2 499.2	709.3		
生物质燃烧源	166.0	390.5	14 435.8	1 747.2	84.2	1 443.7	1 374.7	261.7	631.4
储存运输源				331.2					
废弃物处理源	0	0	0	18.6	52.8	0	0	0	0
其他排放源（餐饮油烟）	0	0	0	174.4	0	159.6	109.6	0.8	26.1
合　计	2 297.8	8 317.3	39 700.0	12 977.8	3 472.1	13 857.4	8 916.3	924.3	1 146.7

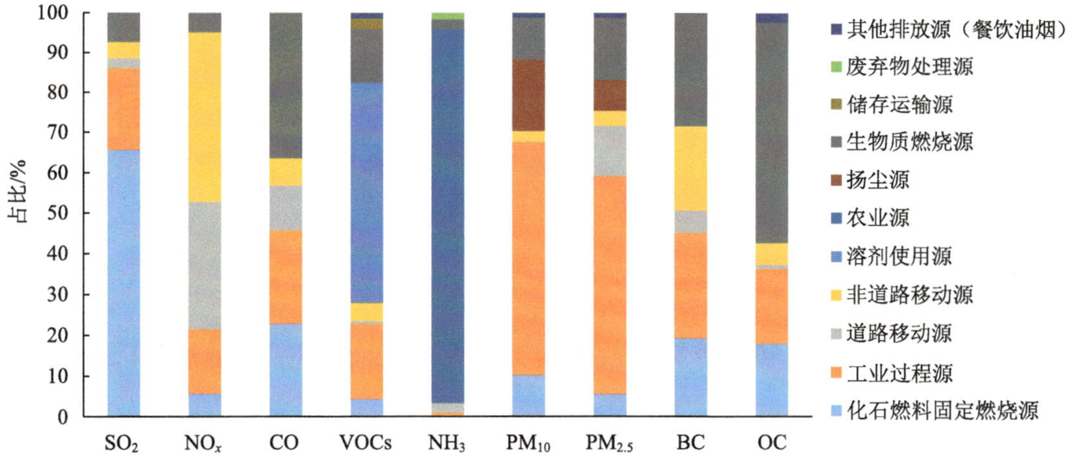

图 5-24　仙桃市 2017 年大气污染物排放部门分布

5.3.15　潜江市

潜江市 2017 年大气污染物排放清单见表 5-16，SO_2 排放量为 3 410.3 t、NO_x 排放量为 6 529.0 t、CO 排放量为 26 694.8 t、VOCs 排放量为 10 453.7 t、NH_3 排放量为 7 869.8 t、PM_{10} 排放量为 11 342.3 t、$PM_{2.5}$ 排放量为 4 876.5 t、BC 排放量为 372.0 t、OC 排放量为 632.8 t。由图 5-25 可知，潜江市的 SO_2 主要来自化石燃料固定燃烧源、工业过程源和生物质燃烧源，排放贡献比例分别为 46.8%、45.7%和 3.5%；NO_x 主要来自道路移动源和化石燃料固定燃烧源，排放贡献率分别为44.7%和41.1%，非道路移动源对NO_x的贡献率也较高，达到8.1%；CO主要来自化石燃料固定燃烧源、道路移动源和生物质燃烧源，排放分担率分别为37.4%、33.2%和20.6%，非道路移动源对CO的贡献率仅为1.1%；VOCs主要来自溶剂使用源、工业过程源和储存运输源，排放贡献率分别为26.3%、22.8%和22.1%；NH_3主要来自农业源和工业过程源，贡献率分别为52.2%和43.1%；PM_{10}最大的贡献源项为扬尘源，贡献率为52.0%，其次为工业过程源，贡献率为31.2%；对于$PM_{2.5}$，工业过程源、扬尘源和化石燃料固定燃烧源是主要的排放源，贡献率分别为39.0%、29.2%和15.5%；BC主要来自化石燃料固定燃烧源和生物质燃烧源，二者的贡献率分别为41.2%和27.9%；生物质燃烧源对OC的排放贡献率最高，达到55.4%，其次为化石燃料固定燃烧源，贡献率为28.7%。

表5-16 潜江市2017年大气污染物排放清单 单位：t

源项	SO_2	NO_x	CO	VOCs	NH_3	PM_{10}	$PM_{2.5}$	BC	OC
化石燃料固定燃烧源	1 595.7	2 685.7	9 971.8	1 003.0	49.9	1 062.0	755.2	153.2	181.4
工业过程源	1 560.2	48.9	2 056.1	2 386.8	3 394.8	3 534.4	1 903.9	47.5	40.8
道路移动源	104.9	2 921.5	8 865.6	1 085.8	55.6	90.7	82.7	42.7	15.2
非道路移动源	30.6	526.4	290.3	65.4	0	43.7	41.6	23.7	7.5
溶剂使用源				2 750.2					
农业源					4 111.9				
扬尘源						5 895.3	1 424.5		
生物质燃烧源	118.9	346.5	5 511.0	759.6	60.0	650.0	615.6	103.8	350.8
储存运输源				2 314.6					
废弃物处理源	0	0	0	42.0	197.6	0	0	0	0
其他排放源（餐饮油烟）	0	0	0	46.3	0	66.2	53.0	1.1	37.1
合　计	3 410.3	6 529.0	26 694.8	10 453.7	7 869.8	11 342.3	4 876.5	372.0	632.8

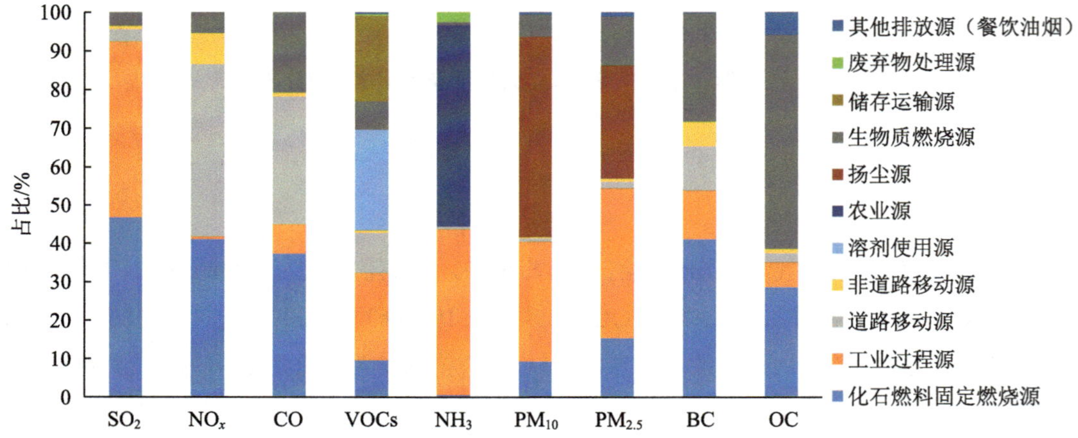

图5-25 潜江市2017年大气污染物排放部门分布

5.3.16 天门市

天门市 2017 年大气污染物排放清单见表 5-17，SO_2 排放量为 900.9 t、NO_x 排放量为 3 035.3 t、CO 排放量为 17 708.9 t、VOCs 排放量为 4 574.1 t、NH_3 排放量为 12 223.3 t、PM_{10} 排放量为 10 971.0 t、$PM_{2.5}$ 排放量为 3 843.3 t、BC 排放量为 247.6 t、OC 排放量为 431.5 t。由图 5-26 可知，天门市的 SO_2 主要来自化石燃料固定燃烧源、工业过程源和生物质燃烧源，排放贡献比例分别为 47.5%、35.6%和 9.4%；NO_x 主要来自道路移动源和非道路移动源，排放贡献率分别为 45.7%和 37.7%，化石燃料固定燃烧源对 NO_x 的贡献率也较高，达到 9.0%；CO 主要来自工业过程源、生物质燃烧源和道路移动源，排放分担率分别为 49.7%、29.3%和 11.7%，非道路移动源对 CO 的贡献率仅为 5.6%；VOCs 主要来自溶剂使用源、工业过程源和生物质燃烧源，排放贡献率分别为 47.0%、18.4%和 11.7%；NH_3 主要来自农业源，贡献率高达 97.7%；PM_{10} 最大的贡献源项为工业过程源，贡献率为 46.0%，主要来自建材企业排放，其次为扬尘源，贡献率为 45.6%；对于 $PM_{2.5}$，工业过程源、扬尘源和生物质燃烧源是其主要的排放源，贡献率分别为 43.8%、32.0%和 11.5%；BC 主要来自生物质燃烧源，贡献率为 35.9%；生物质燃烧源对 OC 的排放贡献率最高，达到 62%。

表 5-17 天门市 2017 年大气污染物排放清单 单位：t

源项	SO_2	NO_x	CO	VOCs	NH_3	PM_{10}	$PM_{2.5}$	BC	OC
化石燃料固定燃烧源	427.7	272.4	693.0	85.0	0	265.2	102.5	13.9	12.4
工业过程源	320.5	78.0	8 800.6	841.2	61.6	5 042.4	1 684.3	75.3	99.4
道路移动源	43.2	1 386.1	2 045.0	334.4	41.5	41.8	38.2	19.9	6.4
非道路移动源	24.8	1 145.0	988.8	242.1	0	90.1	84.8	48.6	15.1
溶剂使用源				2 148.9					
农业源					11 947.3				
扬尘源						5 002.1	1 230.0		
生物质燃烧源	84.7	153.8	5 181.5	535.1	60.4	474.4	442.6	89.0	267.4
储存运输源				122.3					
废弃物处理源	0	0	0	46.2	112.5	0	0	0	0
其他排放源（餐饮油烟）	0	0	0	218.9	0	55.0	260.9	0.9	30.8
合 计	900.9	3 035.3	17 708.9	4 574.1	12 223.3	10 971.0	3 843.3	247.6	431.5

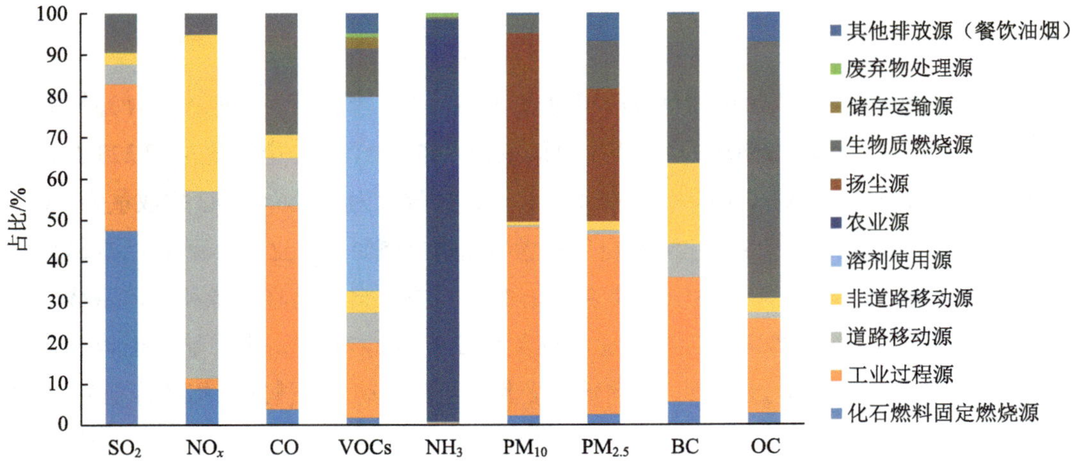

图 5-26 天门市 2017 年大气污染物排放部门分布

5.3.17 神农架林区

神农架林区 2017 年大气污染物排放清单见表 5-18，SO_2 排放量为 13.7 t、NO_x 排放量为 285.6 t、CO 排放量为 239.4 t、$PM_{2.5}$ 排放量为 2 877.8 t、PM_{10} 排放量为 18 984.3 t、BC 排放量为 5.3 t、OC 排放量为 7.9 t、VOCs 排放量为 687.4 t、NH_3 排放量为 153.6 t。由图 5-27 可知，道路扬尘是 $PM_{2.5}$、PM_{10} 的首要排放源，分别占林区 $PM_{2.5}$、PM_{10} 排放总量的 94.1%、89.0%；道路移动源是 NO_x、CO 的首要排放源，分别占林区 NO_x、CO 排放总量的 84.7%、95.6%；工业过程源和移动源对 SO_2 的贡献率各占 50%，其中工业过程源的 SO_2 排放主要为建材行业生产过程排放，排放量达到 6.9 t；工业过程源对 VOCs 的贡献率为 59.4%；农业源对 NH_3 的贡献率为 80.0%。

表 5-18 神农架林区 2017 年大气污染物排放清单 单位：t

源项	SO_2	NO_x	CO	VOCs	NH_3	PM_{10}	$PM_{2.5}$	BC	OC
化石燃料固定燃烧源	0	6.5	6.0	173.6	0	0	0	0	0
工业过程源	6.9	22.0	4.1	408.0	0.5	539.9	169.6	3.6	4.0
道路移动源	6.8	242.4	229.3	27.7	3.9	3.3	3.1	1.6	0.6
非道路移动源	0	14.7	0	1.6	0	0	0	0	0
溶剂使用源				50.1					
农业源					122.6				
扬尘源						18 435.1	2 700.3		
生物质燃烧源	0	0	0	0	0	0	0	0	0
储存运输源				8.4					

源项	SO_2	NO_x	CO	VOCs	NH_3	PM_{10}	$PM_{2.5}$	BC	OC
废弃物处理源	0	0	0	13.8	26.6	0	0	0	0
其他排放源（餐饮油烟）	0	0	0	4.2	0	6.0	4.8	0.1	3.3
合　计	13.7	285.6	239.4	687.4	153.6	18 984.3	2 877.8	5.3	7.9

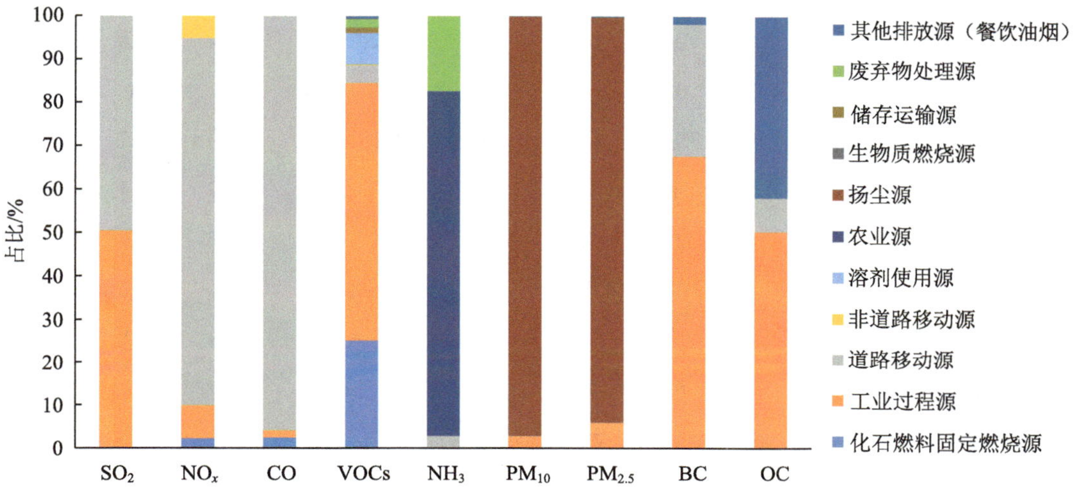

图 5-27　神农架林区 2017 年大气污染物排放部门分布

神农架林区主要的工业行业为酒、饮料和精制茶制造业，食品制造业，农副食品加工业。化学原料和化学制品制造业的主要产品有机肥为 3 000 t，非金属矿物制品类型主要为水泥制品、磷矿石及碎砂石，产量分别为 63 425 t、1 170 000 t 及 39 680 t。医药制造业类型为中草药，产量为 120.0 t，造纸和纸制品业类型为纸盒，产量为 44.0 t。神农架林区 2017 年工业过程源排放的 SO_2 为 6.9 t、NO_x 为 22.0 t、CO 为 4.1 t、PM_{10} 为 539.9 t、$PM_{2.5}$ 为 169.6 t、BC 为 3.6 t、OC 为 4.0 t、VOCs 为 408.0 t 和 NH_3 为 0.5 t，其分别占林区排放总量的 50.3%、7.79%、1.7%、2.8%、5.9%、67.7%、50.4%、59.3%和 0.3%。从行业特征分析，神农架林区主要的涉气行业为非金属矿物制品业、化学原料和化学制品制造业。非金属矿物制品业排放的主要污染物为 PM_{10} 和 $PM_{2.5}$，占比分别为 99.9%和 99.7%；化学原料和化学制品制造业的 VOCs 排放较明显，对工业过程源 VOCs 排放的分担率为 61.6%。

5.4　工业园区排放特征

通过二污普成果中工业园区排放情况统计表获取 2017 年湖北省工业园区企业名录，并对照其全面梳理大气污染物排放清单中湖北省工业企业的排放情况，得到 2017 年湖北省工业园区大气污染物排放清单，见表 5-19。2017 年湖北省工业园区排放的 SO_2、NO_x、

CO、VOCs、NH_3、PM_{10}、$PM_{2.5}$、BC、OC 的总量分别为 15 370.1 t、20 438.0 t、149 065.3 t、65 391.3 t、2 042.3 t、59 118.0 t、46 814.0 t、387.1 t、747.7 t，分别占全省工业过程源污染物排放总量的 9.9%、13.2%、96.5%、42.3%、1.3%、38.3%、30.3%、0.3%、0.5%。

表 5-19 2017 年湖北省工业园区大气污染物排放清单 单位：t

工业园区	SO_2	NO_x	CO	VOCs	NH_3	PM_{10}	$PM_{2.5}$	BC	OC
鄂州市	0.4	14.7	84.8	204.2	0	39.4	30.8	0	0
鄂州葛店经济技术开发区	0.2	14.3	84.8	128.9	0	0	0	0	0
湖北鄂州花湖经济开发区	0.2	0.4	0	75.2	0	39.4	30.7	0	0
恩施州	11.7	63.0	1 974.2	147.6	2.9	83.2	15.1	0.3	0.5
湖北鹤峰经济开发区	2.9	9.1	298.3	10.9	0	0.6	0.3	0.1	0
湖北建始工业园区	0	0.2	0.4	8.7	2.7	0	0	0	0
湖北来凤经济开发区	0	0	0	0.6	0	10.9	2.2	0	0
湖北利川经济开发区	0.2	1.4	2.3	0.4	0.1	0.1	0.1	0	0.2
湖北咸丰工业园区	8.2	51.2	1 670.7	78.2	0	63.4	11.1	0.1	0
湖北宣恩工业园区	0.3	1.2	2.6	48.8	0.1	8.3	1.4	0.1	0.2
黄冈市	94.0	803.8	1 319.3	4 436.8	5.3	169.5	33.1	0.8	0.6
湖北黄州火车站经济开发区	3.1	2.4	1 118.9	11.7	0	0.7	0.5	0.1	0
湖北麻城经济开发区	0	0.1	0	0	0	0	0	0	0
湖北蕲春李时珍医药工业园区	71.2	784.1	15.7	4 398.8	0.5	156.7	26.7	0.3	0.1
湖北武穴经济开发区	19.8	17.2	184.7	26.3	4.8	12.1	5.9	0.5	0.4
湖北英山经济开发区	0	0	0	0.1	0	0	0	0	0
黄石市	1 788.8	1 590.3	9 157.7	4 433.7	83.7	6 298.5	4 376.1	11.0	48.6
湖北西塞山工业园区	281.2	304.7	3 188.1	35.5	82.6	1 925.7	1 430.9	0.3	27.7
湖北阳新经济开发区	784.1	201.6	27.5	604.9	0	535.1	311.7	4.5	0.9
黄石大冶湖高新技术产业园区	45.8	44.9	214.4	1 994.2	1.1	1 979.0	1 597.5	2.5	2.7
黄石经济技术开发区	677.6	1 039.1	5 727.8	1 798.9	0	1 858.7	1 035.9	3.8	17.2
荆门市	4 325.7	4 277.1	22 551.0	16 674.8	324.3	4 412.1	1 913.3	52.1	14.9
湖北东宝工业园区	106.2	170.0	1 061.3	1 248.3	85.4	793.7	738.7	7.7	0
湖北京山经济开发区	96.4	522.3	123.2	670.6	13.4	924.0	325.6	0.9	0.2
湖北沙洋经济开发区	2 978.1	1 882.1	93.9	2 196.2	9.1	45.6	42.3	0	1.1
湖北钟祥经济开发区	124.3	119.8	257.2	118.0	2.1	880.4	302.0	4.3	7.6
荆门高新技术产业开发区	1 020.7	1 583.0	21 015.4	12 441.6	214.2	1 768.6	504.7	39.2	6.1

工业园区	SO_2	NO_x	CO	VOCs	NH_3	PM_{10}	$PM_{2.5}$	BC	OC
荆州市	202.2	711.8	3 800.6	3 976.4	26.6	781.5	304.1	5.6	4.8
湖北公安经济开发区	0	0	0	3.6	0	0	0	0	0
湖北江陵经济开发区	30.0	221.4	851.2	239.8	0	18.1	8.0	1.1	0.9
湖北石首经济开发区	0.1	137.5	73.3	863.2	0	0	0	0	0
湖北松滋经济开发区	24.6	6.6	164.8	35.5	0	177.3	68.6	4.5	3.6
荆州经济技术开发区	147.5	346.2	2 711.3	2 834.3	26.6	586.0	227.4	0	0.2
潜江高新技术产业园区	410.9	966.4	427.1	550.0	115.0	342.6	265.3	1.1	0
神农架林区盘水生态产业园区	3.5	0	0	1.4	0	0	0	0	0
随州市	0.5	8.9	62.1	111.1	4.4	0.5	0.4	0	0
随州高新技术产业开发区	0.5	8.9	62.1	111.1	4.4	0.5	0.4	0	0
武汉市	809.9	2 916.2	6 647.9	2 329.4	2.8	3 074.1	1 860.0	8.3	14.1
武汉蔡甸经济开发区	0.7	14.9	9.3	121.1	0	4.5	2.4	0	0
武汉东湖高新技术产业开发区	13.2	210.3	232.9	28.5	0	287.4	222.8	0	0
武汉东湖综合保税区	0	0	0	0.3	0	0	0	0	0
武汉汉南经济开发区	485.0	1 431.9	1.3	968.8	0	122.5	118.8	0	0
武汉汉阳经济开发区	0	0	0	3.0	0	0	0	0	0
武汉江岸经济开发区	0	0	0	0	0	0.1	0.1	0	0
武汉江汉经济开发区	1.4	6.7	14.9	13.2	0.6	2.3	2.0	0.3	1.1
武汉江夏经济开发区	0.8	12.2	7.4	195.8	0	210.4	150.6	0	0
武汉经济技术开发区	29.3	164.9	220.6	526.4	1.2	572.3	308.8	0.1	0
武汉临空港经济技术开发区	3.4	24.1	31.2	80.9	0.9	3.1	1.7	0	0.2
武汉盘龙城经济开发区	0.1	1.7	1.1	10.5	0	1.0	0.3	0	0
武汉硚口经济开发区	0.2	3.5	2.2	4.2	0	0.2	0.2	0	0
武汉青山经济开发区	0	0	0	14.4	0	0	0	0	0
武汉武昌经济开发区	0	0	0	16.1	0	0.8	0.6	0	0
武汉阳逻经济开发区	275.9	1 046.0	6 127.2	346.3	0	1 869.4	1 051.9	7.9	12.8
咸宁市	903.6	1 518.8	8 687.3	472.7	643.9	853.6	433.0	1.2	0.7
湖北赤壁经济开发区	740.8	1 333.0	8 013.9	250.1	640.9	710.9	372.3	0.8	0
湖北崇阳工业园区	85.7	110.5	631.4	135.0	0	83.2	44.6	0.4	0.7
湖北嘉鱼经济开发区	61.0	56.4	35.1	85.6	3.0	3.5	1.4	0	0
湖北通山经济开发区	16.1	18.9	6.9	1.9	0	56.0	14.6	0	0
襄阳市	4 500.9	983.4	69 893.2	2 568.4	107.7	37 070.9	33 144.0	300.1	659.1
湖北保康经济开发区	0	0	0	18.0	0	0	0	0	0

工业园区	SO_2	NO_x	CO	VOCs	NH_3	PM_{10}	$PM_{2.5}$	BC	OC
湖北樊城经济开发区	0	0	0	334.7	0	58.4	21.6	0	0
湖北谷城经济开发区	45.3	606.8	2 630.9	564.1	104.5	19 078.5	17 225.5	0.5	17.9
湖北老河口经济开发区	2.6	3.0	0	0.4	0	9 126.2	8 115.6	0	2.9
湖北南漳经济开发区	4 446.7	368.6	54 927.6	760.4	0	113.8	30.4	299.5	483.8
湖北枣阳经济开发区	0.9	0	12 330.4	194.1	0.3	8 198.9	7 422.8	0	148.0
襄阳高新技术产业开发区	5.4	4.9	4.2	696.9	2.9	495.1	328.0	0	6.5
孝感市	408.0	815.3	3 693.6	12 650.8	25.2	615.3	378.6	2.1	1.7
湖北安陆经济开发区	2.8	6.4	83.3	8.1	0.4	18.3	8.9	2.0	1.6
湖北汉川经济开发区	404.4	794.8	3 605.4	12 583.0	24.6	433.6	262.2	0.1	0.1
湖北省孝昌经济开发区	0	2.1	0.7	1.4	0	87.3	54.0	0	0
孝感高新技术产业开发区	0.8	12.0	4.2	58.4	0.2	76.0	53.5	0	0
宜昌市	1 909.7	5 768.0	20 766.7	16 834.0	700.6	5 376.8	4 060.2	4.4	2.7
湖北当阳经济开发区	429.0	1 796.9	4 033.7	7 544.0	10.0	523.5	439.5	0.8	0.1
湖北点军工业园区	0	0	0	0	0	7.0	17.2	0	0
湖北五峰工业园区	0.4	3.4	4.7	0.8	0.1	59.4	28.9	0.1	0.3
湖北伍家岗工业园区	2.5	0.7	0.4	2.1	3.5	27.2	19.2	0	0.1
湖北西陵经济开发区	0	0	0	450.3	0	388.3	240.2	0	0
湖北兴山经济开发区	165.2	609.1	3 002.7	360.9	0	39.1	22.8	0.1	0.2
湖北夷陵经济开发区	12.7	266.5	93.1	522.6	15.1	97.5	71.6	0.2	0.3
湖北远安工业园区	103.8	367.4	3 255.3	2 273.9	40.0	83.0	65.9	0.4	0.4
湖北长阳经济开发区	56.0	767.2	3 345.1	298.2	20.0	212.8	179.1	0.1	0.2
湖北枝江经济开发区	54.3	218.3	250.8	270.2	596.8	265.9	220.6	0.2	0
湖北秭归经济开发区	0	14.4	8.9	0.8	0	85.8	53.2	0	0
宜昌高新技术产业开发区	24.0	146.6	202.8	1 601.1	15.0	2 237.3	2 004.5	0	0
宜都高新技术产业园区	1 061.8	1 577.5	6 569.2	3 509.1	0	1 350.0	697.3	2.5	1.1
合　计	15 370.1	20 438.0	149 065.3	65 391.3	2 042.3	59 118.0	46 814.0	387.1	747.7

从湖北省不同园区及不同市（州）的排放统计结果来看，襄阳市、荆门市、宜昌市和黄石市工业园区的 SO_2 排放量较高，分别为 4 500.9 t、4 325.7 t、1 909.7 t 和 1 788.8 t；宜昌市、荆门市、武汉市和黄石市工业园区的 NO_x 排放量较高，分别为 5 768.0 t、4 277.1 t、2 916.2 t 和 1 590.3 t；襄阳市、荆门市、宜昌市、黄石市工业园区的 CO 排放量较高，分别为 69 893.2 t、22 551.0 t、20 766.7 t 和 9 157.7 t。

分析各工业园区的排放结果发现，湖北南漳经济开发区的 SO_2 排放量为全省工业园区最高，排放量为 4 446.7 t，其次为湖北沙洋经济开发区，排放量为 2 978.1 t，这主要是因为这两个园区分布的工业企业均为磷化工生产企业和平板玻璃制造企业。对于 NO_x，全省共有 8 个工业园区的年排放量超过 1 000 t，分别为武汉汉南经济开发区、武汉阳逻经济开发区、黄石经济技术开发区、湖北沙洋经济开发区、荆门高新技术产业开发区、湖北赤壁经济开发区、湖北当阳经济开发区、宜都高新技术产业园区，其中湖北沙洋经济开发区的 NO_x 排放量最高，达到 1 882.1 t，占荆门市工业园区 NO_x 排放总量的 44.0%，主要来自平板玻璃制造企业，其次为湖北当阳经济开发区，排放量为 1 796.9 t，主要来自园区内的陶瓷生产企业。对于 VOCs，宜昌市、荆门市、孝感市工业园区的 VOCs 年排放总量均超过 1 万 t，分别达到 16 834.0 t、16 674.8 t 和 12 650.8 t，分别占全省工业园区 VOCs 排放总量的 25.7%、25.5%和 19.3%。其中，宜昌市工业园区的 VOCs 主要来自湖北当阳经济开发区和宜都高新技术产业园区，主要是因为上述两个园区存在大量的化工及化学原料药生产企业；孝感市工业园区的 VOCs 主要来自湖北汉川经济开发区，该园区内分布的化工企业较多，其 VOCs 排放量占孝感市工业园区 VOCs 排放总量的 99.5%；荆门市工业园区的 VOCs 排放主要来自荆门高新技术产业开发区，该园区的 VOCs 排放量为 12 441.6 t，占荆门市工业园区 VOCs 排放总量的 74.6%，主要是因为该园区内分布着石油化工、有机化工、医药制造、橡胶制品制造等 VOCs 排放重点行业企业。

从污染物整体排放水平来看，湖北省工业园区中黄冈市的湖北蕲春李时珍医药工业园区、黄石市的黄石大冶湖高新技术产业园区和黄石经济技术开发区、荆门市的湖北沙洋经济开发区和荆门高新技术产业开发区、荆州市的荆州经济技术开发区、武汉市的武汉汉南经济开发区和武汉阳逻经济开发区、咸宁市的湖北赤壁经济开发区、襄阳市的湖北谷城经济开发区和湖北南漳经济开发区、孝感市的湖北汉川经济开发区、宜昌市的湖北当阳经济开发区和宜都高新技术产业园区是大气污染物排放量较高的园区。

第 6 章

重点排放源清单结果与特征分析

6.1 化石燃料固定燃烧源

化石燃料固定燃烧源二级源项分类包括电力供热、工业锅炉、民用锅炉和民用燃烧，其 2017 年排放结果见表 6-1。2017 年，湖北省化石燃料固定燃烧源的 SO_2、NO_x、CO、VOCs、NH_3、PM_{10}、$PM_{2.5}$、BC、OC 排放量分别为 47 725.4 t、96 616.1 t、304 488.9 t、30 524.8 t、3 511.5 t、22 055.4 t、12 712.6 t、2 674.0 t、2 822.6 t，其中电力供热对各项污染物的排放贡献占比分别为 66.8%、57.9%、37.4%、49.0%、98.2%、31.7%、30.8%、3.0%、2.6%，工业锅炉对各项污染物的排放贡献占比分别为 20.0%、27.0%、15.7%、36.1%、1.3%、24.8%、19.9%、4.9%、1.6%，民用锅炉对各项污染物的排放贡献占比分别为 1.1%、7.3%、0.2%、0.7%、0.1%、1.7%、1.7%、0.8%、0.2%，民用燃烧对各项污染物的排放贡献占比分别为 12.2%、7.8%、46.7%、14.3%、0.3%、41.7%、47.6%、91.3%、95.7%。

表 6-1　2017 年湖北省化石燃料固定燃烧源排放结果　　单位：t

源项	SO_2	NO_x	CO	VOCs	NH_3	PM_{10}	$PM_{2.5}$	BC	OC
电力供热	31 859.4	55 901.0	113 921.0	14 952.6	3 447.6	6 997.8	3 910.8	80.1	72.1
工业锅炉	9 552.4	26 112.0	47 874.0	11 010.0	47.3	5 473.6	2 523.8	132.2	44.6
民用锅炉	513.8	7 101.0	457.3	203.3	4.6	382.4	222.4	20.2	5.6
民用燃烧	5 799.8	7 502.1	142 236.6	4 358.9	12.0	9 201.6	6 055.6	2 441.5	2 700.3
合　计	47 725.4	96 616.1	304 488.9	30 524.8	3 511.5	22 055.4	12 712.6	2 674.0	2 822.6

图 6-1 给出了 2017 年不同能源类型的电力供热排放测算结果。可以看出，湖北省电力供热污染物排放主要来自煤炭消耗企业，其 SO_2、NO_x、CO、VOCs、NH_3、PM_{10}、$PM_{2.5}$、BC、OC 排放量分别为 28 581.3 t、37 950.4 t、82 318.1 t、10 218.6 t、2 480.9 t、6 305.5 t、3 299.7 t、61.2 t、6.5 t，分别占化石燃料固定燃烧源中电力供热各污染物排放量的 89.7%、

67.9%、72.3%、68.3%、72.0%、90.1%、84.4%、76.4%、9.0%；能源类型为生物质成型燃料的企业对 OC 的排放贡献率较高，占电力供热总排放量的 85.4%；能源类型为生活垃圾的企业对电力供热 VOCs 和 NH_3 的排放也有一定贡献。

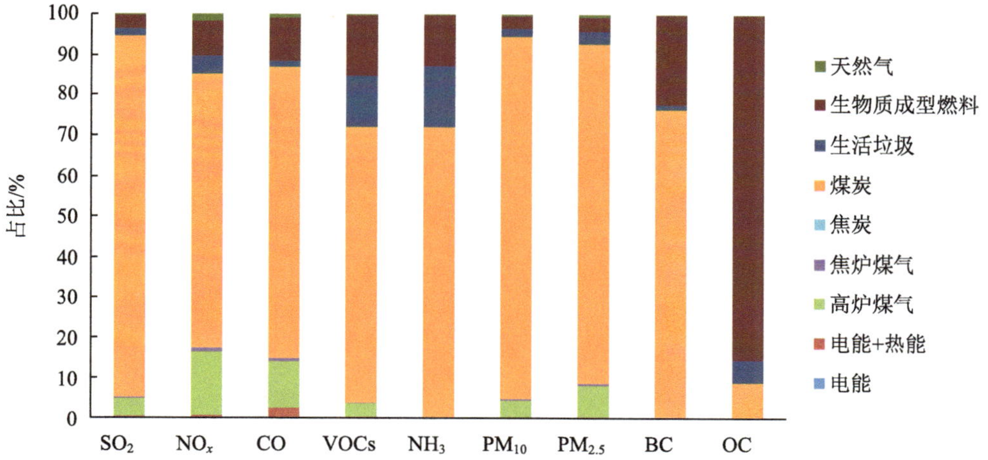

图 6-1　2017 年不同能源类型的电力供热排放在电力供热总排放中的占比

2017 年湖北省火电机组明细见表 6-2。

表 6-2　2017 年湖北省火电机组明细

单位：MW

序号	电厂名称	机组编号	实际装机容量
1	华能武汉发电有限责任公司（阳逻电厂）	1	330
		2	330
		3	330
		4	300
		5	640
		6	640
2	国电长源第一发电有限责任公司	12	330
3	国电青山热电有限公司	13	350
		14	350
4	武汉钢电股份有限公司	1	220
		2	220
5	湖北华电黄石发电股份有限公司	210	330
6	湖北西塞山发电有限公司	1	330
		2	330
		3	680
		4	680

序号	电厂名称	机组编号	实际装机容量
7	湖北华电襄阳发电有限公司	1	330
		2	330
		3	330
		4	330
		5	640
		6	640
8	黄冈大别山发电有限责任公司	1	640
		2	640
9	湖北能源集团鄂州发电有限公司	1	330
		2	330
		3	650
		4	650
10	华润电力湖北有限公司	1	330
		2	330
		3	1 000
		4	1 000
11	华能应城热电有限责任公司（1 台 35 万级，5 万背压）	1	350
		2	50
12	湖北汉新发电有限公司（国电长源汉川第一发电有限公司 4 台 30 万级，国电汉川发电有限公司 2 台 100 万级）	1	330
		2	330
		3	330
		4	330
		5	1 000
		6	1 000
13	国电长源荆门热电厂	6	640
		7	640
14	华能荆门热电有限责任公司	1	350
		2	350
15	潜江市正豪华盛铝电有限公司（电厂）	1	60
		2	60
		3	60
16	国电长源荆州热电有限公司	1	330
		2	330

序号	电厂名称	机组编号	实际装机容量
17	湖北华电江陵发电有限公司	1	660
18	宜都市东阳光实业发展有限公司	1	330
		2	330
19	宜昌华润电力有限公司	1	350
		2	350
20	中石化宜昌分公司（湖北化肥分公司）	1	25
		2	25

2017 年，湖北省共有 3 185 个工业锅炉，其中燃煤锅炉 1 316 个、燃气锅炉 1 566 个、工业生物质锅炉 25 个，不同能源类型的工业锅炉对工业锅炉各项污染物的排放贡献见图 6-2。2017 年，湖北省燃煤锅炉的 SO_2、NO_x、CO、VOCs、NH_3、PM_{10}、$PM_{2.5}$、BC、OC 排放量分别为 9 277.7 t、20 031.7 t、34 861.2 t、10 450.2 t、38.7 t、5 356.4 t、2 435.7 t、120.5 t、29.5 t，分别占全省化石燃料固定燃烧源中工业锅炉各项污染物排放量的 97.1%、76.7%、72.8%、94.9%、81.9%、97.9%、96.5%、91.1%、66.1%，是除 NH_3 外其他污染物的最大贡献源项；燃气锅炉的 NO_x、CO、NH_3 排放量分别为 5 666.4 t、12 786.2 t、1 543.0 t，分别占全省工业锅炉 NO_x、CO、NH_3 排放量的 27.1%、26.7%、49.3%。

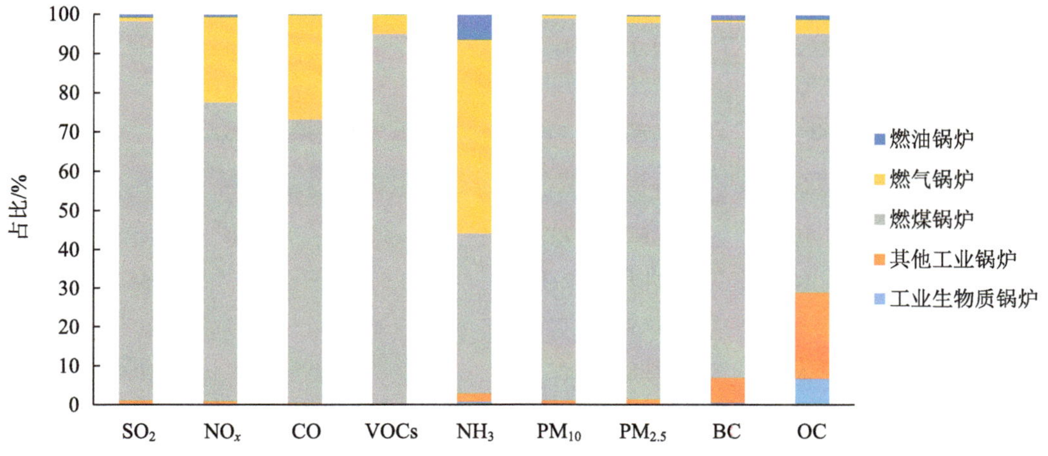

图 6-2　2017 年不同能源类型的工业锅炉对工业锅炉各项污染物的排放贡献

2017 年，湖北省共有 555 个民用锅炉，其中燃煤锅炉 38 个、燃气锅炉 465 个、生物质锅炉 27 个，不同能源类型的民用锅炉对民用锅炉各项污染物的排放贡献见图 6-3。2017 年，湖北省民用燃煤锅炉的 SO_2、NO_x、CO、VOCs、NH_3、PM_{10}、$PM_{2.5}$、BC、OC 的排放量分别为 320.9 t、401.5 t、294.2 t、7.9 t、1.2 t、272.8 t、184.4 t、7.1 t、1.2 t，分别占全省民用锅炉各项污染物排放量的 62.5%、56.5%、64.3%、3.9%、26.3%、71.3%、82.9%、35.0%、

21.2%。燃气锅炉的 NO_x 排放量为 192.4 t，占全省民用锅炉 NO_x 排放量的 27.1%。

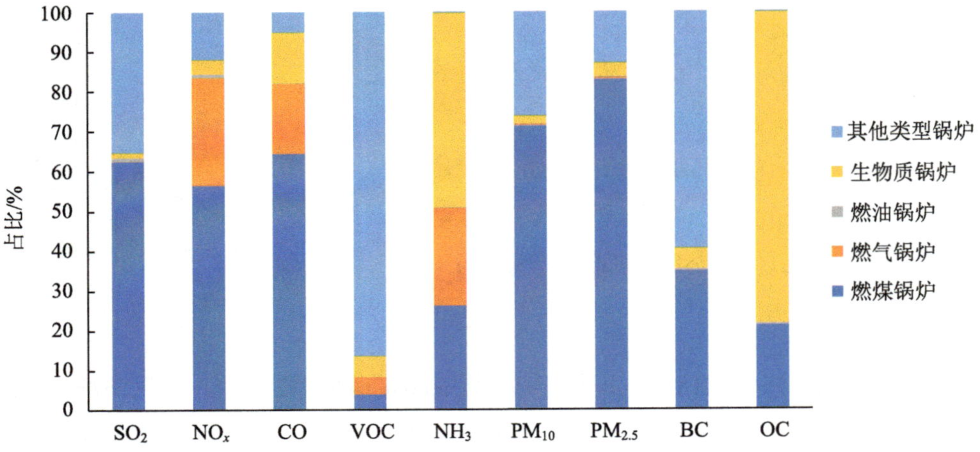

图 6-3 2017 年不同能源类型的民用锅炉对民用锅炉各项污染物的排放贡献

2017 年，湖北省各市（州）民用燃烧源的大气污染物排放结果见表 6-3。其中，咸宁市民用燃烧源的 SO_2 排放量为 1 582.9 t，是民用燃烧源 SO_2 排放贡献最大的城市；荆州市民用燃烧源的 NO_x 排放量为 3 282.1 t，是民用燃烧源 NO_x 排放贡献最大的城市；武汉市是民用燃烧源 CO 排放贡献最大的城市；荆门市民用燃烧源的 VOCs 排放量为 1 310.0 t，是民用燃烧源 VOCs 排放贡献最大的城市；民用燃烧源的 PM 排放主要来自咸宁市，其 PM_{10}、$PM_{2.5}$ 的排放量分别为 2 231.7 t 和 1 746.9 t。

表 6-3 2017 年湖北省各市（州）民用燃烧源大气污染物排放结果 单位：t

市（州）	SO_2	NO_x	CO	VOCs	NH_3	PM_{10}	$PM_{2.5}$	BC	OC
鄂州市	672.4	109.5	15 136.7	723.0		929.0	276.6	328.5	385.6
恩施州	961.8	163.6	8 124.1	211.6		510.3	390.7	146.7	174.2
黄冈市	101.5	63.3	1 449.9	27.5		45.6	41.8	9.7	11.7
黄石市	98.5	69.1	1 093.8	31.3		75.0	56.9	19.6	23.9
荆门市	4.8	687.8	4 357.7	1 310.0		1 018.4	584.6	110.6	25.0
荆州市	9.4	3 282.1	10 975.2	210.1		508.5	392.9	148.1	176.3
潜江市	461.6	100.0	8 044.6	207.4	8.4	492.5	383.5	146.5	174.1
随州市	0	104.1	91.6	0		0.5	0.5	0.1	0.1
天门市	53.3	12.9	539.4	13.5		32.7	25.5	9.7	11.6
武汉市	939.7	1 820.3	39 666.9	100.2		1 240.7	798.5	149.9	38.2
仙桃市	356.2	65.3	8 022.8	384.3		493.4	146.7	174.4	204.3
咸宁市	1 582.9	721.1	35 949.6	907.7		2 231.7	1 746.9	656.4	786.4
襄阳市	4.9	0.6	86.6	2.3	0.1	1 068.3	782.0	384.1	500.1

市（州）	SO_2	NO_x	CO	VOCs	NH_3	PM_{10}	$PM_{2.5}$	BC	OC
孝感市	276.9	108.9	5 635.1	142.1	3.5	345.1	269.2	102.3	121.9
宜昌市	275.8	193.3	3 062.6	87.7		210.1	159.4	55.0	67.0
合　计	5 799.8	7 502.1	142 236.6	4 358.9	12.0	9 201.6	6 055.6	2 441.5	2 700.3

6.2 工业过程源

根据湖北省生态环境厅、统计局、市场监督管理局提供的资料和二污普数据与湖北省大气污染物排放清单数据，该省工业过程源主要包括钢铁、水泥、平板玻璃、建材、石化、化工、橡胶和塑料制品、医药制造和其他工业等。由表 6-4 可知，2017 年湖北省工业过程源的 SO_2、NO_x、CO、VOCs、NH_3、PM_{10}、$PM_{2.5}$、BC、OC 排放量分别为 111 426.1 t、109 874.2 t、2 043 827.0 t、200 354.7 t、24 993.5 t、315 199.5 t、205 929.6 t、9 339.7 t、12 983.3 t，其中襄阳市是 SO_2 排放量最大的城市，武汉市是 NO_x 和 CO 排放量最大的城市，荆门市是 NH_3 排放量最大的城市，襄阳市是 PM_{10} 和 $PM_{2.5}$ 排放量最大的城市，黄石市是 BC 和 OC 排放量最大的城市。

表 6-4　2017 年湖北省各市（州）工业过程源污染物排放情况　　单位：t

市（州）	SO_2	NO_x	CO	VOCs	NH_3	PM_{10}	$PM_{2.5}$	BC	OC
鄂州市	5 352.8	11 620.8	275 240.9	9 107.6	622.7	11 697.0	6 621.9	327.2	244.6
恩施州	108.2	2 277.0	14 306.5	2 476.6	84.0	147.3	59.3	868.3	1 459.9
黄冈市	3 858.8	7 386.8	168 193.9	11 190.6	1 732.0	16 252.7	6 718.5	136.5	126.4
黄石市	10 851.9	18 729.6	298 272.0	14 667.3	139.3	38 181.2	22 616.8	3 250.0	4 473.6
荆门市	21 368.5	9 368.2	97 896.5	15 938.7	6 703.9	24 324.0	14 946.8	1 546.3	2 384.5
荆州市	2 181.5	2 244.9	7 322.0	16 669.3	243.9	17 657.3	9 267.2	46.2	40.0
潜江市	1 560.2	48.9	2 056.1	2 386.8	3 394.8	3 534.4	1 903.9	47.5	40.8
十堰市	1 131.1	2 859.3	8 326.7	17 281.4	62.4	7 974.8	3 228.9	12.4	64.0
随州市	467.1	91.8	6 006.3	1 264.2	1 768.4	8 955.1	2 038.7	29.0	16.6
天门市	320.5	78.0	8 800.6	841.2	61.6	5 042.4	1 684.3	75.3	99.4
武汉市	14 935.9	36 978.3	722 602.2	69 289.3	737.6	39 812.6	23 426.9	1 281.5	2 069.7
仙桃市	470.3	1 324.3	9 089.5	2 414.2	37.1	7 961.0	4 796.8	239.6	210.7
咸宁市	4 566.4	5 129.6	187 690.3	8 493.2	315.6	8 791.3	4 943.2	260.4	181.9
襄阳市	38 031.1	5 024.1	152 791.7	18 869.8	2 177.6	94 063.9	83 470.8	771.3	1 087.3
孝感市	2 003.1	1 127.7	19 504.6	12 480.5	422.0	10 968.9	6 110.0	428.3	514.5
宜昌市	5 343.0	8 422.2	74 049.7	112 576.0	6 552.5	27 270.5	17 154.9	28.6	29.3
神农架林区	6.9	22.0	4.1	408.0	0.5	539.9	169.6	3.6	4.0
合　计	111 426.1	109 874.2	2 043 827.0	200 354.7	24 993.5	315 199.5	205 929.6	9 339.7	12 983.3

从图 6-4 可以看出，2017 年湖北省工业过程源的 SO_2 排放主要来自化工、长流程钢铁、水泥和其他建材，其排放贡献占比分别为 37.7%、13.2%、8.2%和 14.0%，平板玻璃对全省工业过程源 SO_2 的排放贡献率达到 8.8%，炼焦的排放贡献率达到 4.1%；NO_x 排放主要来自长流程钢铁、水泥、平板玻璃生产过程的排放，其排放贡献率分别为 28.2%、24.9%、10.1%，陶瓷行业对 NO_x 的贡献率也达到了 5.5%；VOCs 主要来自化工、陶瓷、石化等的排放，贡献率分别为 26.5%、14.6%、9.0%；有色金属冶炼是 $PM_{2.5}$ 排放最主要的贡献行业，其贡献率达到 24.5%，长流程钢铁和水泥对 $PM_{2.5}$ 的贡献率分别为 9.0%和 4.5%，其他工业对 $PM_{2.5}$ 的贡献率也较高，达到 15.2%。

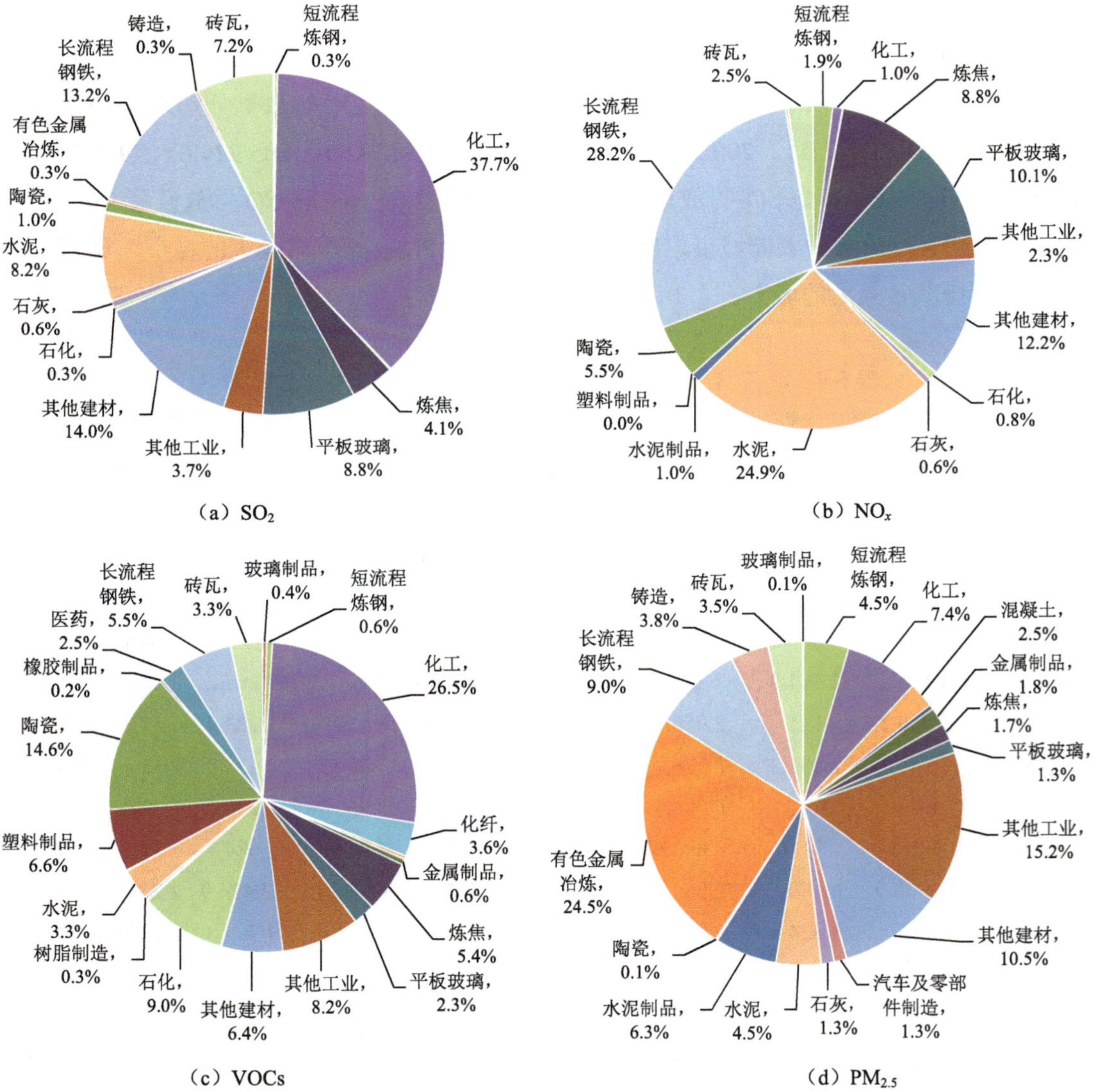

图 6-4　2017 年湖北省不同行业对全省工业过程源排放的贡献率

6.2.1 炼焦

湖北省目前共有 3 家炼焦企业，即武汉平煤武钢联合焦化、湖北中平鄂钢联合焦化、湖北中特新化能科技，分别为武汉钢铁有限公司、武汉钢铁集团鄂城钢铁有限责任公司和湖北新冶钢公司 3 家长流程钢铁企业的炼焦工序，分别位于武汉市、鄂州市和黄石市，其中湖北中特新化能科技的规模较小。2017 年，武汉平煤武钢联合焦化共有 9 台焦炉正常生产，焦炭产量为 586.6 万 t，占 3 家企业焦炭总产量的 68.0%；湖北中平鄂钢联合焦化、湖北中特新化能科技的焦炭产量分别为 182.4 万 t 和 93.7 万 t。根据 3.3.2 节中的排放系数法［式（3-2）］计算，2017 年湖北省 3 家炼焦企业的 SO_2 排放量为 4 588.3 t、NO_x 排放量为 9 641.0 t、CO 排放量为 13 976.6 t、VOCs 排放量为 20 332.7 t、NH_3 排放量为 244.6 t、PM_{10} 排放量为 5 170.7 t、$PM_{2.5}$ 排放量为 3 506.5 t、BC 排放量为 1 047.2 t、OC 排放量为 1 220.5 t，其中武汉平煤武钢联合焦化对 SO_2、NO_x、CO、VOCs、PM_{10}、$PM_{2.5}$、BC、OC 排放的贡献率分别为 46.0%、51.3%、68.4%、59.8%、96.8%、95.3%、95.9%、95.9%（图 6-5）。

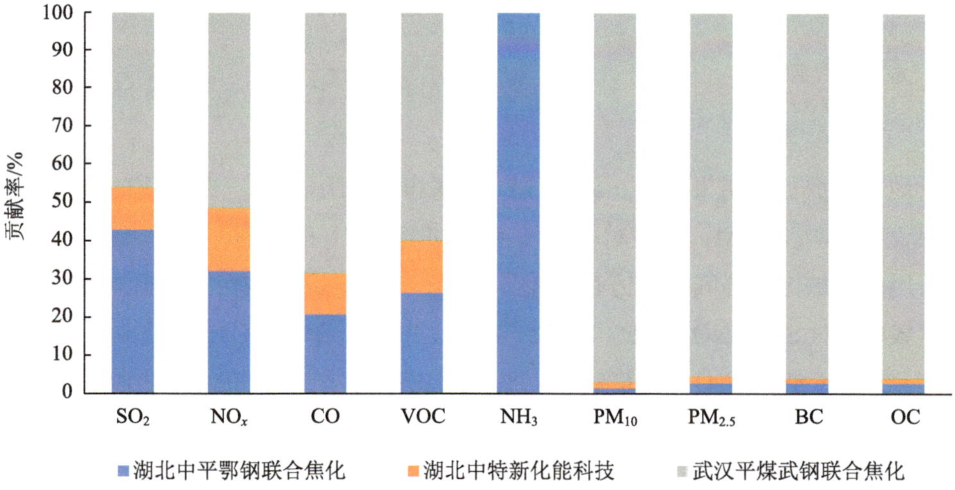

图 6-5 2017 年湖北省炼焦企业排放污染物的贡献率

6.2.2 长流程钢铁

湖北省共有 8 家长流程钢铁企业，集中在武汉及其周边地区，包括武汉市（1 家）、黄石市（4 家）、鄂州市（1 家）、咸宁市（1 家）、随州市（1 家），其中规模最大的企业为武汉钢铁有限公司。2017 年，8 家长流程钢铁企业共排放 SO_2 14 670.7 t、NO_x 30 962.6 t、CO 1 100 227.6 t、VOCs 20 854.1 t、NH_3 731.9 t、PM_{10} 32 536.5 t、$PM_{2.5}$ 18 409.0 t、BC 1 139.3 t、OC 1 466.3 t，其中武汉钢铁有限公司排放 SO_2 9 151.5 t、NO_x 21 068.6 t、CO

674 771.2 t、VOCs 14 631.8 t、PM_{10} 14 859.6 t、$PM_{2.5}$ 8 828.2 t，分别占 8 家长流程钢铁企业污染物排放总量的 62.4%、68.0%、61.3%、70.2%、45.7%、48.0%（表 6-5）。

表 6-5 湖北省长流程钢铁企业排放清单 单位：t

地市	企业名称	SO_2	NO_x	CO	VOCs	NH_3	PM_{10}	$PM_{2.5}$
武汉市	武汉钢铁有限公司	9 151.5	21 068.6	674 771.2	14 631.8	0	14 859.6	8 828.2
黄石市	湖北新冶钢公司	1 480.7	2 071.4	82 146.9	857.4	0	354.8	250.5
	黄石新兴管业有限公司	152.6	588.7	23 078.3	228.6	0	131.5	97.7
	大冶市新冶特钢有限责任公司	222.1	164.9	8 662.1	129.2	19.2	987.5	380.8
	大冶华鑫实业有限公司	407.5	317.6	12 848.3	210.8	32.1	918.8	187.3
鄂州市	武汉钢铁集团鄂城钢铁有限责任公司	1 910.1	3 810.3	171 376.3	2 600.2	366.3	9 080.1	5 181.0
咸宁市	湖北金盛兰冶金科技有限公司	1 346.2	2 941.1	124 582.7	2 177.6	314.3	5 833.7	3 199.6
随州市	广水华鑫冶金工业有限公司	0	0	2 761.8	18.4	0	370.5	283.9

分析地市排放贡献结果（图 6-6）可知。武汉市对 SO_2、NO_x、CO、VOCs 的贡献率均超过 60%，对 PM_{10} 和 $PM_{2.5}$ 的贡献率超过 40%，但对 NH_3 的贡献率为 0，这可能是因为在测算时采用的排放因子与其他地方存在差异；黄石市有 4 家钢铁企业，但规模较小，污染物排放量较低，对 SO_2、NO_x、CO、VOCs、PM_{10}、$PM_{2.5}$、BC、OC 的贡献率分别为 15.4%、10.1%、11.5%、6.8%、7.4%、5.0%、36.7%、21.0%；鄂州市对 PM 的贡献率高于气态污染物，对 PM_{10}、$PM_{2.5}$、BC、OC 的贡献率分别为 27.9%、28.1%、25.6%、12.6%。

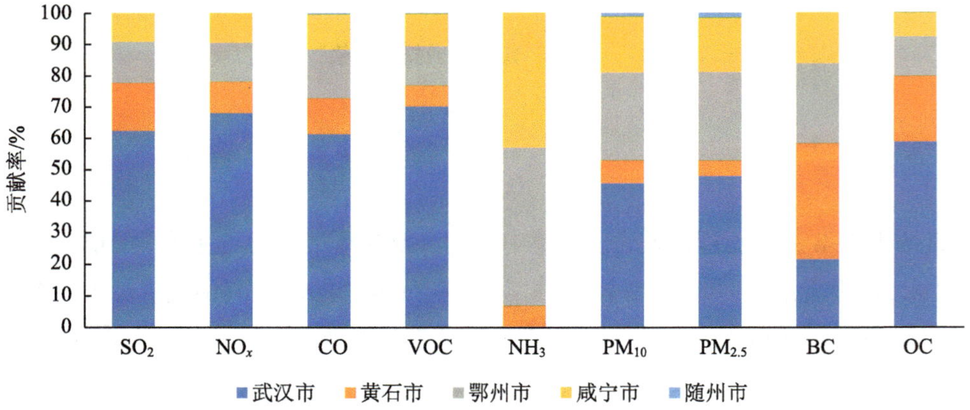

图 6-6 2017 年湖北省长流程钢铁行业污染物排放贡献率

6.2.3 石化

2017 年，湖北省共有 3 家石油化工企业，其中武汉市有 1 家，为中韩（武汉）石油化工有限公司（以下简称中韩石化），位于武汉市青山（化工）区；荆门市有 1 家，为中国石油化工股份有限公司荆门分公司（以下简称荆门石化）；潜江市有 1 家，为金澳科技（湖北）化工有限公司（以下简称金澳科技）。3 家企业中规模最大的是中韩石化，在青山区有炼油和乙烯生产两个厂区。根据排放清单测算结果，2017 年 3 家石化企业的 SO_2 排放量为 353.1 t、NO_x 排放量为 887.9 t、VOCs 排放量为 33 225.2 t、PM_{10} 排放量为 39.3 t、$PM_{2.5}$ 排放量为 39.3 t，其中 SO_2、NO_x、PM_{10}、$PM_{2.5}$ 均由中韩石化排放贡献。分析 VOCs 排放贡献发现（图 6-7），中韩石化的贡献率最高，达到 69.5%；其次为荆门石化，贡献率为 26.4%；金澳科技的排放分担率仅为 4.2%。这与各企业原油加工量及生产规模排序一致。按照地市分类，武汉市、荆门市和潜江市对石化 VOCs 排放量的贡献占比分别为 69.5%、26.4% 和 4.2%。

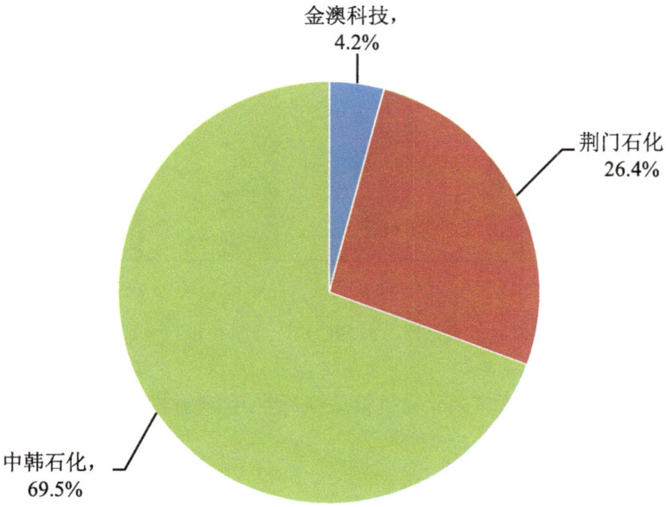

图 6-7 2017 年湖北省石化企业 VOCs 排放占比

6.2.4 平板玻璃

根据排放清单测算结果，2017 年湖北省共有 7 家平板玻璃制造企业，其中武汉市 3 家，均位于武汉经济开发区（汉南），包括明达玻璃（武汉）有限公司、武汉典金科技有限公司、武汉长利玻璃（汉南）有限公司；荆州市 1 家，为湖北瀚煜建材科技有限公司；咸宁市 1 家，为咸宁南玻玻璃有限公司；荆门市 1 家，为沙洋弘润建材有限公司；宜昌市 1 家，为湖北三峡新型建材股份有限公司。2017 年，湖北省平板玻璃制造企业排放的 SO_2 为 6 546.9 t、NO_x 为 7 560.2 t、CO 为 223.2 t、VOCs 为 7 333.8 t、PM_{10} 为 1 819.3 t、$PM_{2.5}$ 为

1 641.8 t、BC 为 1.7 t。由于各企业在生产过程中使用的主要燃料不同，且采用的脱硫、脱硝、除尘技术不同，测算得到的各企业各类污染物排放量也存在较大差异。从城市排放分担率来看（图 6-8），SO_2 排放占比最高的城市为荆门市，排放量达到 2 961.5 t，占比 45.2%，其次为咸宁市，排放量为 1 567.5 t，占比 23.9%；NO_x 主要来自武汉市，排放量为 4 519.0 t，占比 59.8%，其次为荆门市，排放量为 4 519.0 t，占比 24.3%；VOCs 主要来自宜昌市和武汉市，排放量分别为 3 454.3 t 和 2 060.9 t，占比分别为 47.1%和 28.1%；荆州市和武汉市是 PM 排放的主要贡献城市，其中荆州市 PM_{10} 和 $PM_{2.5}$ 的排放量分别为 1 215.7 t 和 1 164.2 t，排放分担率分别为 66.8%和 70.9%，武汉市 PM_{10} 和 $PM_{2.5}$ 的排放量分别为 375.0 t 和 360.3 t，排放分担率分别为 20.6%和 21.9%。

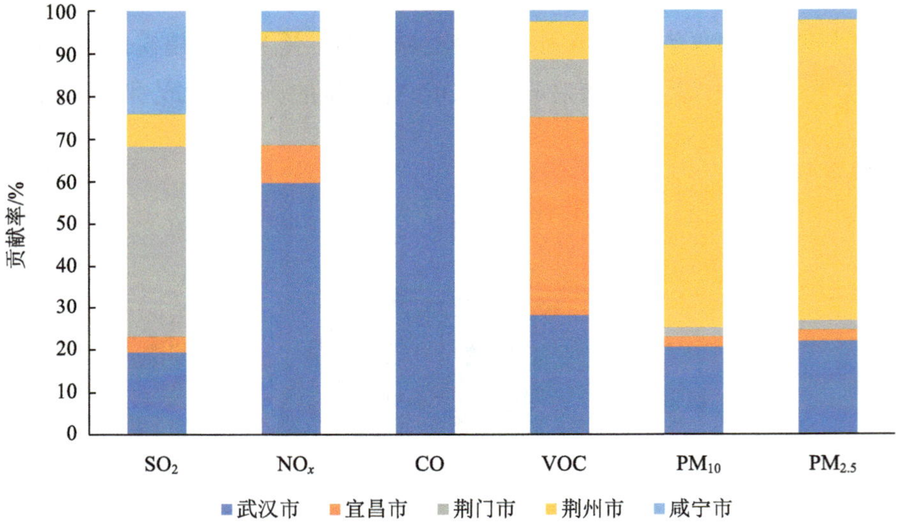

图 6-8　2017 年湖北省平板玻璃行业污染物排放贡献率

6.2.5　水泥

2017 年，湖北省共有 39 家水泥熟料及水泥制造企业，其中武汉市 3 家，黄石市 7 家，宜昌市 6 家，襄阳市和恩施州均有 5 家，荆门市和咸宁市均有 4 家，黄冈市 2 家，鄂州市、荆州市和孝感市均有 1 家，详细企业信息见表 6-6。

表 6-6　2017 年湖北省水泥企业名单

序号	企业名称	市（州）	区县
1	湖北亚东水泥有限公司	武汉市	新洲区
2	武汉亚鑫水泥有限公司	武汉市	江夏区
3	武汉亚东水泥有限公司	武汉市	东西湖区

序号	企业名称	市（州）	区县
4	华新水泥股份有限公司黄石分公司	黄石市	西塞山区
5	黄石市四棵水泥厂	黄石市	黄石经济技术开发区
6	华新水泥（大冶）有限公司	黄石市	大冶市
7	大冶尖峰水泥有限公司	黄石市	大冶市
8	黄石成美建材有限公司	黄石市	大冶市
9	阳新娲石水泥有限公司	黄石市	阳新县
10	华新水泥（阳新）有限公司	黄石市	阳新县
11	黄冈亚东水泥有限公司	黄冈市	武穴市
12	华新水泥（武穴）有限公司	黄冈市	武穴市
13	葛洲坝松滋水泥有限公司	荆州市	松滋市
14	湖北世纪新峰雷山水泥有限公司	鄂州市	鄂城区
15	华新水泥（赤壁）有限公司	咸宁市	赤壁市
16	湖北嘉鱼春祥矿业股份有限公司	咸宁市	嘉鱼县
17	葛洲坝嘉鱼水泥有限公司	咸宁市	嘉鱼县
18	崇阳县昌华实业有限公司	咸宁市	崇阳县
19	葛洲坝钟祥水泥有限公司	荆门市	钟祥市
20	葛洲坝荆门水泥有限公司	荆门市	东宝区
21	湖北京兰水泥集团有限公司京山永兴分公司	荆门市	京山市
22	湖北京兰水泥集团有限公司京山钱场分公司	荆门市	京山市
23	湖北骏王水泥有限公司	宜昌市	五峰土家族自治县
24	华新水泥（长阳）有限公司	宜昌市	长阳土家族自治县
25	宜昌花林水泥有限公司	宜昌市	远安县
26	葛洲坝当阳水泥有限责任公司	宜昌市	当阳市
27	华新水泥（秭归）有限公司	宜昌市	秭归县
28	葛洲坝兴山水泥有限公司	宜昌市	兴山县
29	葛洲坝宜城水泥有限公司	襄阳市	宜城市
30	湖北谷城泰隆水泥有限公司	襄阳市	谷城县
31	华新水泥（襄阳）有限公司	襄阳市	南漳县
32	宜城安达特种水泥有限公司	襄阳市	宜城市
33	葛洲坝老河口水泥有限公司	襄阳市	老河口市
34	湖北白兆山水泥有限公司	孝感市	安陆市
35	恩施州腾龙水泥有限责任公司	恩施州	恩施市
36	华新水泥（鹤峰）民族建材有限公司	恩施州	鹤峰县
37	华新水泥（恩施）有限公司	恩施州	恩施市
38	建始县泰丰水泥有限责任公司	恩施州	建始县
39	来凤县金凤建材工业有限责任公司	恩施州	来凤县

2017 年，湖北省水泥企业排放的 SO_2 为 22 734.8 t、NO_x 为 39 242.7 t、CO 为 437 646.9 t、VOCs 为 1 799.6 t、PM_{10} 为 20 010.3 t、$PM_{2.5}$ 为 9 643.7 t、BC 为 5 431.5 t、OC为 8 537.5 t，其中 SO_2、NO_x、CO、VOCs 均来自熟料生产工序排放，熟料生产过程对 PM_{10} 和 $PM_{2.5}$ 的排放贡献分别为 84.2%和 87.7%，粉磨过程对 PM_{10} 和 $PM_{2.5}$ 的排放贡献分别为 15.8%和 12.3%（表 6-7）。

表 6-7 2017 年湖北省水泥粉磨和熟料生产过程的污染物排放情况 单位：t

工序	市（州）	SO_2	NO_x	CO	VOC	PM_{10}	$PM_{2.5}$	BC	OC
粉磨	鄂州市	—	—	—	—	111.0	55.5	—	—
	恩施州	—	—	—	—	17.4	4.3	—	—
	黄冈市	—	—	—	—	218.4	110.6	—	—
	黄石市	—	—	—	—	830.4	221.0	—	—
	荆门市	—	—	—	—	610.2	190.7	—	—
	武汉市	—	—	—	—	771.5	232.2	—	—
	咸宁市	—	—	—	—	176.6	91.5	—	—
	襄阳市	—	—	—	—	400.6	273.4	—	—
	孝感市	—	—	—	—	2.6	0.6	—	—
	宜昌市	—	—	—	—	17.0	7.2	—	—
	小计	—	—	—	—	3 155.8	1 187.1	—	—
熟料生产	鄂州市	1 142.9	1 948.5	8 314.0	739.5	128.9	59.4	0.5	0.9
	恩施州	84.6	2 234.0	13 782.1	122.5	93.6	43.1	854.4	1 448.8
	黄冈市	540.6	3 927.7	127 030.4	161.7	1 375.0	249.9	10.7	20.2
	黄石市	5 729.5	12 775.0	50 831.0	498.7	5 722.3	2 778.1	2 766.2	4 040.0
	荆门市	2 912.9	4 295.1	21 189.9	188.5	2 627.3	1 513.6	1 313.7	2 227.5
	荆州市	67.9	1 347.5	2 691.8	10.4	770.7	385.4	0	0
	武汉市	550.5	2 410.5	15 130.2	73.4	3 683.2	2 004.2	17.4	29.5
	咸宁市	1 230.3	1 774.9	57 318.7	139.0	1 132.4	618.3	5.4	9.2
	襄阳市	9 499.2	3 105.6	108 842.9	242.1	1 162.3	695.4	307.2	496.8
	孝感市	344.3	507.6	2 504.3	22.3	38.8	17.9	155.3	263.3
	宜昌市	632.0	4 916.3	30 011.5	267.0	120.0	91.5	0.8	1.3
	熟料	22 734.8	39 242.7	437 646.9	1 799.6	16 854.5	8 456.7	5 431.5	8 537.5
合　计		22 734.8	39 242.7	437 646.9	1 799.6	20 010.3	9 643.7	5 431.5	8 537.5

图 6-9 给出了 2017 年湖北省水泥污染排放对全省各类污染物的贡献情况，可以看出，2017 年全省水泥行业 SO_2 排放主要来自襄阳市、黄石市和荆门市，排放贡献率分别为 41.8%、25.2%和 12.8%；NO_x 排放主要来自黄石市、宜昌市和荆门市，排放贡献率分别为 32.6%、12.5%和 10.9%；CO 排放主要来自黄冈市、襄阳市和咸宁市，排放贡献率分别为 29.0%、24.9%和 13.1%；VOCs 排放主要来自黄石市、宜昌市和襄阳市，排放贡献率分别为 27.7%、14.8%和 13.5%；PM_{10} 排放主要来自黄石市、武汉市和荆门市，排放贡献率分别为 32.7%、22.3%和 16.2%；$PM_{2.5}$ 排放主要来自黄石市、武汉市和荆门市，排放贡献率分别为 31.1%、23.2%和 17.7%；BC 和 OC 排放主要来自黄石市、荆门市和恩施州。

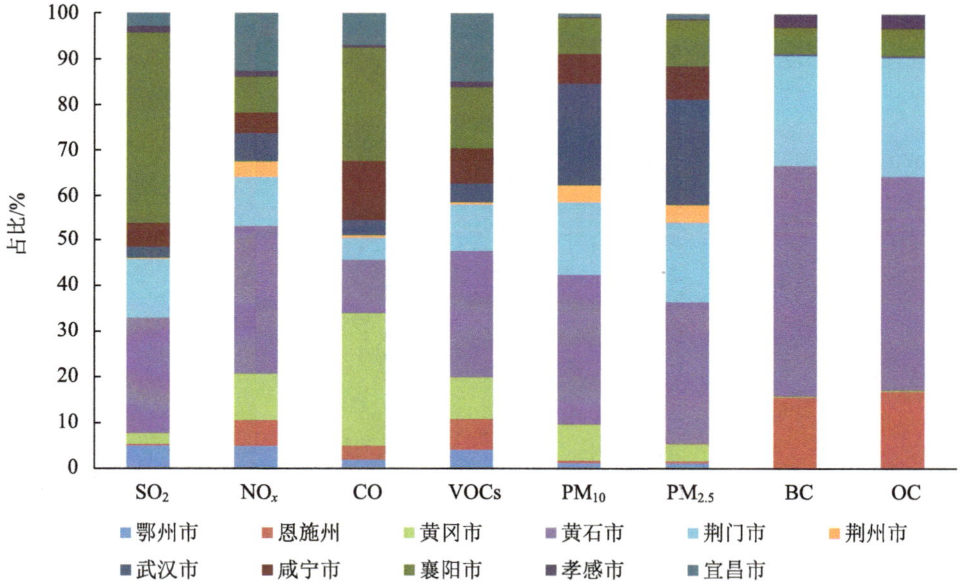

图 6-9　2017 年湖北省水泥行业排放污染物占比

6.2.6　陶瓷

根据大气污染物排放清单计算结果，湖北省陶瓷行业污染物排放情况见表 6-8 和图 6-10。2017 年，全省陶瓷行业的 SO_2、NO_x、CO、VOCs、PM_{10}、$PM_{2.5}$ 排放量分别为 1 512.6 t、5 869.4 t、2 636.0 t、6 074.4 t、1 017.6 t、413.1 t，主要集中在宜昌、黄冈、荆门、咸宁 4 个城市。其中，宜昌市陶瓷行业的 SO_2、NO_x、CO、VOCs、PM_{10}、$PM_{2.5}$ 排放量分别为 687.2 t、2 548.6 t、470.7 t、5 361.9 t、198.0 t、110.4 t，对陶瓷行业污染物排放的贡献率普遍高于其他市（州），分别为 45.4%、43.4%、17.9%、88.3%、19.5%、26.7%；黄冈市陶瓷行业的 NO_x 排放也较高，达到 2 328.0 t，对全省的贡献率为 39.7%；咸宁市陶瓷行业的 CO 排放量为 1 676.9 t，占全省排放总量的 63.6%，$PM_{2.5}$ 和 PM_{10} 的排放量分别为 295.3 t 和 112.4 t，分别占全省排放总量的 29.0%和 27.2%，高于其他城市。

表 6-8 2017 年湖北省陶瓷行业污染物排放情况 单位：t

市（州）	SO_2	NO_x	CO	VOCs	PM_{10}	$PM_{2.5}$
黄冈市	243.2	2 328.0	0	182.6	129.0	36.5
荆门市	186.3	414.0	0	241.9	201.2	55.5
荆州市	16.7	1.4	112.6	3.6	19.8	7.5
武汉市	36.2	75.5	14.5	3.8	37.3	10.4
咸宁市	249.5	21.7	1 676.9	6.5	295.3	112.4
孝感市	93.5	480.2	361.3	280.6	136.9	80.5
宜昌市	687.2	2 548.6	470.7	5 361.9	198.0	110.4
合　计	1 512.6	5 869.4	2 636.0	6 074.4	1 017.6	413.1

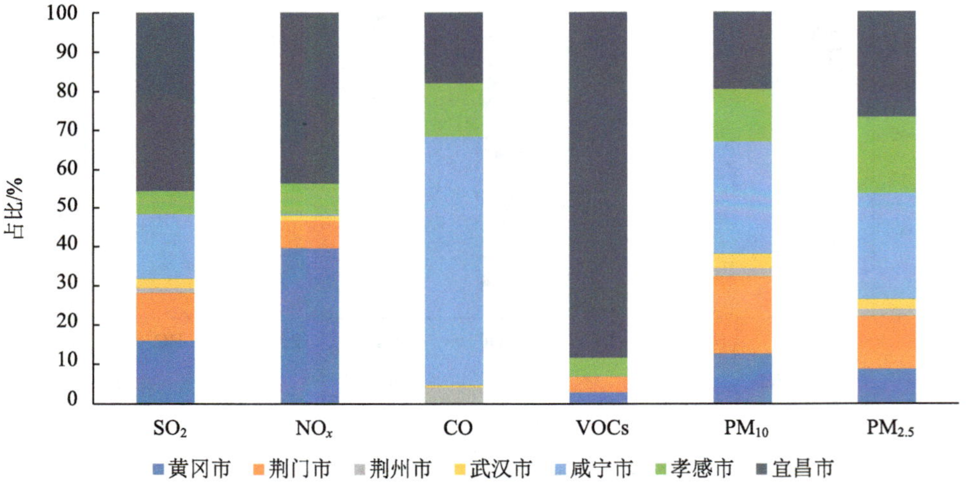

图 6-10 2017 年湖北省陶瓷行业排放污染物占比

6.3 溶剂使用源

根据二污普资料和现场补充调查资料，测算得到 2017 年湖北省溶剂使用源排放清单。2017 年，湖北省溶剂使用源 VOCs 排放总量约为 18.0 万 t，其中武汉市的排放量为 3.9 万 t，占比 21.7%，是贡献最大的城市；其次为荆州市，其 VOCs 排放量为 3.6 万 t，占比 20.0%；襄阳市、荆门市、黄冈市溶剂使用源的 VOCs 排放量均超过 1 万 t，分别为 2.8 万 t、1.3 万 t、1.1 万 t，占比分别为 15.6%、7.2%、6.1%；作为湖北省的汽车生产制造中心，十堰市的 VOCs 排放量仅为 0.4 万 t，显著低于武汉市和襄阳市（图 6-11）。

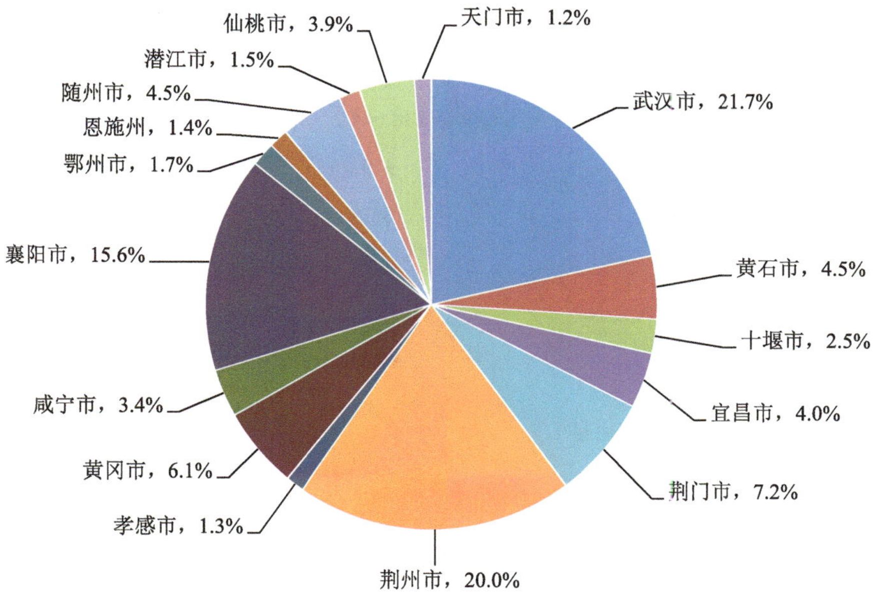

图 6-11　2017 年湖北省各市（州）对全省溶剂使用源 VOCs 排放的贡献率

从溶剂使用源三级源项分类统计结果（表 6-9）来看，2017 年湖北省的溶剂使用量为 991 102.7 t，其中沥青使用量较多，达到 463 191.2 t，占全省溶剂使用量的 46.7%，这主要是因为武汉市江夏区 2017 年的沥青使用量达到 31.0 万 t，导致全省的沥青用量较高；沥青铺路的 VOCs 排放量为 47 042.2 t，占全省溶剂使用源 VOCs 排放量的 26.1%，是贡献最大的三级源项。2017 年，全省表面涂装的溶剂使用量为 238 664.2 t，占全省统计用量的 24.1%，产生的 VOCs 排放量为 28 002.4 t，占比 15.5%。建筑涂料用量为 161 401.1 t，共产生 34 557.3 t 的 VOCs 排放量，占全省溶剂使用源 VOCs 排放量的 19.2%，高于表面涂装。主要原因在于表面涂装的 VOCs 主要为工业企业排放，根据环境管理要求，除散乱污企业外，其他均应安装 VOCs 收集治理设施，而建筑涂料的使用包括内墙和外墙粉刷，过程中产生的 VOCs 无任何收集治理设施，均逸散挥发排放，因此建筑涂料的 VOCs 排放显著高于表面涂装。2017 年，全省农药使用量为 48 683.2 t，产生了 25 281.6 t 的 VOCs 排放，占全省溶剂使用源 VOCs 排放的 14.0%。总体来看，湖北省溶剂使用源的 VOCs 减排潜力较大。分析不同源项对全省及各市（州）VOCs 排放的贡献结果可以发现，由于各城市的发展水平不同、产业结构不同，其排放贡献率也存在较大差异。武汉市、荆门市、十堰市和随州市的 VOCs 主要来自表面涂装，荆州市、仙桃市、恩施州的 VOCs 排放主要来自农药使用，鄂州市的 VOCs 主要来自建筑涂料使用，黄冈市的 VOCs 主要来自建筑涂料和农药使用，其他溶剂对咸宁市的 VOCs 贡献最大，胶黏剂使用对孝感市的 VOCs 贡献最大。

表 6-9　2017 年湖北省部分三级源项活动水平及 VOCs 排放结果

源项	活动水平		VOCs 排放量/t
表面涂装	溶剂使用量/t	238 644.2	28 002.4
纺织印染		6 979.0	26.2
干洗		303.6	307.3
家具制造		2 607.7	64.0
家庭溶剂		19 555.2	576.6
建筑涂料		161 401.1	34 557.3
胶黏剂使用		29 735.5	2 270.4
沥青铺路		463 191.2	47 042.2
木材加工		1 887.8	287.0
农药使用		48 683.2	25 281.6
其他工业		711.2	176.6
其他溶剂		413.9	232.7
汽修		48.8	34.0
印刷		15 940.4	2 696.3
家庭溶剂	人口/万人	4 800.8	12 533.0
去污脱脂		3 665.2	1 874.0
合　计	溶剂使用量/t	991 102.7	180 298.4

图 6-12 给出了 2017 年三级源项分类对工业溶剂和非工业溶剂使用源 VOCs 排放的贡献率。对于工业溶剂使用源，表面涂装、印刷和其他溶剂是 VOCs 的主要来源，贡献率分别为 72.9%、6.5%和 13.9%，木材加工和家具制造对 VOCs 排放的贡献率分别为 0.7%和 0.2%。对于非工业溶剂使用，VOCs 排放主要来自沥青铺路、建筑涂料、农药使用和家庭溶剂，贡献率分别为 35.8%、27.7%、19.0%和 15.8%。

对三级源项排放结果进行分类，通过分析工业溶剂使用和非工业溶剂使用对全省及不同市（州）溶剂使用源 VOCs 排放的贡献情况（图 6-13）可以看出，2017 年全省溶剂使用源的 VOCs 排放主要来自非工业溶剂使用过程，占比达到 75.9%，工业溶剂使用占比为 24.1%。工业溶剂使用对荆门市、孝感市、天门市、武汉市溶剂使用源的 VOCs 排放贡献率较高，分别为 54.2%、44.0%、38.9%、35.7%；非工业溶剂使用对随州市、潜江市、仙桃市的 VOCs 排放贡献率较高，分别为 97.8%、92.7%、91.9%；神农架林区溶剂使用源的 VOCs 排放均来自非工业溶剂使用。

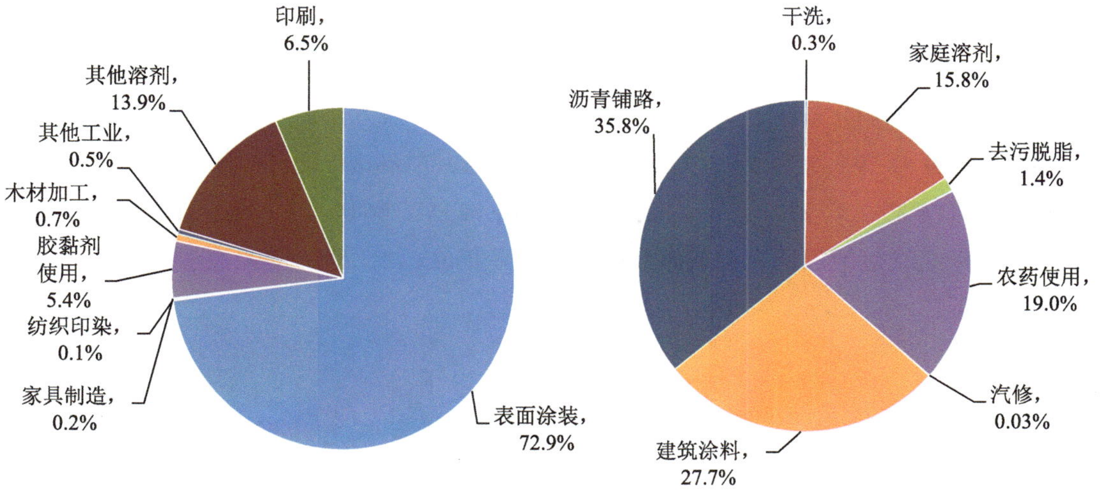

（a）工业溶剂　　（b）非工业溶剂

图 6-12　2017 年三级源项对工业溶剂和非工业溶剂使用源 VOCs 排放的贡献率

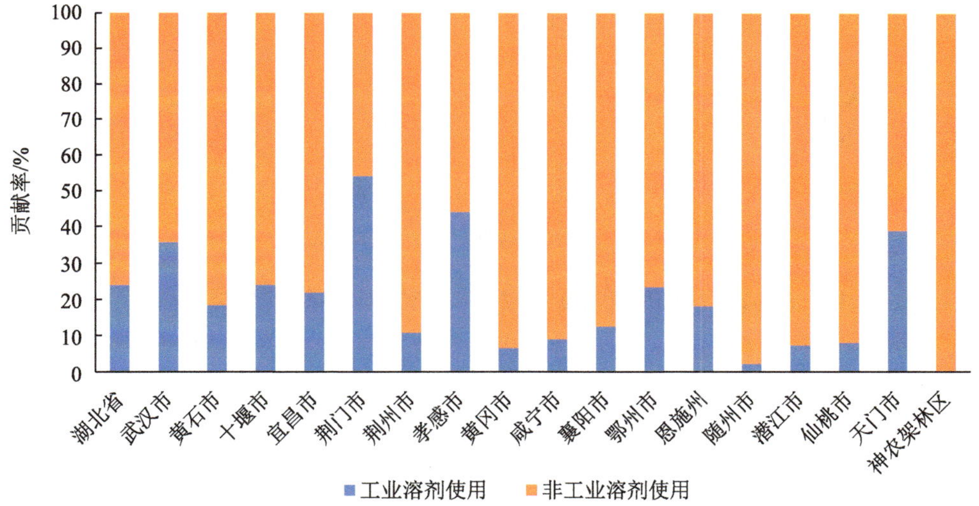

图 6-13　2017 年工业溶剂和非工业溶剂使用对全省及各市（州）溶剂使用源 VOCs 排放贡献率

6.4　移动源

6.4.1　湖北省移动源排放特征分析

2017 年，湖北省移动源 SO_2、NO_x、CO、VOCs、NH_3、PM_{10}、$PM_{2.5}$、BC、OC 排放量分别为 12 061.2 t、353 479.0 t、411 980.2 t、94 273.8 t、4 388.6 t、19 246.3 t、19 614.8 t、9 852.9 t、3 253.9 t，其中道路移动源污染物排放量分别为 5 031.2 t、178 564.7 t、315 781.0 t、

69 446.0 t、4 255.3 t、5 617.3 t、6 669.8 t、2 663.7 t、873.2 t，各占全省移动源排放总量的41.7%、50.5%、76.6%、73.7%、97.0%、29.2%、34.0%、27.0%、26.8%，非道路移动源SO_2、NO_x、CO、VOCs、NH_3、PM_{10}、$PM_{2.5}$、BC、OC排放量分别为7 030.0 t、174 914.3 t、96 199.2 t、24 827.9 t、133.4 t、13 629.1 t、12 945.0 t、7 189.2 t、2 380.6 t，各占全省移动源排放总量的58.3%、49.5%、23.4%、26.3%、3.0%、70.8%、66.0%、73.0%、73.2%（图6-14）。非道路移动机械包括工程机械、港作机械、农业机械、农用运输车、船舶、铁路机车、飞机等源项。

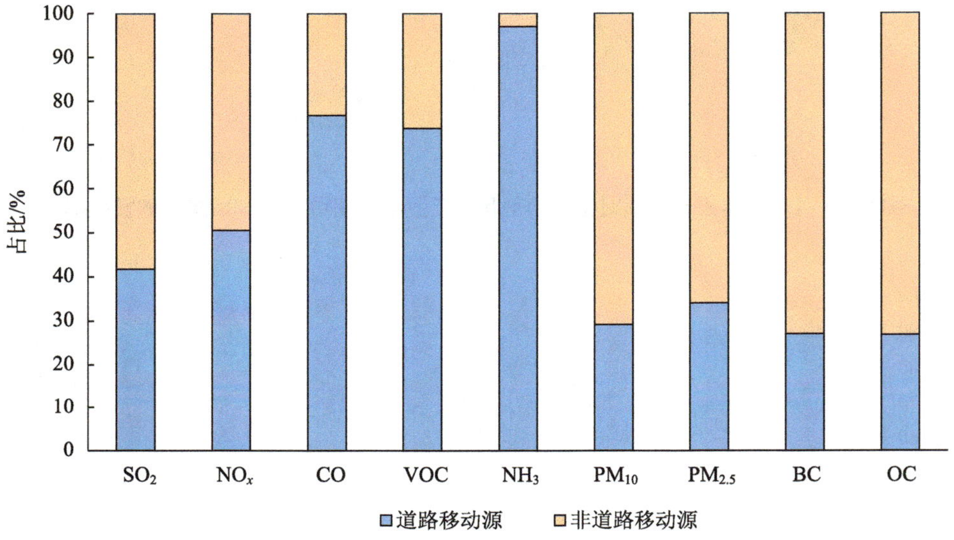

图6-14　2017年湖北省道路移动源和非道路移动源污染物排放占比

表6-10给出了2017年湖北省各市（州）道路移动源污染物排放情况，图6-15给出了2017年各市（州）道路移动源污染物排放占比情况。可以看出，2017年武汉市道路移动源的SO_2、NO_x、CO、VOCs、NH_3、PM_{10}、$PM_{2.5}$、BC、OC排放量分别为2 417.2 t、61 145.0 t、107 209.0 t、33 816.7 t、1 978.0 t、1 645.8 t、1 520.2 t、662.1 t、212.5 t，占全省道路移动源排放的比例分别达到48.0%、34.2%、34.0%、48.7%、46.5%、29.3%、22.8%、24.9%、24.3%，是各项污染物贡献最大的城市，这与该市机动车保有量占比情况一致。

表6-10　2017年湖北省各市（州）道路移动源污染物排放情况　　单位：t

市（州）	SO_2	NO_x	CO	VOCs	NH_3	PM_{10}	$PM_{2.5}$	BC	OC
武汉市	2 417.2	61 145.0	107 209.0	33 816.7	1 978.0	1 645.8	1 520.2	662.1	212.5
黄石市	133.9	7 055.2	10 477.6	1 911.2	105.0	255.4	261.6	140.7	49.1
十堰市	166.3	10 667.0	51 664.4	8 717.1	141.3	618.7	567.0	283.4	100.8
宜昌市	311.5	13 509.2	21 057.3	4 054.6	276.2	386.8	355.3	184.3	56.1

市（州）	SO_2	NO_x	CO	VOCs	NH_3	PM_{10}	$PM_{2.5}$	BC	OC
襄阳市	422.8	19 451.7	22 642.2	4 093.4	296.7	779.9	715.4	394.4	135.0
鄂州市	34.5	1 593.8	2 652.1	504.8	31.2	47.5	43.7	22.4	7.0
荆门市	153.5	7 150.3	9 768.6	1 478.7	124.9	286.4	262.6	143.2	50.3
孝感市	133.7	5 423.8	9 544.4	1 658.5	150.5	216.2	199.0	106.7	38.9
荆州市	278.7	11 307.6	21 306.5	3 939.8	277.8	306.1	283.8	142.0	44.5
黄冈市	261.5	11 872.4	13 807.2	2 155.6	308.4	236.3	609.4	130.7	38.8
咸宁市	136.5	6 254.4	8 574.2	1 604.7	106.5	199.6	182.6	97.7	29.9
随州市	159.5	6 353.9	5 610.1	844.3	95.3	216.7	199.3	110.4	37.4
恩施州	211.1	9 632.8	15 942.8	3 143.1	180.6	274.6	253.8	131.6	39.2
仙桃市	55.6	2 597.5	4 384.7	75.4	81.7	11.5	1 092.2	49.9	11.5
潜江市	104.9	2 921.5	8 865.6	1 085.8	55.6	90.7	82.7	42.7	15.2
天门市	43.2	1 386.1	2 045.0	334.4	41.5	41.8	38.2	19.9	6.4
神农架林区	6.8	242.4	229.3	27.7	3.9	3.3	3.1	1.6	0.6
湖北省	5 031.2	178 564.7	315 781.0	69 446.0	4 255.3	5 617.3	6 669.8	2 663.7	873.2

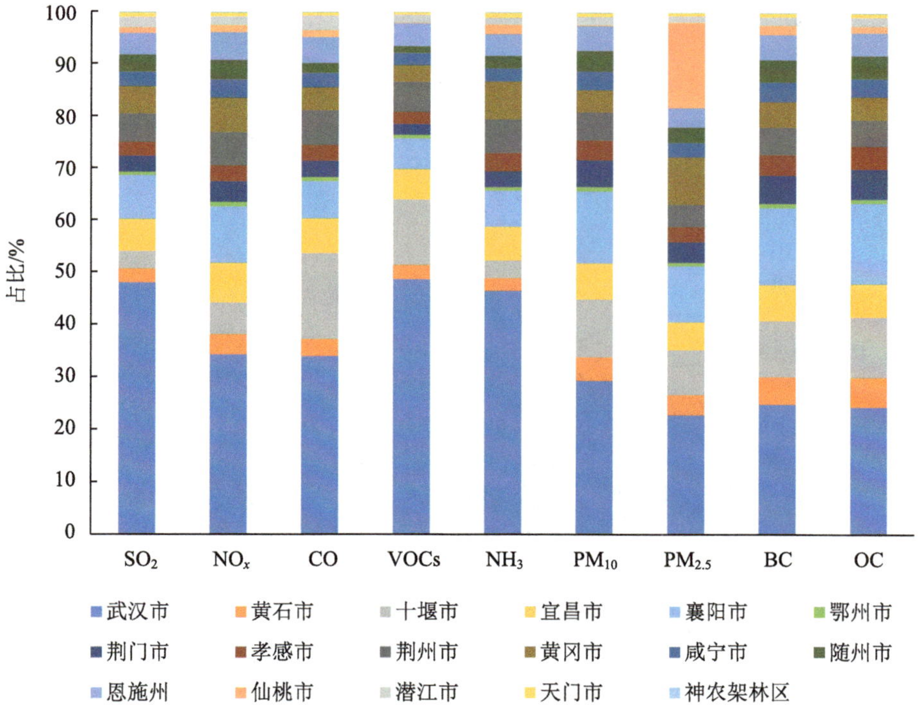

图 6-15　2017 年湖北省各市（州）道路移动源污染物排放占比

图 6-16 和图 6-17 分别给出了不同车型对湖北省 NO_x 和 VOCs 排放的贡献占比。可以看出，2017 年重型载货汽车、轻型载货汽车、大型载客汽车是全省机动车 NO_x 排放的主要来源，分担率分别为 34.3%、19.5%、19.2%，小型载客汽车对 NO_x 的分担率为 7.6%；VOCs 的主要来源与 NO_x 存在显著差异，小型载客汽车对全省机动车 VOCs 排放的分担率为 60.7%，是最大的二级排放源，其次为普通摩托车，其排放分担率为 15.3%，轻型载货汽车对 VOCs 的排放分担率也达到 7.4%。

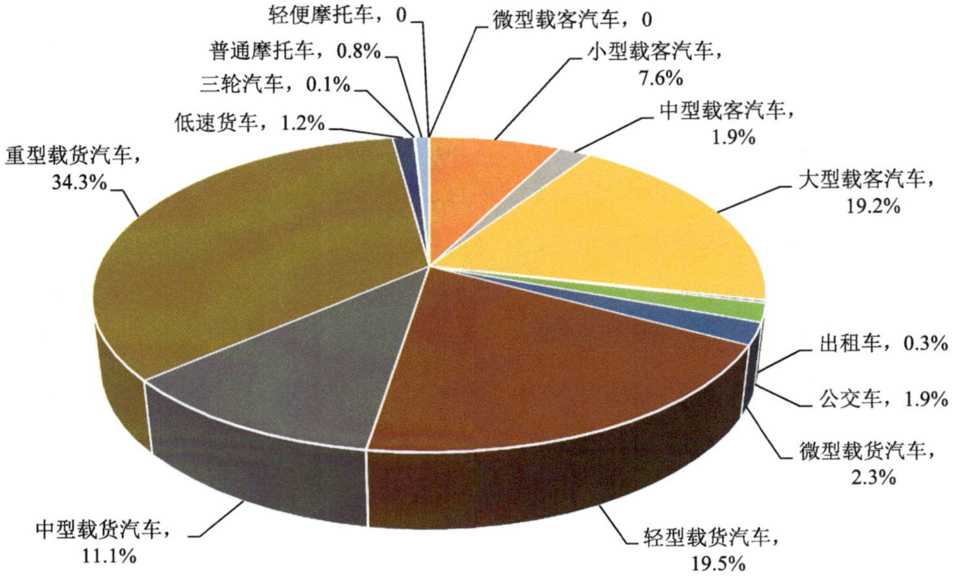

图 6-16　2017 年不同车型对 NO_x 排放的贡献占比

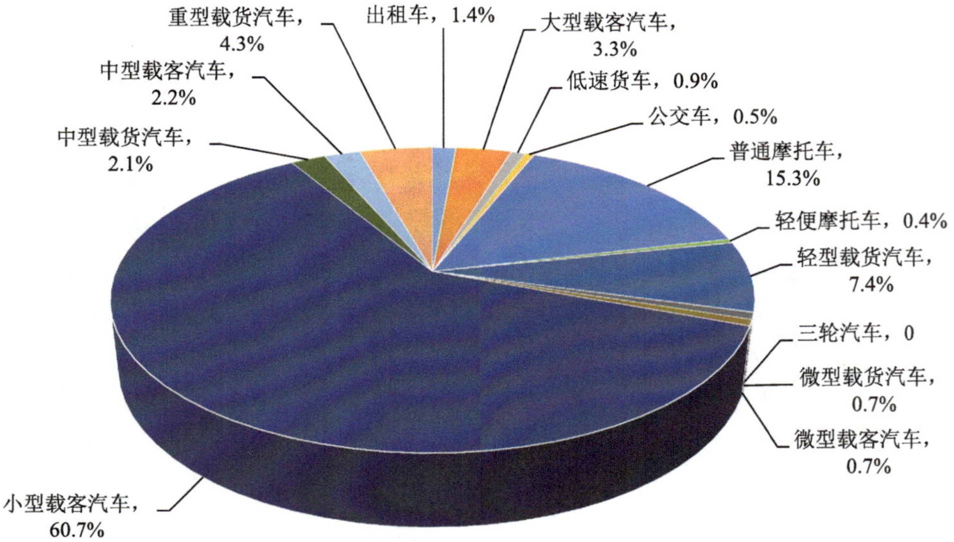

图 6-17　2017 年不同车型对 VOCs 排放的贡献占比

图 6-18 给出了各市（州）非道路移动源污染物排放占比情况，表 6-11 给出了 2017 年湖北省及各市（州）非道路移动源污染物的排放情况。可以看出，2017 年荆州市的 NO_x、CO、VOCs、PM_{10}、$PM_{2.5}$、BC、OC 排放量分别为 51 280.2 t、25 403.8 t、6 757.7 t、4 071.7 t、3 896.2 t、2 238.0 t、709.4 t，对全省非道路移动源污染物排放的贡献占比较大，分别达到 29.3%、26.4%、27.2%、29.9%、30.1%、31.1%、29.8%。与其他污染物不同，SO_2 主要来自十堰市，占全省非道路移动源 SO_2 排放的 32.0%。

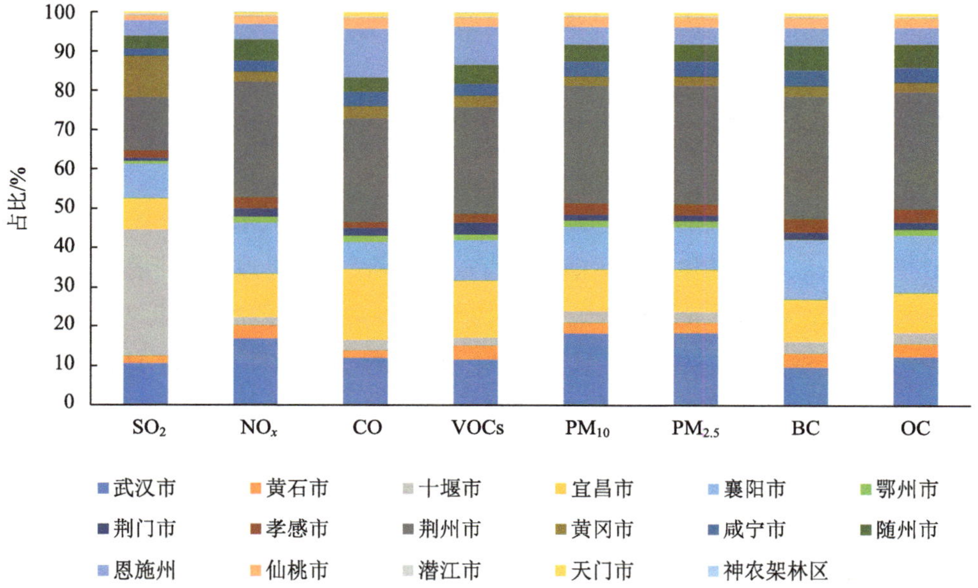

图 6-18 2017 年湖北省各市（州）非道路移动源污染物排放占比

表 6-11 2017 年湖北省及各市（州）非道路移动源污染物排放情况 单位：t

省市	SO_2	NO_x	CO	VOCs	PM_{10}	$PM_{2.5}$	BC	OC
武汉市	750.4	29 415.4	11 540.1	2 886.5	2 488.9	2 378.1	709.0	296.2
黄石市	131.3	6 019.0	1 854.8	863.6	384.0	364.7	246.7	78.1
十堰市	2 252.1	3 606.0	2 529.9	494.3	404.2	360.7	207.6	67.0
宜昌市	563.8	19 560.7	17 492.9	3 673.7	1 456.0	1 390.3	794.1	247.8
襄阳市	610.0	22 425.5	6 533.8	2 510.7	1 457.8	1 376.3	1 077.3	342.8
鄂州市	56.3	2 843.3	1 534.7	357.6	236.0	224.3	12.4	40.1
荆门市	47.3	3 722.8	1 915.3	745.0	199.0	184.6	132.0	42.7
孝感市	142.7	5 022.6	1 435.4	565.1	391.7	372.7	251.2	79.9
荆州市	952.3	51 280.2	25 403.8	6 757.7	4 071.7	3 896.2	2 238.0	709.4
黄冈市	738.7	4 444.6	2 966.2	703.0	330.7	309.4	192.0	59.0

省市	SO_2	NO_x	CO	VOCs	PM_{10}	$PM_{2.5}$	BC	OC
咸宁市	123.4	4 899.2	3 557.3	744.6	522.7	495.4	287.0	88.2
随州市	233.2	9 340.2	3 423.0	1 200.3	576.9	541.6	445.3	141.1
恩施州	277.8	7 120.9	12 034.1	2 432.0	616.8	584.0	330.9	104.7
仙桃市	95.2	3 527.7	2 698.7	584.7	358.8	340.2	193.4	60.8
潜江市	30.6	526.4	290.3	65.4	43.7	41.6	23.7	7.5
天门市	24.8	1 145.0	988.8	242.1	90.1	84.8	48.6	15.1
神农架林区	0	14.7	0	1.6	0	0	0	0
湖北省	7 030.0	174 914.3	96 199.2	24 827.9	13 629.1	12 945.0	7 189.2	2 380.6

进一步分析 2017 年三级源项对非道路移动源污染物的排放贡献率（图 6-19）可以看出，船舶对除 NH_3 以外的其他 8 种污染物均有较大贡献；SO_2 排放取决于各类机械的燃油使用量和油品质量，根据排放清单结果主要来自船舶、工程机械和农用机械排放，贡献率分别为 27.0%、21.5%和 24.8%，农用运输车对 SO_2 的排放贡献率也达到 11.85%；船舶是非道路移动源 NO_x 排放贡献最大的源项，占比达到 44.2%，其次为农用机械和工程机械，排放占比分别为 20.5%和 20.1%；VOCs 的排放结果与 NO_x 类似，最大的贡献源项为船舶，排放贡献率为 32.9%，其次为农用机械，占比 23.5%，工程机械占比 18.9%；PM 排放主要来自船舶、农用机械和工程机械。

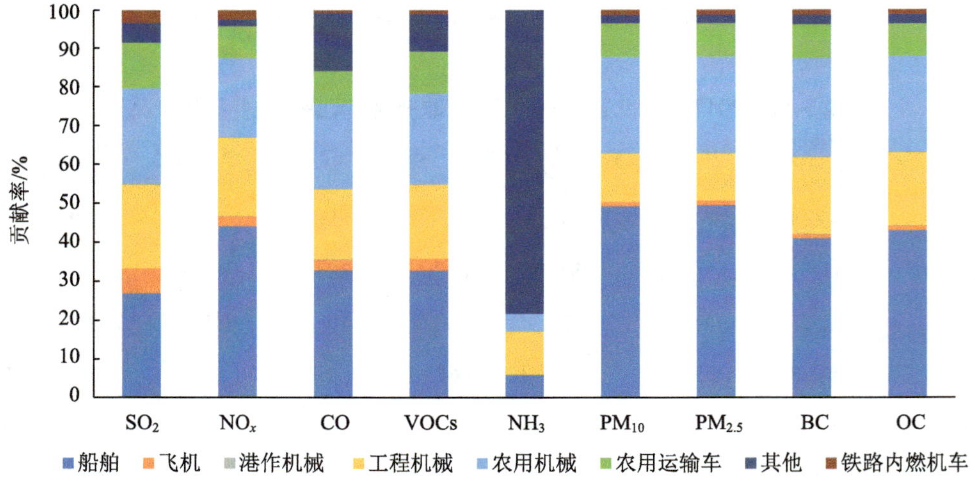

图 6-19 2017 年三级源项对非道路移动源污染物的排放贡献率

6.4.2　典型城市移动源排放特征分析

1. 武汉市

2017 年，道路移动源为武汉市移动源中 SO_2、NO_x、CO、VOCs 和 NH_3 的主要排放源，非道路移动源是 PM_{10}、$PM_{2.5}$、BC 和 OC 的主要排放源（图 6-20）。道路移动源和非道路移动源对 SO_2 的贡献率分别为 76.3%和 23.7%，对 NO_x 的贡献率分别为 67.5%和 32.5%，对 $PM_{2.5}$ 的贡献率分别为 39.0%和 61.0%，对 VOCs 的贡献率分别为 92.1%和 7.9%。

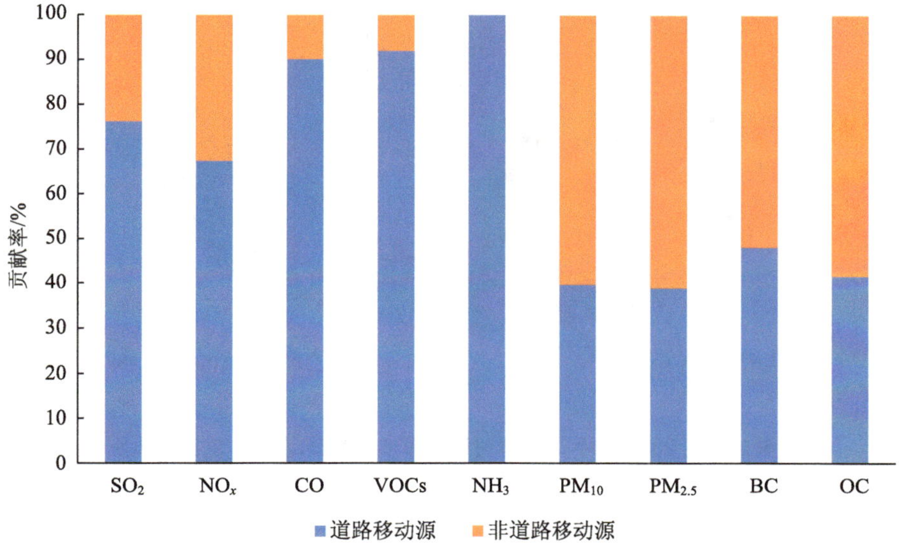

图 6-20　2017 年武汉市移动源子源贡献特征

武汉市 2017 年道路移动源 SO_2、NO_x、CO、VOCs、NH_3、PM_{10}、$PM_{2.5}$、BC、OC 的排放量分别为 2 417.2 t、61 145.0 t、107 209.0 t、33 816.7 t、1 978.0 t、1 645.8 t、1 520.2 t、662.1 t、212.5 t。道路移动源的污染物排放主要以 NO_x、CO、PM 和 VOCs 为主，重型载货汽车、轻型载货汽车和小型载客汽车为主要的贡献车型。SO_2、NO_x、PM_{10}、$PM_{2.5}$、BC、OC 的主要贡献车型为载货汽车，其中重型载货汽车占比最大。重型载货汽车的 PM 排放较高，主要原因是当柴油货车载货较多、发动机负载因子较高时，柴油与空气在发动机燃烧室内难以混合均匀，油气混合物在高温缺氧条件下容易炭化形成碳烟，造成更多的污染物排放。CO、VOCs 和 NH_3 的主要贡献车型为小型载客汽车，主要是因为小型载客汽车的主要燃料是汽油，而且保有量大，在怠速或低速状态下行驶时会造成大量的 CO 排放，同时汽油车的蒸发排放也是 VOCs 的主要排放来源。而汽油车 NH_3 产生的主要原因是汽油车安装了三元催化装置，其尾气催化剂表面在消除 NO_x 的反应过程中产生了大量的 NH_3。

图 6-21 给出了不同车型对 NO_x 的排放贡献情况。大型载客汽车对武汉市道路移动源 NO_x 的排放贡献率最高，达到 30.8%；其次为重型载货汽车，贡献率为 24.5%；中型载货

汽车对 NO_x 的排放贡献也达到了 14.7%。总体来看，载货汽车对 NO_x 的排放贡献率为 57.2%，载客汽车对 NO_x 的排放贡献率为 42.4%，虽然载货汽车的保有量远小于载客汽车，但是其仍是移动源 NO_x 排放的重点管控对象。

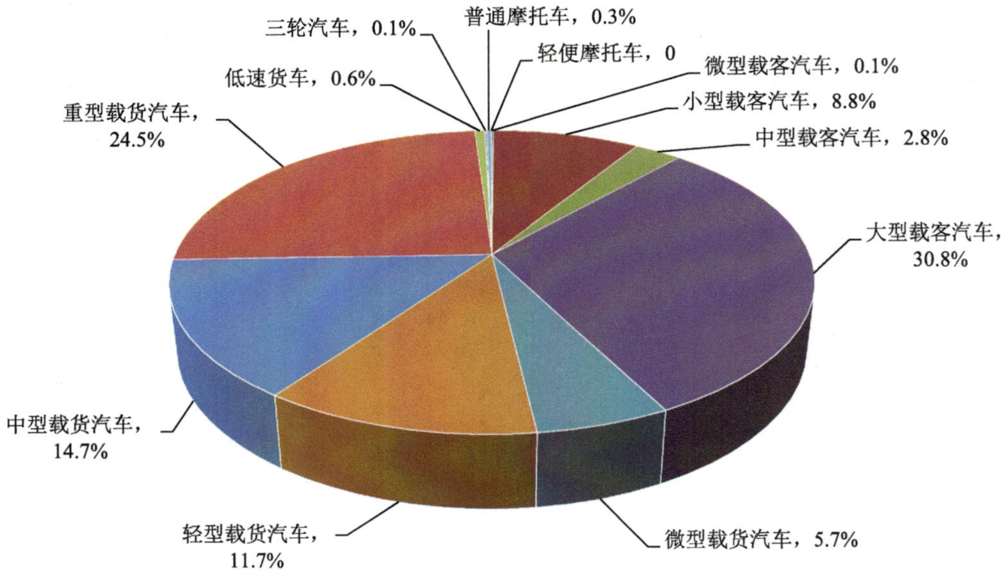

图 6-21　2017 年不同车型对武汉市道路移动源 NO_x 的排放贡献

2017 年武汉市非道路移动源排放清单见表 6-12，SO_2、NO_x、CO、VOCs、PM_{10}、$PM_{2.5}$、BC、OC 的排放量分别为 750.4 t、29 415.4 t、11 540.1 t、2 886.5 t、2 488.9 t、2 378.1 t、709.0 t、296.2 t。

表 6-12　2017 年武汉市非道路移动源排放清单　单位：t

源项	SO_2	NO_x	CO	VOCs	PM_{10}	$PM_{2.5}$	BC	OC
船舶	186.6	12 242.2	1 846.5	390.9	1 524.3	1 460.3	186.4	130.7
飞机	294.6	3 477.7	1 951.3	572.1	115.3	113.1	64.0	21.3
港作机械	2.4	99.6	72.8	17.0	5.6	5.4	3.1	1.0
工程机械	222.5	10 386.0	6 895.7	1 679.0	688.4	651.5	371.5	116.8
农用机械	4.9	225.8	177.3	36.7	24.8	23.6	13.4	4.2
农用运输车	5.2	253.6	190.0	38.3	29.0	27.6	15.7	5.0
其他	0	0.7	0.5	0.1	0.1	0.1	0	0
铁路内燃机车	34.3	2 729.8	406.1	152.3	101.4	96.5	54.9	17.1
合　计	750.4	29 415.4	11 540.1	2 886.5	2 488.9	2 378.1	709.0	296.2

2017 年，武汉市非道路移动源中船舶是 NO_x、PM_{10}、$PM_{2.5}$ 和 OC 的第一大排放源，对上述污染物的贡献率分别达到 41.6%、61.2%、61.4%和 44.1%；工程机械对各类污染物的排放贡献率均超过 20%，是 CO、VOCs、BC 最主要的排放源，贡献率分别为 59.8%、58.2%、52.4%，对 SO_2、NO_x、PM_{10}、$PM_{2.5}$ 和 OC 的贡献率分别为 29.6%、35.3%、27.7%、27.4%和 39.4%；飞机是对 SO_2 排放贡献最大的源项，占比达到 39.3%，这主要是因为航空燃油含硫较高，燃油品质是 SO_2 排放的关键影响因素，因此提升燃油品质尤为重要（图 6-22）。

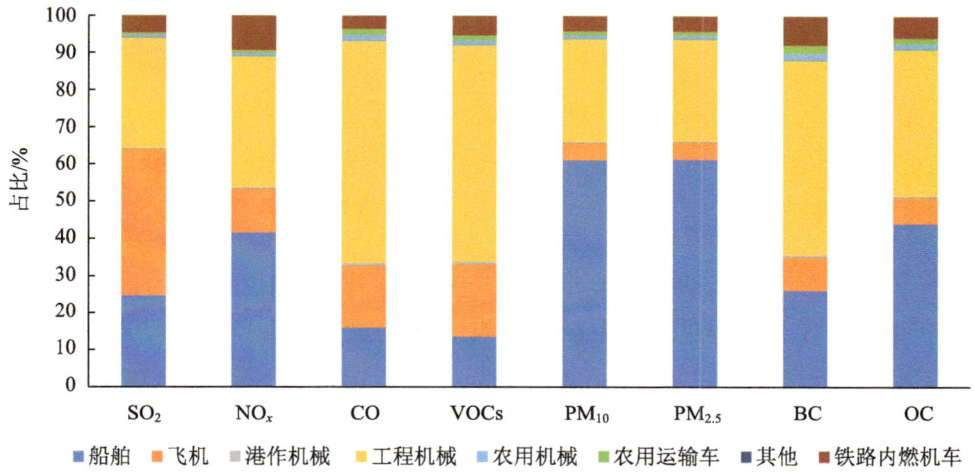

图 6-22　2017 年武汉市非道路移动源各类型机械排放占比

2. 宜昌市

2017 年，非道路移动源为宜昌市移动源中的主要排放源。道路移动源和非道路移动源对 SO_2 的贡献率分别为 35.59%和 64.41%，对 NO_x 的贡献率分别为 40.85%和 59.15%，对 $PM_{2.5}$ 的贡献率分别为 20.36%和 79.64%，对 VOCs 的贡献率分别为 52.46%和 47.54%（图 6-23）。

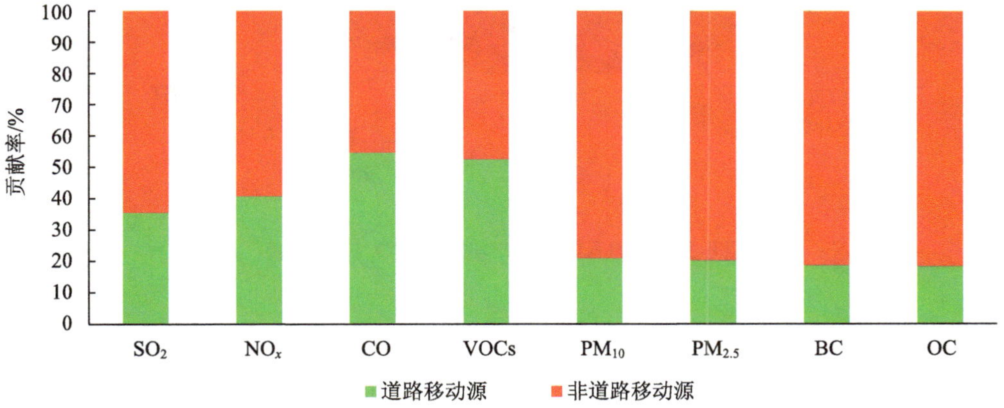

图 6-23　2017 年宜昌市移动源子源贡献特征

宜昌市机动车排放的 SO_2 主要来源于小型载客汽车、重型载货汽车和轻型载货汽车，贡献比例分别为 30.8%、30.3%、18.9%。如图 6-24 所示，宜昌市 2017 年的 NO_x 排放主要来源于重型载货汽车、轻型载货汽车和中型载客汽车，贡献比例分别为 36.2%、29.8%和 11.6%。CO 与 SO_2、NO_x 排放的主要来源存在显著差异，主要来源于小型载客汽车和轻型载货汽车，贡献比例分别为 42.6%和 23.2%，这主要是因为汽油车的 CO 排放系数较柴油车高，小型载客汽车保有量大，主要以汽油为燃料，造成大量的 CO 排放。$PM_{2.5}$ 的主要贡献车型为重型载货汽车、轻型载货汽车和中型载货汽车，贡献率分别为 33.6%、31.9%和 10.6%。我国柴油是由直馏柴油和二次裂化柴油调和而成的，二次裂化柴油作为车用柴油应该进行加氢精制，但我国二次裂化柴油多数未经加氢精制，因此造成我国柴油的十六烷值低，胶质、沉渣、芳烃、硫含量等都相对较高。由于柴油品质低，柴油发动机的燃烧效率也较低，柴油燃烧不充分，很容易在燃烧系统、排气系统中产生大量积碳，造成大量 PM 的排放。重型柴油载货车 PM 排放较高的主要原因是当柴油货车载货较多、发动机负载因子较高时，柴油与空气在发动机燃烧室内难以混合均匀，油气混合物在高温缺氧条件下容易炭化形成碳烟，从而造成更多的污染物排放。VOCs 主要是由汽油车蒸发排放的，主要来源于小型载客汽车、普通摩托车和轻型载货汽车，贡献比例分别为 37.7%、28.7%和 17.6%。小型载客汽车为 NH_3 的最大贡献源，贡献比例达到 78.5%。

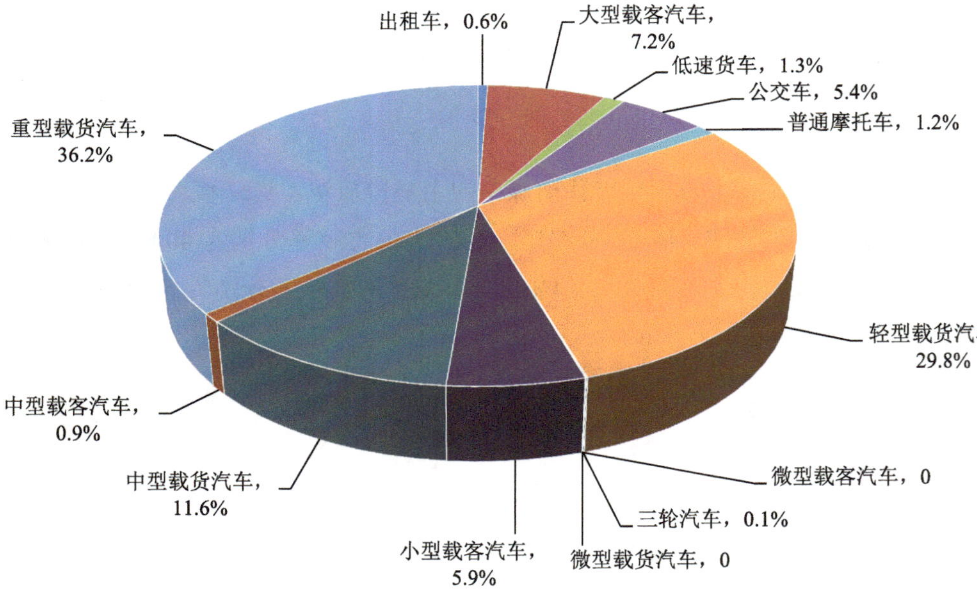

图 6-24　2017 年宜昌市机动车 NO_x 排放贡献

以宜昌市道路长度作为权重因子进行分析，机动车排放主要集中在主要通道和交通道路密集区域，夷陵区、西陵区伍家岗区、猇亭区、当阳市、枝江市和宜都市的 NO_x、CO、VOCs 和 PM_{10} 排放明显高于其他区域。

2017 年，宜昌市非道路移动源主要污染物排放量和特征分析见表 6-13 和图 6-25。船舶对宜昌市污染物排放的贡献显著高于其他非道路移动源，对 SO_2、NO_x、CO、VOCs、PM_{10}、$PM_{2.5}$ 的贡献比例分别为 23.5%、46.0%、25.7%、31.9%、49.5%、49.6%；工程机械对 SO_2、NO_x、CO、VOCs、PM_{10}、$PM_{2.5}$ 的贡献比例分别为 37.5%、32.2%、25.4%、29.2%、20.7%、20.7%。

表 6-13　2017 年宜昌市非道路移动源主要污染物排放量　　单位：t

源项	SO_2	NO_x	CO	VOCs	PM_{10}	$PM_{2.5}$	BC	OC
船舶	132.32	8 997.83	4 498.91	1 170.10	720.20	689.96	393.18	124.76
铁路机车	2.09	166.02	24.70	9.26	6.17	5.87	3.34	1.04
机场	0	626.99	351.79	103.15	20.78	20.40	11.55	3.85
工程机械	211.62	6 292.65	4 448.71	1 073.92	301.89	288.48	167.33	49.49
农业机械	146.75	3 429.64	2 911.53	607.33	406.99	385.60	218.70	68.69
小型通用机械	71.00	47.63	5 257.31	709.90	0	0	0	0
合　计	563.77	19 560.75	17 492.95	3 673.66	1 456.04	1 390.31	794.10	247.83

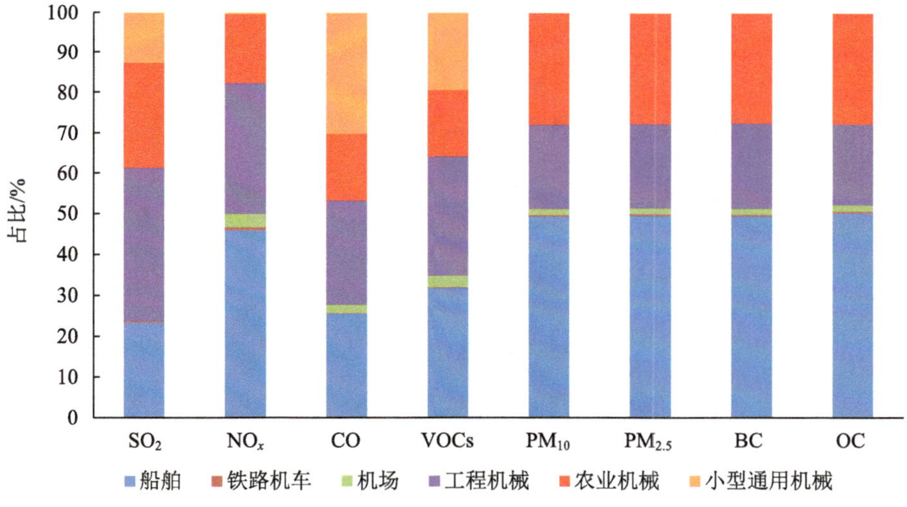

图 6-25　2017 年宜昌市非道路移动源污染物排放特征分析

6.5 农业源

农业源主要包括畜禽养殖、氮肥施用、秸秆堆肥、固氮植物、土壤本底、人体粪便等。2017 年，湖北省农业源排放的 NH_3 共计 271 877.1 t，其中畜禽养殖排放 199 890.4 t，占比达到 73.5%，是农业 NH_3 排放最主要的贡献源；氮肥施用排放 43 708.6 t，占比达到 16.1%；秸秆堆肥、固氮植物、土壤本底、人体粪便的排放量分别为 3 015.2 t、467.6 t、6 745.1 t、18 050.2 t，分别占全省农业 NH_3 排放的 1.1%、0.2%、2.5%、6.6%（表 6-14）。

表 6-14　2017 年湖北省农业源污染物排放情况　　单位：t

源项	NH_3
畜禽养殖	199 890.4
氮肥施用	43 708.6
秸秆堆肥	3 015.2
固氮植物	467.6
土壤本底	6 745.1
人体粪便	18 050.2
合　计	271 877.1

图 6-26 给出了 2017 年湖北省各市（州）农业 NH_3 排放占比情况，其中恩施州的排放量为 4.3 万 t，占比 15.7%，是全省农业 NH_3 排放量最大的市（州）；其次为荆州市和荆门市，排放量分别为 3.7 万 t 和 3.0 万 t，占比分别为 13.7%和 11.1%。

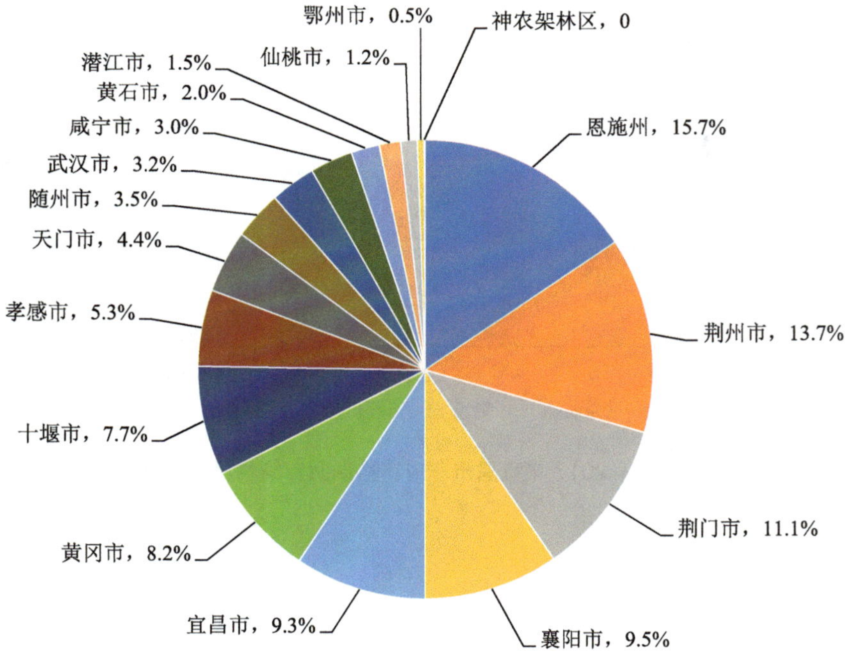

图 6-26　2017 年湖北省各市（州）农业 NH_3 排放占比

6.6　扬尘源

扬尘源的二级源项分类包括施工扬尘、道路扬尘、土壤扬尘和堆场扬尘。根据排放清单计算结果（表 6-15），2017 年湖北省扬尘源排放的 PM_{10} 和 $PM_{2.5}$ 分别为 280 203.4 t 和 71 649.0 t，其中道路扬尘的 PM_{10} 和 $PM_{2.5}$ 排放量分别为 134 087.0 t 和 36 212.2 t，分别占全省扬尘源排放的 47.9%和 50.5%；施工扬尘的 PM_{10} 和 $PM_{2.5}$ 排放量分别为 95 686.5 t 和 25 569.8 t，占比分别为 34.1%和 35.7%。图 6-27 给出了全省各市（州）扬尘源 PM_{10} 和 $PM_{2.5}$ 排放占比。可以看出，PM_{10} 排放最多的城市是武汉市、荆州市、恩施州、黄冈市，占比分别为 30.5%、8.0%、7.7%、7.5%；$PM_{2.5}$ 排放最多的城市是武汉市、黄冈市、荆州市、恩施州和黄石市，占比分别为 28.8%、12.5%、10.4%、6.0%、5.8%。

表 6-15　2017 年湖北省扬尘源污染物排放情况　　单位：t

源项	PM_{10}	$PM_{2.5}$
道路扬尘	134 087.0	36 212.2
堆场扬尘	49 425.9	9 807.0
施工扬尘	95 686.5	25 569.8
土壤扬尘	1 004.1	60.0
合　计	280 203.4	71 649.0

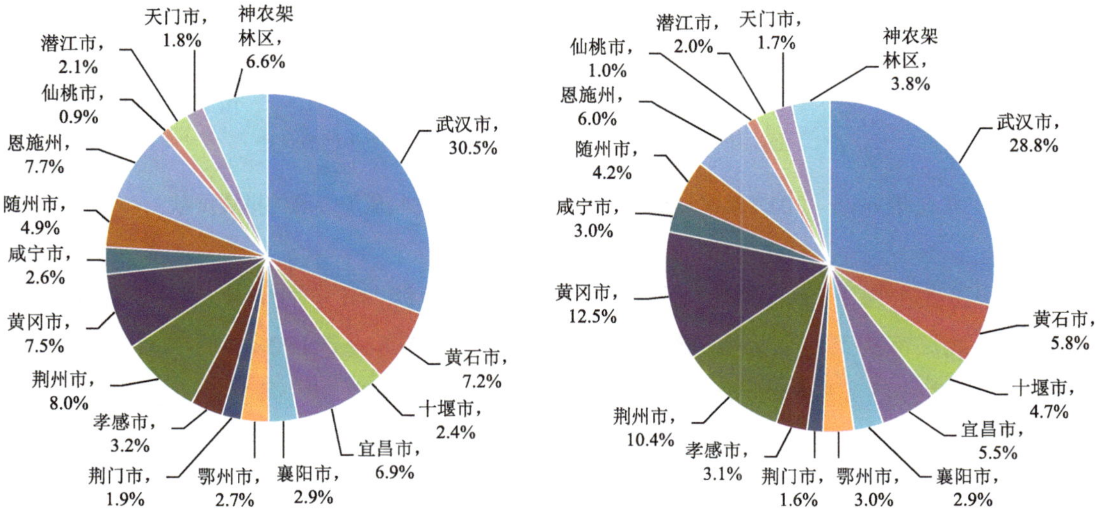

（a）PM_{10}　　（b）$PM_{2.5}$

图 6-27　2017 年湖北省各市（州）扬尘源 PM_{10} 和 $PM_{2.5}$ 排放占比

6.7 生物质燃烧源

生物质燃烧源二级源项分类包括工业生物质锅炉、生物质炉灶和生物质开放燃烧。根据排放清单计算结果，2017 年湖北省生物质燃烧源 SO_2、NO_x、CO、VOCs、NH_3、PM_{10}、$PM_{2.5}$、BC、OC 的排放量分别为 5 384.7 t、13 444.5 t、279 885.5 t、40 586.5 t、4 440.7 t、32 107.4 t、29 989.5 t、5 213.3 t、17 423.8 t，其中工业生物质锅炉对上述污染物的排放贡献率分别为 34.3%、54.7%、6.6%、8.2%、15.7%、2.1%、2.2%、1.7%、2.6%；生物质开放燃烧的排放贡献率分别为 20.9%、28.8%、25.5%、41.5%、22.6%、41.6%、43.7%、32.6%、42.5%；生物质炉灶的排放贡献率分别为 44.7%、16.5%、67.8%、50.3%、61.7%、56.3%、54.0%、65.7%、54.8%（图 6-28）。除 NO_x 主要来自工业生物质锅炉外，其他污染物均主要来自生物质炉灶排放。分析全省各市（州）生物质燃烧源污染物排放情况发现，孝感、荆州、黄冈三个城市的生物质燃烧源排放高于其他市（州），其中荆州市生物质燃烧源排放的 SO_2、NO_x、CO、VOCs、NH_3、PM_{10}、$PM_{2.5}$、BC 和 OC 占全省生物质燃烧源排放的比例分别达到 33.7%、38.5%、24.3%、23.9%、33.3%、21.1%、21.6%、19.9%和 22.9%，超过或接近 20%。

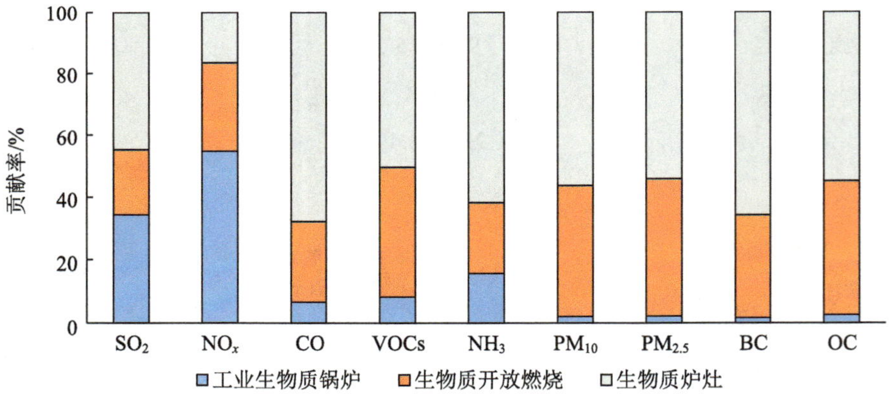

图 6-28 2017 年湖北省二级源项分类对全省生物质燃烧源的排放贡献

对于工业生物质锅炉，2017 年湖北省有 1 346 个点源，其中荆州市、恩施州、荆门市、宜昌市、武汉市的工业生物质锅炉数量较多，分别为 308 个、152 个、150 个、148 个、143 个。从生物质成型燃料用量来看，湖北省 2017 年工业生物质锅炉共计消耗 216.0 万 t 燃料，其中荆州市、黄冈市、武汉市、孝感市、潜江市的消耗量较多，分别达到 119.7 万 t、18.9 万 t、18.3 万 t、18.2 万 t、8.3 万 t，合计占全省消耗量的 84.9%。

全省生物质开放燃烧和生物质炉灶消耗的生物质类型和用量存在较大差异，表 6-16 给出了二者的活动水平对比。2017 年，湖北省共计约有 177.1 万 t 的生物质燃料露天焚烧，包含稻秆约 123.9 万 t、麦秆约 34.2 万 t、玉米秆约 8.4 万 t；对于生物质炉灶，全省共计约消耗 244.0 万 t 生物质，包含薪柴约 109.4 万 t、稻秆约 75.0 万 t、麦秆约 25.8 万 t 和玉米秆约 22.5 万 t。

表 6-16　2017 年湖北省生物质炉灶和生物质开放燃烧活动水平对比　　单位：t

燃料类型	生物质开放燃烧	生物质炉灶
稻秆	1 238 709.0	750 129.6
甘蔗	66.8	224.1
麦秆	342 304.8	257 580.7
棉花	2 567.0	1 285.0
蔬菜	36 186.3	0.7
薯类	5 626.7	3 058.8
油料	26 420.8	83 365.2
玉米秆	84 096.4	225 446.5
高粱秆	—	4 556.5
薪柴	—	1 094 040.4
其他	34 504.1	20 285.0
森林	738.6	—
合　计	1 771 220.6	2 439 972.5

进一步分析 2017 年不同生物质类型的排放占比情况（图 6-29 和图 6-30），对于露天焚烧，由于稻秆是主要的燃料类型，占比达到 70.0%，因此污染物也主要来自稻秆露天焚烧贡献，其焚烧产生的 SO_2、NO_x、CO、VOCs、NH_3、PM_{10}、$PM_{2.5}$、BC、OC 排放分别占露天焚烧污染物排放总量的 59.7%、48.4%、52.5%、65.5%、67.1%、58.0%、58.0%、58.2%、58.3%，超过或接近 50%；对于生物质炉灶，虽然薪柴的消耗量最高，但是由于不同燃料类型对应的排放系数不同，导致计算得到稻秆对 SO_2、CO、VOCs、PM_{10}、$PM_{2.5}$、BC、OC 的贡献率显著高于薪柴，NO_x 和 NH_3 则主要来自薪柴燃烧排放。

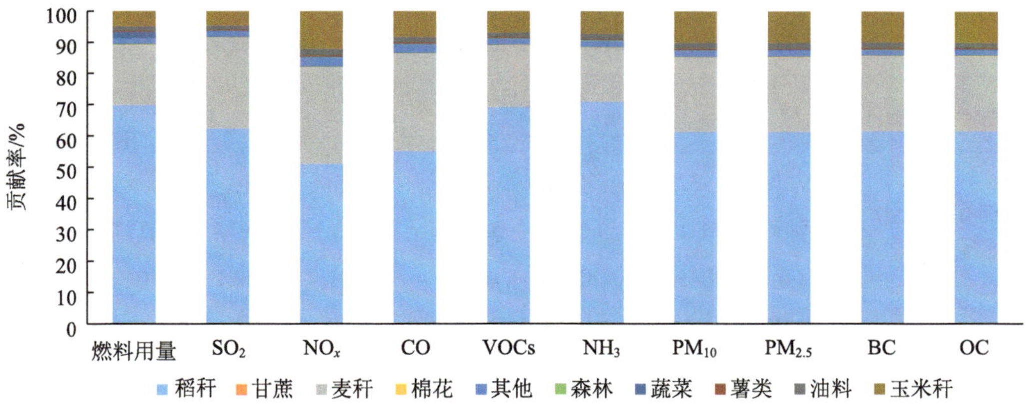

图 6-29　2017 年湖北省不同生物质类型对生物质开放燃烧源的污染物排放贡献率

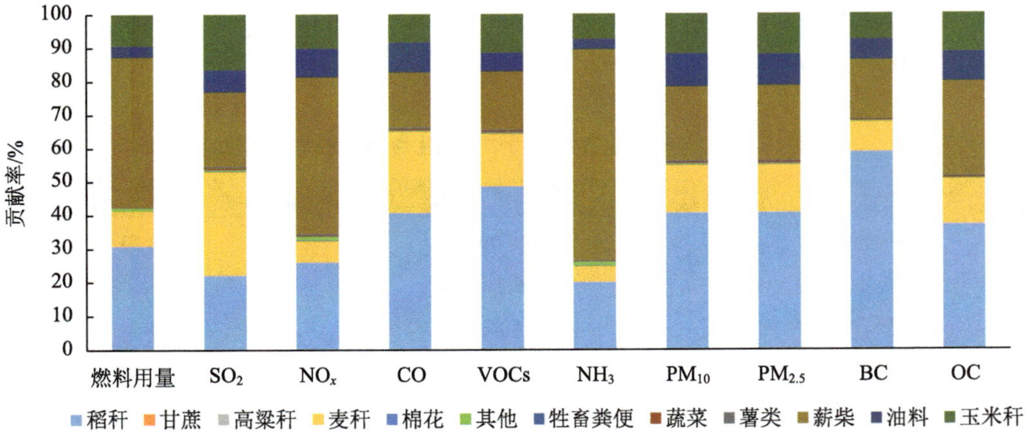

图 6-30 2017 年湖北省不同生物质类型对生物质炉灶的污染物排放贡献率

6.8 储存运输源

根据二污普数据和现场调查补充数据计算得到湖北省储存运输源排放清单，储存运输源主要包括加油站、储油库和油气运输。从储存运输源的点位分布情况可以发现，点源主要集中在武汉市及鄂中地区。从统计结果（表 6-17）来看，湖北省的活动水平类型包括柴油、汽油、原油、天然气、航空煤油和其他，2017 年全省储油库共储存柴油 326.6 万 t、汽油 327.1 万 t、原油 194.7 万 t，加油站终端销售柴油 1 282.7 万 t、汽油 1 101.4 万 t、原油 5 149.1 万 t、航空煤油 197.1 万 t、其他燃料 913.7 万 t，柴油、汽油、原油、天然气、航空煤油、其他燃料的运输量分别为 450.4 万 t、452.7 万 t、118.4 万 t、0.9 亿 m^3、42.1 万 t、0.2 万 t。根据排放清单结果，2017 年湖北省储存运输源排放的 VOCs 共计 28 221.6 t，其中储油库排放 VOCs 736.7 t，占比 2.6%；加油站排放 18 442.5 t，占比 65.3%；油气运输排放 VOCs 9 042.4 t，占比 32.0%。可见，对于加油站的 VOCs 减排治理仍有较大空间。

表 6-17 2017 年湖北省储存运输源活动水平与污染物排放情况

活动水平/排放量	类别	柴油	汽油	原油	天然气/亿 m^3	航空煤油	其他	合 计
销售/储存油气量/万 t	储油库	326.6	327.1	194.7				848.4
	加油站	1 282.7	1 101.4	5 149.1		197.1	913.7	8 644.0
	油气运输	450.4	452.7	118.4	0.9	42.1	0.2	1 064.8
VOCs 排放量/t	储油库	95.3	493.3	58.3			51.4	736.7
	加油站	397.1	6 672.6	19.6		1 820.7	8 570.6	18 442.5
	油气运输	200.1	4 889.8	1 829.4	362.2	307.4	981.8	9 042.4

图 6-31 给出了 2017 年湖北省 17 个市（州）储存运输源的 VOCs 排放占全省 VOCs 排放总量的比例情况。根据排放清单计算结果，2017 年武汉市储存运输源的 VOCs 排放量为 16 062.4 t，是排放量最大的城市，占全省的比例为 58.6%，超过 50%，这主要是因为武汉市青山区存在炼油企业，储油库和油品运输排放量较大，且武汉市的机动车保有量为全省最高，汽油、柴油消耗量显著高于其他城市；潜江市储存运输源的 VOCs 排放量为 2 314.6 t，占全省的 8.5%；十堰市和黄冈市储存运输源的 VOCs 排放量分别为 1 471.9 t 和 1 043.0 t，各占全省的 5.4%和 3.8%。

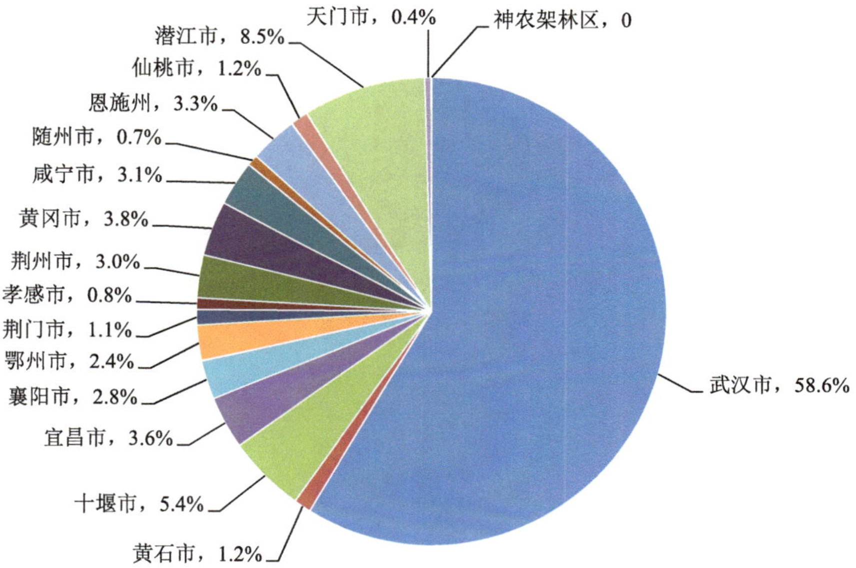

图 6-31　2017 年湖北省各市（州）储存运输源 VOCs 排放占比

6.9　废弃物处理源

湖北省废弃物处理源主要包括废水处理、固体废物处理、烟气脱硝，排放的污染物主要为 VOCs 和 NH_3。2017 年，湖北省废弃物处理源的 VOCs 和 NH_3 排放量分别为 2 621.7 t 和 6 179.3 t，其中废水处理的 VOCs 和 NH_3 排放量分别为 95.6 t 和 170.5 t，固体废物处理两种污染物的排放量分别为 2 526.1 t 和 4 455.3 t，烟气脱硝的 NH_3 排放量为 1 553.5 t（表 6-18）。总体来看，两种污染物均主要来自固体废物处理排放，占比分别为 96.4%和 72.1%，烟气脱硝对 NH_3 的贡献率为 25.1%。从湖北省各市（州）废弃物处理源的污染物排放情况（图 6-32）来看，VOCs 排放最多的城市是荆州市、襄阳市、黄石市、武汉市和孝感市，占比分别为 16.9%、16.6%、13.8%、9.8%和 9.2%；NH_3 排放最多的城市是武汉市、宜昌市、黄石市、孝感市、襄阳市，占比分别为 31.0%、10.8%、9.7%、8.4%、7.3%。

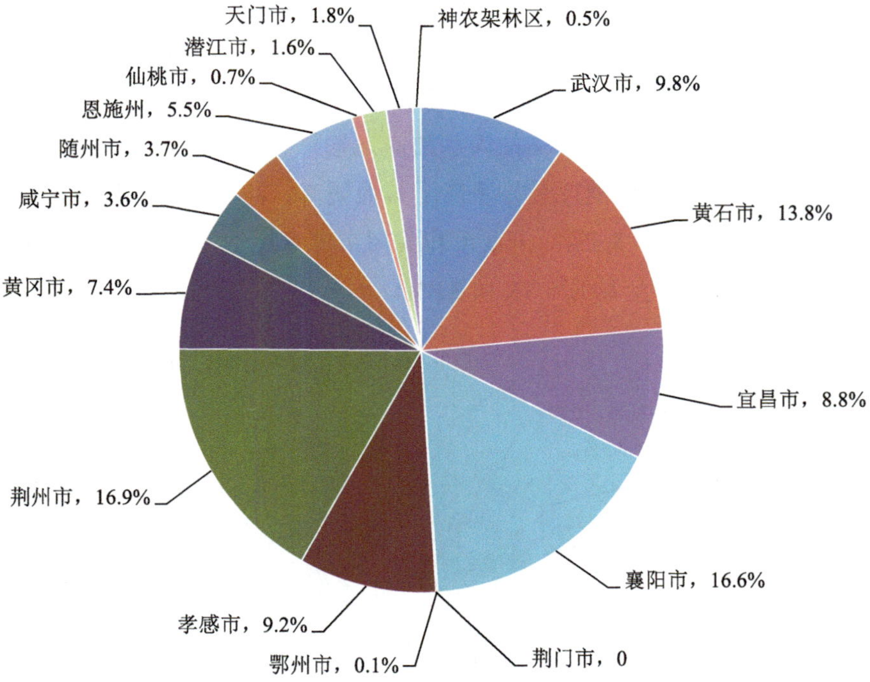

（a）VOCs

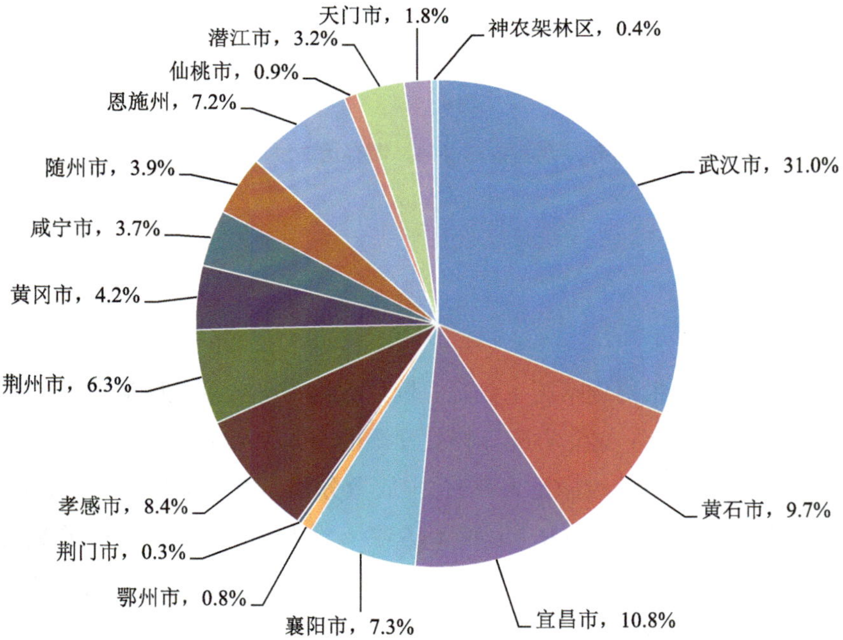

（b）NH_3

图 6-32 2017 年湖北省各市（州）废弃物处理源排放占比

表 6-18 2017 年湖北省废弃物处理源污染排放情况 单位：t

源项	VOCs	NH_3
废水处理	95.6	170.5
固体废物处理	2 526.1	4 455.3
烟气脱硝	—	1 553.5
合 计	2 621.7	6 179.3

6.10 其他排放源（餐饮油烟）

由于二污普数据中不包含餐饮油烟，为构建高分辨率的排放清单，本研究主要针对武汉市、黄石市及其他部分地区开展了实地调查，获取了 68 069 家餐饮企业的详细信息，其他地区餐饮油烟污染物排放均按照《城市大气污染物排放清单编制技术手册》中推荐的面源计算方法展开计算。根据排放清单计算结果（表 6-19），2017 年湖北省餐饮油烟的 VOCs、PM_{10}、$PM_{2.5}$、BC、OC 排放量分别为 5 564.4 t、8 753.8 t、6 954.2 t、168.9 t、4 221.0 t，其中武汉市以上污染物的排放量分别为 2 639.1 t、3 770.2 t、3 016.1 t、61.3 t、2 111.3 t，分别占全省餐饮油烟总排放量的 47.4%、43.1%、43.4%、36.3%、50.0%。

表 6-19 2017 年湖北省各市（州）其他排放源污染物排放情况 单位：t

市（州）	VOCs	PM_{10}	$PM_{2.5}$	BC	OC
武汉市	2 639.1	3 770.2	3 016.1	61.3	2 111.3
黄石市	128.1	124.3	90.0	1.2	41.1
十堰市	—	1 777.6	1 422.0	28.9	995.4
宜昌市	94.0	145.0	111.0	1.4	48.8
襄阳市	287.3	410.5	328.4	6.7	229.9
鄂州市	198.1	162.2	110.4	1.0	33.1
荆门市	43.2	61.9	49.4	1.0	34.1
孝感市	157.8	361.1	288.9	5.9	202.2
荆州市	717.2	722.8	502.1	3.1	105.7
黄冈市	257.0	248.5	260.3	3.1	106.6
咸宁市	350.0	245.0	1.3	46.4	0
随州市	75.6	110.8	88.7	1.8	62.1
恩施州	173.2	327.3	257.3	4.5	153.5
仙桃市	174.4	159.6	109.6	0.8	26.1

市（州）	VOCs	PM_{10}	$PM_{2.5}$	BC	OC
潜江市	46.3	66.2	53.0	1.1	37.1
天门市	218.9	55.0	260.9	0.9	30.8
神农架林区	4.2	6.0	4.8	0.1	3.3
湖北省	5 564.4	8 753.8	6 954.2	168.9	4 221.0

第 7 章

大气污染物排放清单成果应用

7.1 重大活动环境空气质量保障

2019 年 10 月 18—27 日，武汉军运会成功举办。在生态环境部的统一部署下，湖北省与河南省、安徽省通力协作，圆满完成武汉军运会环境空气质量保障任务。保障期间，在大气扩散条件总体不利的情况下，武汉市空气质量仍旧连续 20 天保持优良，优良率达到 100%。通过大气联防联控，环境空气质量保障工作推动湖北省其他地区的空气质量同步明显改善。其中，基于二污普成果构建的湖北省大气污染物排放清单在保障工作中起到了举足轻重的作用。

一是为提升污染物减排的精准度和科学性提供了有力保障。结合 2019 年 10 月中下旬这一时期的主导风向和武汉市区域产业布局特征，在将 $PM_{2.5}$、NO_2、O_3 作为重点控制污染因子的前提下，通过深入分析二污普成果及大气污染物排放清单中的污染源空间分布、能源消费、原辅料使用、污染控制水平等信息，识别出重点减排对象和减排工序，突出上风向污染源的管控减排，根据《关于加强重污染天气应对夯实应急减排措施的指导意见》（以下简称《指导意见》）对减排企业开展绩效分级，将减排措施细化至生产线/车间、工艺流程和生产设备，精准决策，全面提升了本次重大活动管控减排的科学性，也为做好湖北省重污染天气防范、应对和大气污染防治攻坚工作奠定了基础。

二是为减排方案的制定提供了科学依据。以基于二污普成果建立的排放清单为数据支撑，利用空气质量模型开展了会期污染物减排比例的模拟测算，分析了核心管控区、重点管控区、一般管控区及其他地区对武汉市环境空气质量的影响，定量分析了不同管控区对武汉市 $PM_{2.5}$ 的贡献，明确了会期日常管控和应急管控两种情境下核心管控区、重点管控区及一般管控区各类污染物的削减比例，为污染减排措施的制定和保障目标的实现提供了科学依据。

三是支撑了监测预报和管控效果评估工作的开展。以基于污染源普查成果建立的全省 2017 年排放清单为空气质量模型的基础输入资料，武汉及周边地区形成了 7 天逐时精细预报空气质量的能力，有力支持了保障期间每日开展的空气质量联合预测预报、污染减排成效评估的多项科学技术工作，为密切追踪潜在的污染气团演变轨迹、及时综合分析研判污染形势、提升会期保障阶段精细化防控水平提供了支撑。

7.1.1 工业源管控方案的编制

按照“突出重点、分类施策、精准管控、全面推进”的工作思路，立足于大气污染物排放清单和二污普成果，参照生态环境部发布的《关于加强重污染天气应对夯实应急减排措施的指导意见》相关要求，湖北省划入管控区域的10个市（州）编制了重大活动期间污染物减排清单和应急响应减排清单，最终汇总形成了湖北省重大活动环境空气质量保障工业企业减排清单（表7-1）。通过分析减排清单，管控区域内共有4 198家工业企业纳入日常管控减排，6 409 家企业纳入应急管控减排，涵盖电力、热力生产与供应、钢铁、水泥、有色金属、炼油及石油化工、化工、医药、建材、工业涂装等21个行业大类47个行业小类，减排措施均细化至生产线或生产工序。

表7-1　湖北省管控区内重大活动期间管控企业数量分行业统计

行业类型	核心管控区		重点管控区		一般管控区		管控区域合计	
	日常	应急	日常	应急	日常	应急	日常	应急
电力	9	12	21	22	23	23	53	57
热力生产与供应	23	168	29	31	27	30	79	229
钢铁	5	5	16	16	4	4	25	25
铁合金	1	1	1	1	1	1	3	3
铸造	21	114	99	99	40	40	160	253
炼油及石油化工	11	17	7	7	12	12	30	36
有色金属	1	1	27	28	5	5	33	34
水泥	215	531	261	261	294	295	770	1087
玻璃	14	29	9	14	22	31	45	74
炭素	2	2	6	6	4	4	12	12
陶瓷	0	0	21	21	27	30	48	51
建材	82	85	477	478	372	388	931	951
化工	63	86	257	260	304	342	624	688
医药	3	6	59	63	28	28	90	97
家具制造	21	201	50	57	46	46	117	304
人造板	30	30	25	25	48	48	103	103
塑料制造	127	384	94	123	70	77	291	584
橡胶制品制造	23	34	28	28	8	8	59	70
工业涂装	51	177	129	132	271	272	453	581
包装印刷	40	158	35	42	67	69	142	269
其他行业	0	690	47	69	85	142	132	1 012
合　计	742	2 731	1 698	1 783	1 758	1 895	4 198	6 409

1. 会期日常管控清单

湖北省重大活动保障期间管控区域计划管控工业企业数量变化如图 7-1 所示。2019 年 10 月 8 日，计划管控工业企业总数为 3 541 家，13 日开始逐渐增加，至 18 日开幕式当天计划管控工业企业数量达到最大值，共 4 198 家，其中核心管控区（武汉市）有 742 家，重点管控区有 1 698 家，一般管控区有 1 758 家。根据大气污染物排放清单计算，在落实工业企业日常管控措施的情况下，核心管控区 SO_2、NO_x、PM_{10}、$PM_{2.5}$、VOCs 的减排量分别为 33.5 t/d、186.4 t/d、217.5 t/d、76.5 t/d、151.0 t/d，分别占全社会排放总量的 43.7%、41.8%、53.9%、46.4%、30.7%；重点管控区 SO_2、NO_x、PM_{10}、$PM_{2.5}$、VOCs 的减排量分别为 50.2 t/d、132.9 t/d、314.2 t/d、142.0 t/d、117.5 t/d，分别占全社会排放总量的 37.9%、29.5%、46.4%、40.4%、21.6%；一般管控区 SO_2、NO_x、PM_{10}、$PM_{2.5}$、VOCs 的减排量分别为 35.7 t/d、92.8 t/d、128.1 t/d、50.0 t/d、81.9 t/d，分别占全社会排放总量的 12.2%、11.8%、21.8%、17.1%、10.3%。10 月 18—27 日为武汉军运会保障重点时段，在此期间对工业企业的管控一直维持着较为严格的水平，28 日计划管控工业企业数量降至 3 700 家，陆续解除管控。

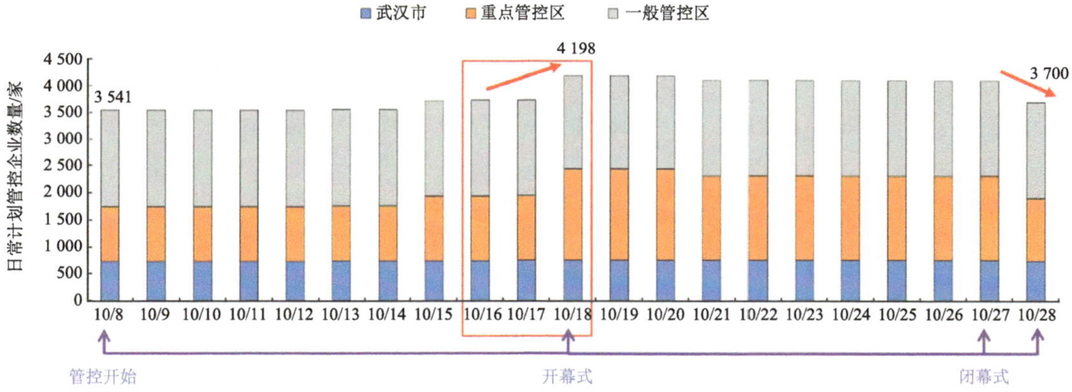

图 7-1 湖北省重大活动保障期间计划管控工业企业数量变化

2. 会期应急管控清单

应急管控清单涉及工业企业 6 409 家，其中核心管控区 2 731 家、重点管控区 1 783 家，一般管控区 1 895 家。经测算，在落实应急管控措施的情况下，核心管控区 SO_2、NO_x、PM_{10}、$PM_{2.5}$、VOCs 的减排量分别为 22.63 t/d、141.64 t/d、223.18 t/d、204.15 t/d、69.17 t/d，分别占全社会排放总量的 54%、43.3%、55.9%、52.6%、50.1%；重点管控区 SO_2、NO_x、PM_{10}、$PM_{2.5}$、VOCs 的减排量分别为 68.7 t/d、193.5 t/d、376.6 t/d、176.9 t/d、179.9 t/d，分别占全社会排放总量的 53.6%、42.4%、56.0%、49.9%、33.2%；一般管控区 SO_2、NO_x、PM_{10}、$PM_{2.5}$、VOCs 的减排量分别为 39.3 t/d、123.8 t/d、158.8 t/d、61.2 t/d、129.8 t/d，分别占全社会排放总量的 22.9%、23.5%、38.9%、31.5%、20.9%。

7.1.2 保障期间工业源大气污染减排测算

1. 武汉市工业源减排测算

结合武汉市大气污染物排放清单、二污普成果、减排清单，会期保障期间武汉市所有行业污染物减排测算结果如图 7-2 所示。

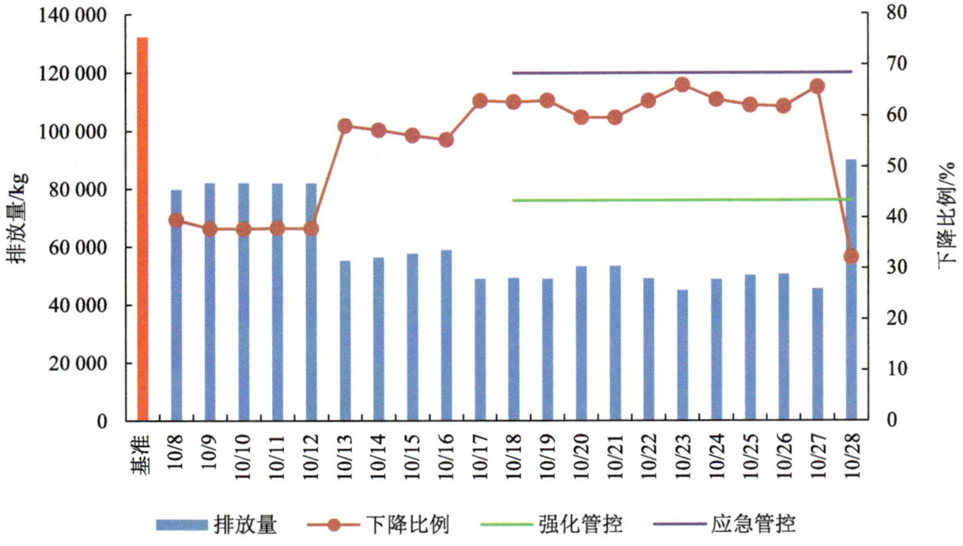

（a）PM_{10}

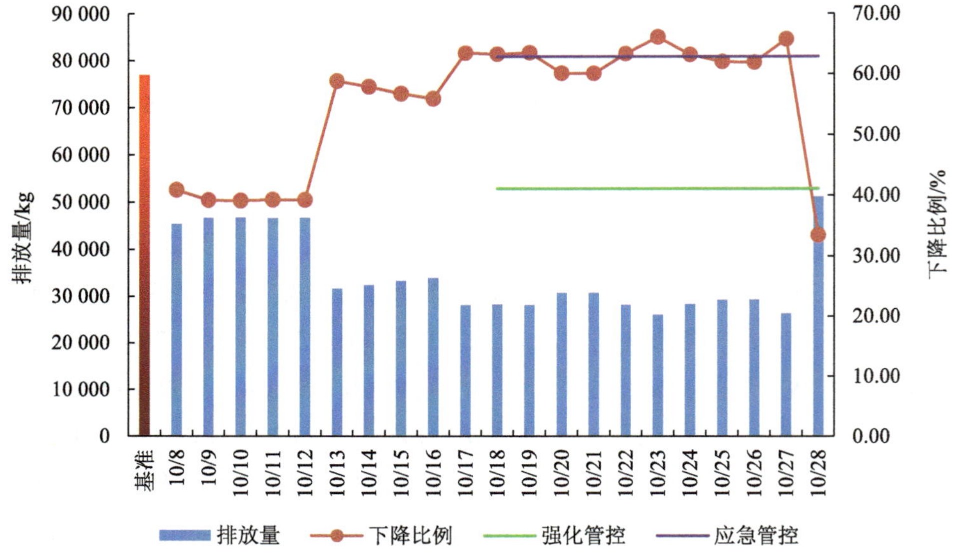

（b）$PM_{2.5}$

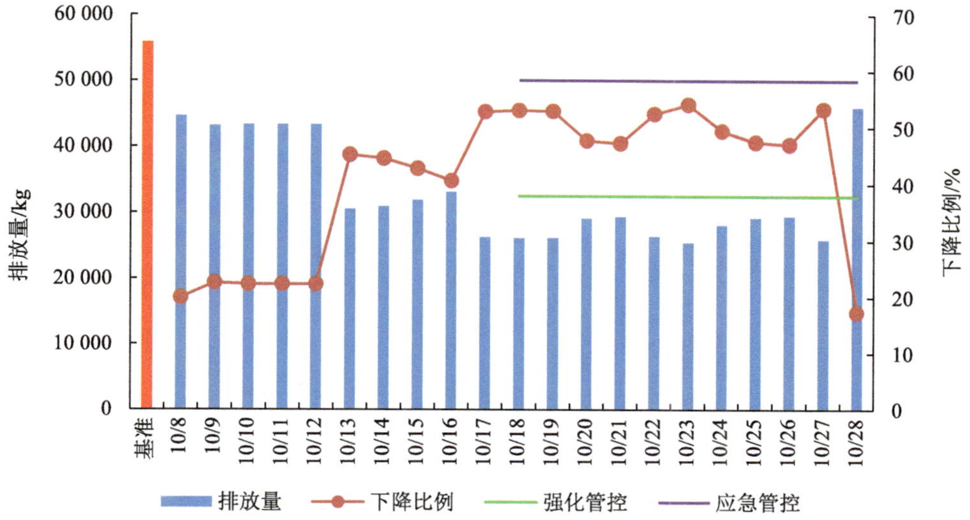
60 000
50 000
40 000
30 000
20 000
10 000
0
排放量/kg
70
60
50
40
30
20
10
0
下降比例/%
基准
10/8
10/9
10/10
10/11
10/12
10/13
10/14
10/15
10/16
10/17
10/18
10/19
10/20
10/21
10/22
10/23
10/24
10/25
10/26
10/27
10/28
排放量
下降比例
强化管控
应急管控

（c）SO_2

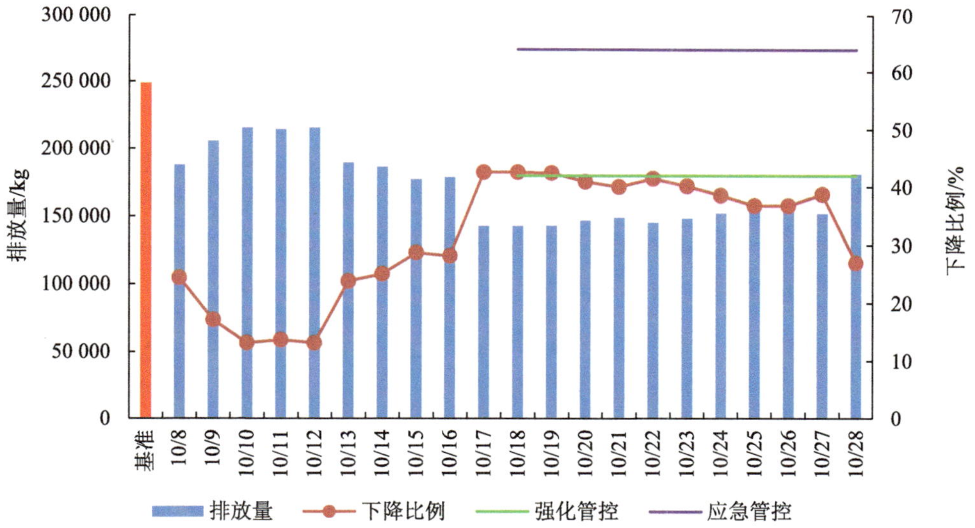
300 000
250 000
200 000
150 000
100 000
50 000
0
排放量/kg
70
60
50
40
30
20
10
0
下降比例/%
基准
10/8
10/9
10/10
10/11
10/12
10/13
10/14
10/15
10/16
10/17
10/18
10/19
10/20
10/21
10/22
10/23
10/24
10/25
10/26
10/27
10/28
排放量
下降比例
强化管控
应急管控

（d）VOCs

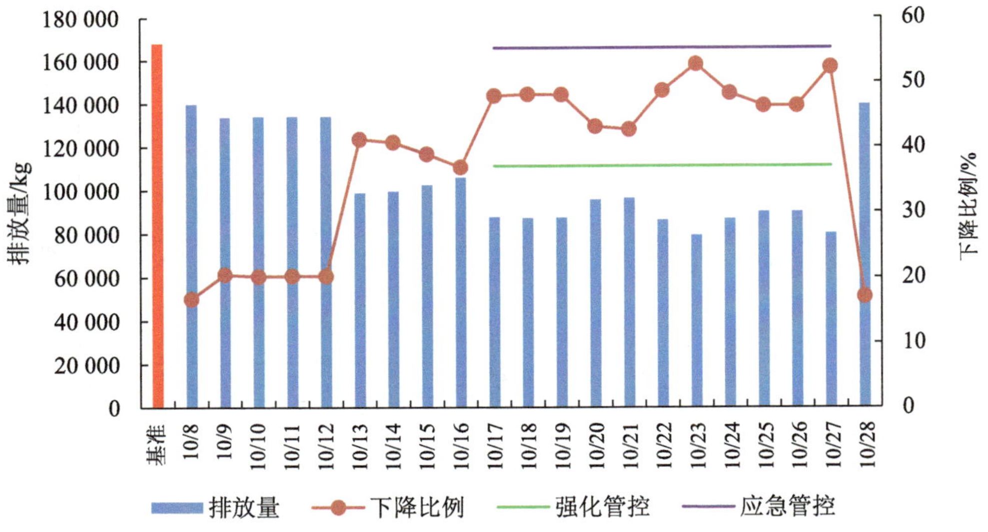

（e）NO_x

图 7-2　武汉市会议保障期间工业企业污染物减排变化

在 2019 年 10 月 8—16 日管控逐步落实期间，$PM_{2.5}$、PM_{10}、VOCs、SO_2、NO_x 的排放量分别为 31 663～46 810 kg/d、55 227～82 132 kg/d、177 168～215 864 kg/d、30 558～44 652 kg/d、98 871～140 094 kg/d，下降比例分别为 39%～59%、38%～58%、13%～29%、20%～45%、17%～41%。

在 17—19 日应急管控期间，$PM_{2.5}$、PM_{10}、VOCs、SO_2、NO_x 的排放量分别为 28 087～28 256 kg/d、48 833～49 210 kg/d、142 762～143 098 kg/d、26 168～26 307 kg/d、87 269～87 657 kg/d，下降比例分别为 63%、63%、42%～43%、53%、48%。

在 20—22 日强化管控期间，$PM_{2.5}$、PM_{10}、VOCs、SO_2、NO_x 的排放量分别为 28 199～30 749 kg/d、48 953～53 209 kg/d、145 386～149 039 kg/d、26 497～29 415 kg/d、86 318～96 405 kg/d，下降比例分别为 60%～63%、60%～63%、40%～42%、47%～53%、43%～49%。

在 23—28 日应急管控期间，$PM_{2.5}$、PM_{10}、VOCs、SO_2、NO_x 的排放量分别为 26 058～51 196 kg/d、44 862～89 666 kg/d、148 603～181 409 kg/d、25 554～46 076 kg/d、79 429～139 550 kg/d，下降比例分别为 33%～66%、32%～66%、27%～40%、17%～54%、17%～53%。

2. 重点管控区高架源减排测算

武汉军运会重点管控区范围内共有高架源 73 处，其中钢铁 8 家、电力 12 家、水泥 13 家、热力生产与供应 12 家、玻璃 3 家、医药 2 家、有色 1 家，其余工业企业涉及化工、陶瓷、石化、橡胶、工业涂装等。

根据基准排放清单，重点管控区内高架源日常 NO_x、VOCs、$PM_{2.5}$ 排放量分别为 135 t/d、84 t/d、97 t/d，分别占重点管控区污染物排放总量的 31%、14%、50%，其中水泥、电力和钢铁行业是污染物排放的最主要来源。2019 年 10 月 8 日起管控措施开始落实，重点管控区高架源 NO_x、VOCs、$PM_{2.5}$ 的减排比例分别达到 35%、38%、58%，其中电力行业高架源减排将近 50%，钢铁行业排放仅占上年同期日常排放的 39%，水泥、有色金属、石化等行业还未开展管控。黄冈市、黄石市重点高架源从 10 月 15 日左右开始减排，主要体现在水泥行业，15 日水泥排放量较基准减少 50%左右，石化行业开始减排，NO_x 和 VOCs 的减排比例达到 30%，化工行业 NO_x 排放仅占原来的 2%，有色金属和工业涂装等行业全面减排，整个重点控制区减排效果明显。随着管控力度的加大、管控措施监管不断加严，武汉军运会开幕式前一天，即 10 月 17 日，鄂州、黄石和黄冈三市开始执行应急管控措施，污染物排放进一步降低；开幕式当天 NO_x、VOCs、$PM_{2.5}$ 的减排比例分别达到 74%、66%、73%，电力、钢铁、水泥行业的 NO_x 减排率分别达到 64%、76%、76%，VOCs 分别减排 67%、76%、63%，PM 排放量仅分别占基准日常排放量的 35%、23%、35%。10 月 18 日后由于部分企业管控放开，减排力度有轻微下降，但仍保持较低的排放水平。10 月 24 日由于仙桃、孝感等市应急管控的相继落实，NO_x、VOCs、$PM_{2.5}$ 排放量再次下降，减排比例达到 73%、66%、72%。持续到保障期末，除仙桃市、黄冈市外，重点管控区内各城市均解除了应急管控，回归日常管控，污染排放有一定幅度的反弹，NO_x、VOCs、$PM_{2.5}$ 减排比例分别降至 68%、65%、62%，但仍高于管控初期水平。图 7-3 给出了高架源分行业用电量变化趋势。从用电量变化来看，73 家企业 25 日用电量与 24 日持平，水泥行业用电量持续下降，降幅达到 77%。

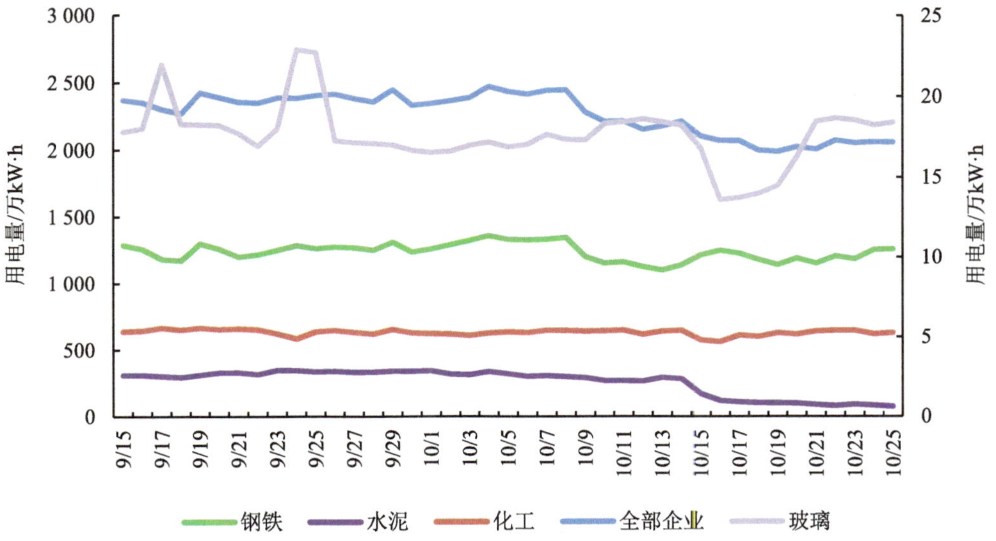

图 7-3　9 月 15 日至 10 月 25 日重点管控区高架源日用电量变化

3．污染物总体减排情况

保障期间，武汉及周边区域 SO_2、$PM_{2.5}$、NO_x 及 VOCs 的减排比例分别为 32%、31%、23%、22%，其中武汉市 SO_2、$PM_{2.5}$、NO_x 和 VOCs 平均减排 36%、50%、30%和 32%，重点管控区 SO_2、$PM_{2.5}$、NO_x 和 VOCs 平均减排 40%、34%、29%和 25%，一般管控区 SO_2、$PM_{2.5}$、NO_x 和 VOCs 平均减排 22%、25%、15%和 16%。保障前期，各市启动日常管控措施，10 月 8—16 日管控区域 SO_2、$PM_{2.5}$、NO_x 和 VOCs 的减排率分别为 23%～36%、22%～34%、17%～25%和 15%～24%；10 月 17—27 日保障区内各市相继启动应急管控措施，污染物减排明显增加，这与工业源严化管控措施紧密关联，SO_2、$PM_{2.5}$、NO_x 和 VOCs 的减排率分别为 40%～44%、36%～40%、27%～31%和 25%～27%。总体来看，10 月 23 日管控力度最强，保障区内总体 SO_2、$PM_{2.5}$、NO_x 和 VOCs 的减排比例分别达到 44%、40%、31%和 27%。

从行业分析结果（图 7-4）来看，保障期内电力行业污染物排放整体呈下降趋势。10 月 8 日，电力行业总体 NO_x、SO_2、$PM_{2.5}$ 和 VOCs 分别减排 24.5%、27.5%、38.5%和 25.0%。由于绿色电力调度，电厂分阶段调停机组数量增加，排放逐渐减少，到开幕式（10 月 18 日）前后电力行业减排比例有一定幅度的提升，开幕式当天全省电力行业 NO_x、SO_2、$PM_{2.5}$ 和 VOCs 分别减排 30.0%、34.7%、43.8%和 26.4%。10 月 23 日，管控区内 14 个城市启动应急管控措施，电力行业排放达到最低，NO_x、SO_2、$PM_{2.5}$ 和 VOCs 分别减排 39.6%、38.5%、62.3%和 30.5%。10 月 24—27 日，电力行业维持较低排放量。10 月 28 日保障期结束，除黄冈、仙桃和襄阳外，其他各市均取消应急管控措施，转为实施日常管控措施，由于大部分电厂仍维持较低的排放，电力污染物排放仅有小幅回升，NO_x、SO_2、$PM_{2.5}$ 和 VOCs 的减排比例分别为 37.5%、37.3%、52.3%和 27.1%。

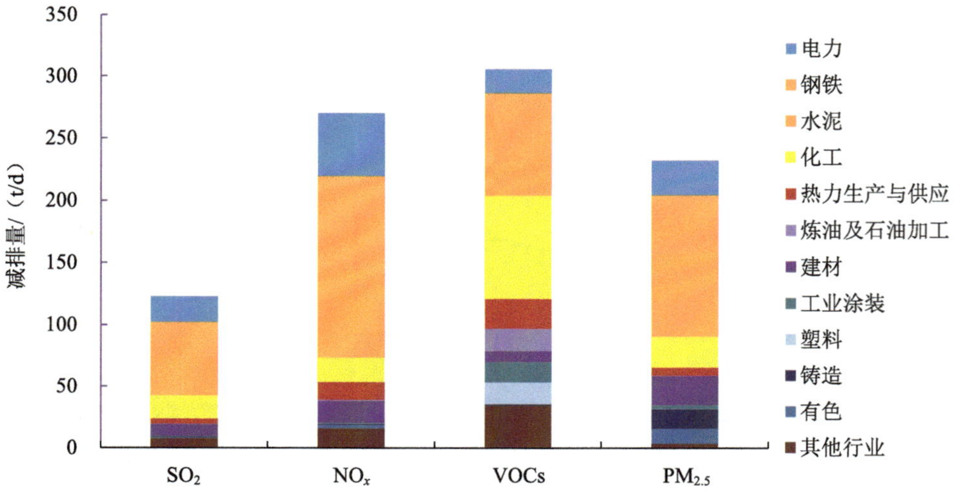

图 7-4 保障期内不同行业污染物减排量

对于非电行业，保障期间其污染物排放总量总体呈下降趋势。10 月 8 日，NO_x、SO_2、$PM_{2.5}$ 和 VOCs 的减排比例分别为 22.1%、23.6%、28.3%和 18.0%。10 月 15 日，重点管控区污染排放有较明显的下降，主要是由于黄石市、黄冈市大部分工业企业的日常管控措施从 15 日开始落实。自 10 月 17 日起，武汉市、鄂州市、黄石市及黄冈市落实应急管控措施，非电行业排放量进一步下降。开幕式期间，即 18 日、19 日全省非电行业减排比例达到较高值，NO_x、SO_2、$PM_{2.5}$ 和 VOCs 四种污染物分别减排 52.3%、48.9%、49.2%和 29.1%，之后排放量略有回升。自 10 月 23 日起，武汉市周边城市相继落实应急管控措施，非电行业排放量达到管控期内最低值，NO_x、SO_2、$PM_{2.5}$ 和 VOCs 分别减排 53.4%、50.5%、51.0%和 30.3%，24 日以后随着各市逐渐取消应急管控并转为实施日常管控，非电行业污染物排放量略有回升，直至 28 日保障期结束，污染排放有明显的上升。由于黄冈、仙桃、襄阳三市继续落实较为严格的应急管控措施，非电行业污染物排放量仍低于保障前期，28 日当天 NO_x、SO_2、$PM_{2.5}$ 和 VOCs 分别减排 29.8%、32.1%、36.8%和 22.8%。

7.1.3　环境空气质量改善效果评估

2019 年的气象条件与 2018 年相比，整体处于不利的形势，气象因素对各项污染物浓度的降低不但没有起到积极的作用，反而增加了污染物浓度改善的难度。

图 7-5 为 $PM_{2.5}$ 在武汉军运会举办期间的同比减排百分比及气象因素和管控措施对减排的贡献情况。10 月 18—28 日，$PM_{2.5}$ 浓度同比平均下降 14.5%。2019 年的气象条件劣于 2018 年同期，11 天中有 10 天贡献为负，使 $PM_{2.5}$ 浓度平均上升 52.6%。武汉军运会期间管控措施对控制 $PM_{2.5}$ 浓度起到积极作用，平均使 $PM_{2.5}$ 浓度降低 67%，10 月 18 日的管控措施对 $PM_{2.5}$ 的削减作用最大，达到 212%。武汉军运会举办期间，10 月 24 日的管控措施对减排的贡献率最大，达到 80%；23 日的气象条件对减排的贡献率最大，$PM_{2.5}$ 的气象贡献率为 100%，PM_{10} 的气象贡献率为 86%，NO_2 的气象贡献率为 46%。

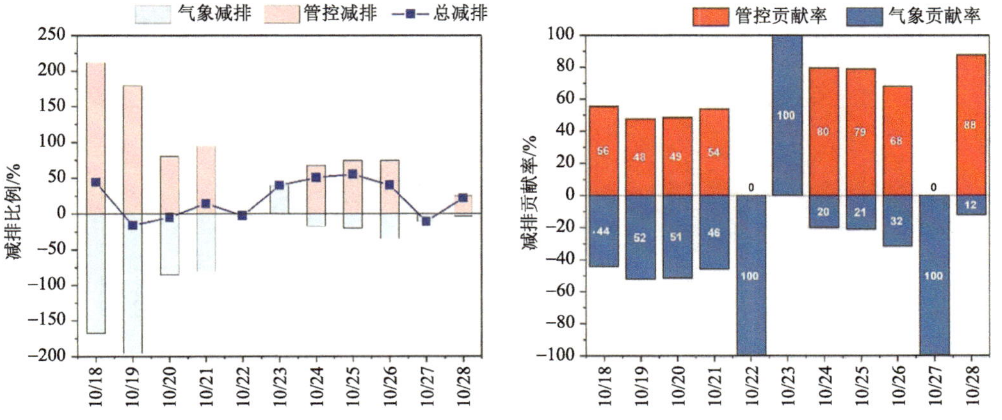

图 7-5　武汉军运会举办期间气象和管控对 $PM_{2.5}$ 同比减排的贡献率

由图 7-6 可知，10 月 18—28 日，PM_{10}浓度同比平均下降 7.4%。2019 年的气象条件劣于 2018 年同期，11 天中有 8 天对减排贡献为负，使 PM_{10}浓度平均上升 61.7%。武汉军运会期间的管控措施对控制 PM_{10}浓度起到积极作用，贡献率平均为 69.1%，其中 10 月 19 日的管控措施对 PM_{10}的削减作用最大，可使 PM_{10}浓度下降 233.9%；10 月 25 日的管控措施对减排的贡献率最大，达到 85%。

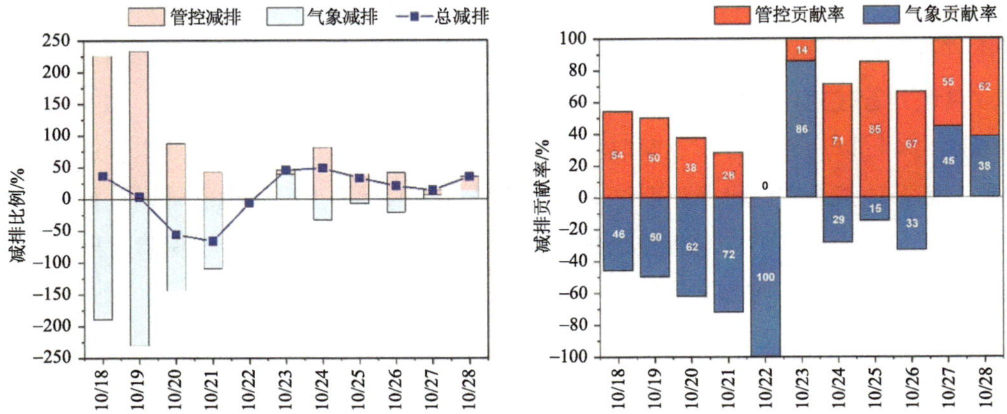

图 7-6 武汉军运会举办期间气象和管控对 PM_{10}同比减排的贡献率

由图 7-7 可知，10 月 18—28 日，NO_2浓度同比平均下降 1.7%。2019 年的气象条件劣于 2018 年同期，11 天中有 7 天对减排贡献为负，使 NO_2浓度平均上升 25.8%。武汉军运会期间的管控措施对控制 NO_2浓度起到积极作用，使 NO_2浓度平均下降 27.5%，其中 10 月 18 日的管控措施对 NO_2浓度的削减作用最大，达 85.8%；10 月 26 日的管控措施对 NO_2减排的贡献率最大，达到 96%。

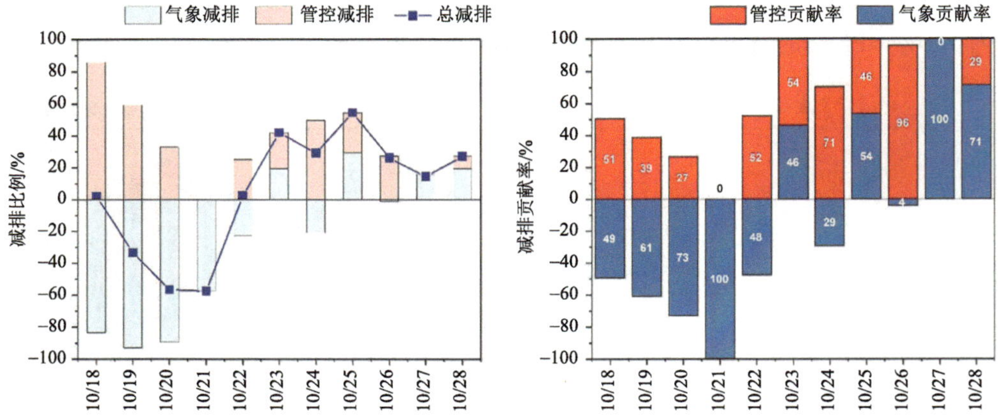

图 7-7 武汉军运会举办期间气象和管控对 NO_2同比减排的贡献率

7.2 重污染天气应急减排清单编制

2019 年 7 月，生态环境部印发《指导意见》，要求各地进一步完善重污染天气应急预案（以下简称应急预案），规范预警启动与解除，切实夯实应急减排比例，细化减排清单，强化重点行业绩效分级管控，加强区域应急联动，实现依法治污、精准治污、科学治污。为贯彻落实《指导意见》，夯实应急减排措施，湖北省各市（州）以二污普成果和 2017 年大气污染物排放清单为基础开展了工业源、移动源、扬尘源重污染天气应急减排清单的编制。

7.2.1 工业源应急减排情况

目前，全省 17 个重点城市纳入重污染天气工业源应急减排清单的企业数量为 18 130 家，其中 13 个国考城市纳入重污染天气工业源应急减排清单的企业数量为 17 007 家。全省重污染天气工业源主要大气污染物排放情况如图 7-8 所示，13 个国考城市工业源 PM、SO_2、NO_x 和 VOCs 的排放量在全省 17 个重点城市总排放量中的占比均在 90%以上（分别为 90.93%、94.77%、97.39%和 95.21%），是湖北省工业源 PM、SO_2、NO_x 和 VOCs 的主要贡献城市。

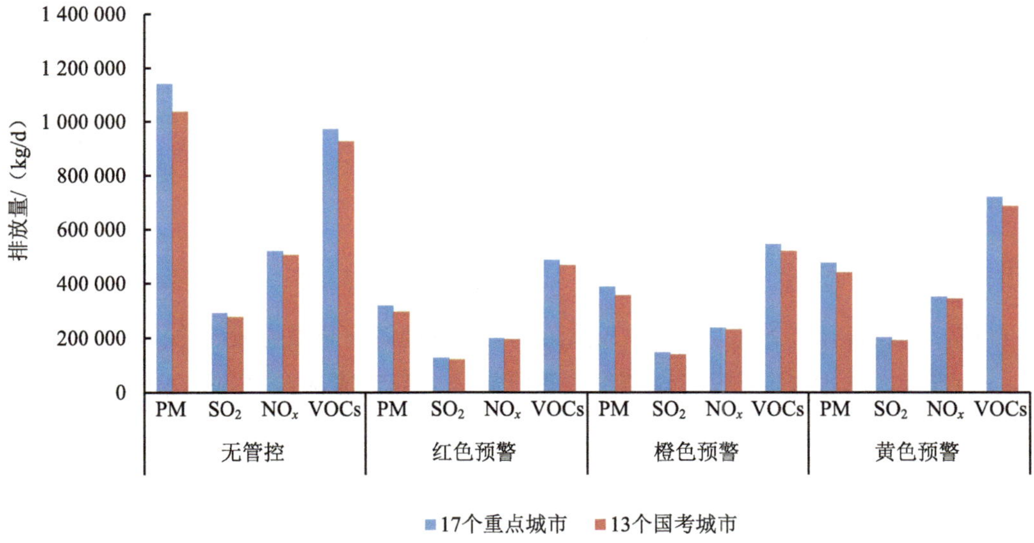

图 7-8 湖北省重污染天气工业源排放情况

由表 7-2 可知，红色预警期间，全省 17 个重点城市工业源 PM、SO_2、NO_x 和 VOCs 的减排比例分别为 71.90%、56.07%、61.56%和 49.87%；橙色预警期间，全省 17 个重点城市 PM、SO_2、NO_x 和 VOCs 的减排比例分别为 65.94%、49.42%、54.26%和 43.77%；黄色

预警期间，全省 17 个重点城市 PM、SO_2、NO_x和 VOCs 的减排比例分别为 58.08%、30.93%、32.22%和 25.71%。

表 7-2 湖北省重污染天气工业源应急减排情况 单位：kg/d

污染物		17 个重点城市	13 个国考城市
排放量	PM	1 143 844.14	1 040 066.10
	SO_2	294 175.45	278 799.03
	NO_x	522 150.25	508 514.78
	VOCs	975 371.29	928 686.08
红色预警减排量	PM	822 391.91	742 098.92
	SO_2	164 956.10	155 831.18
	NO_x	321 458.70	312 509.80
	VOCs	486 437.22	459 119.85
橙色预警减排量	PM	754 300.48	681 133.95
	SO_2	145 370.08	137 846.26
	NO_x	283 299.85	275 857.27
	VOCs	426 923.21	406 304.86
黄色预警减排量	PM	664 389.40	596 792.66
	SO_2	90 993.95	85 610.98
	NO_x	168 228.93	162 698.60
	VOCs	250 745.96	237 979.25

7.2.2 移动源应急减排情况

目前，湖北省 17 个重点城市纳入重污染天气移动源应急减排清单的机动车保有量为 1 353.84 万辆，其中 13 个国考城市纳入重污染天气移动源应急减排清单的机动车保有量为 978.66 万辆。全省重污染天气移动源主要大气污染物的排放及减排情况见表 7-3。13 个国考城市移动源 PM、NO_x和 VOCs 的排放量在全省 17 个重点城市总排放量中的占比分别为 73.96%、67.48%和 59.04%，是湖北省移动源 PM、NO_x和 VOCs 的主要贡献城市。红色预警期间，全省 17 个重点城市移动源 PM、NO_x和 VOCs 的减排比例分别为 52.54%、54.12%和 27.48%；橙色预警期间，全省 17 个重点城市 PM、NO_x和 VOCs 的减排比例分别为 29.12%、32.62%和 20.49%；黄色预警期间，全省 17 个重点城市 PM、NO_x和 VOCs 的减排比例分别为 15.70%、17.68%和 9.37%。

表 7-3 湖北省重污染天气移动源应急减排情况 单位：kg/d

污染物		17 个重点城市	13 个国考城市
排放量	PM	42 339.04	31 314.35
	NO_x	604 152.42	407 704.30
	VOCs	130 695.55	77 164.61
红色预警减排量	PM	22 245.61	18 163.63
	NO_x	326 968.32	236 279.74
	VOCs	35 911.74	27 558.17
橙色预警减排量	PM	12 328.80	9 259.53
	NO_x	197 080.40	135 945.55
	VOCs	26 775.33	19 735.06
黄色预警减排量	PM	6 645.44	4 554.93
	NO_x	106 814.61	73 887.17
	VOCs	12 244.93	7 128.91

全省 17 个重点城市移动源在红色预警、橙色预警、黄色预警期间主要污染物的减排情况如图 7-9 所示。

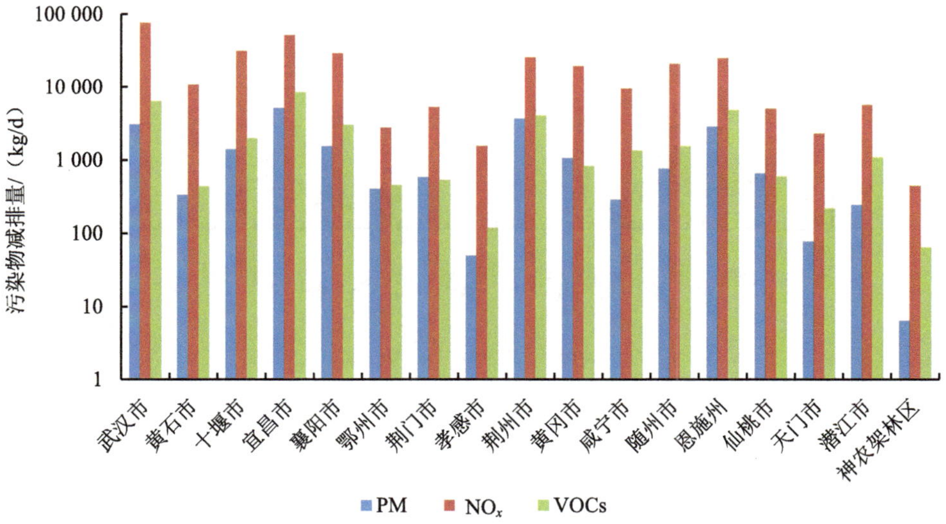

（a）红色预警

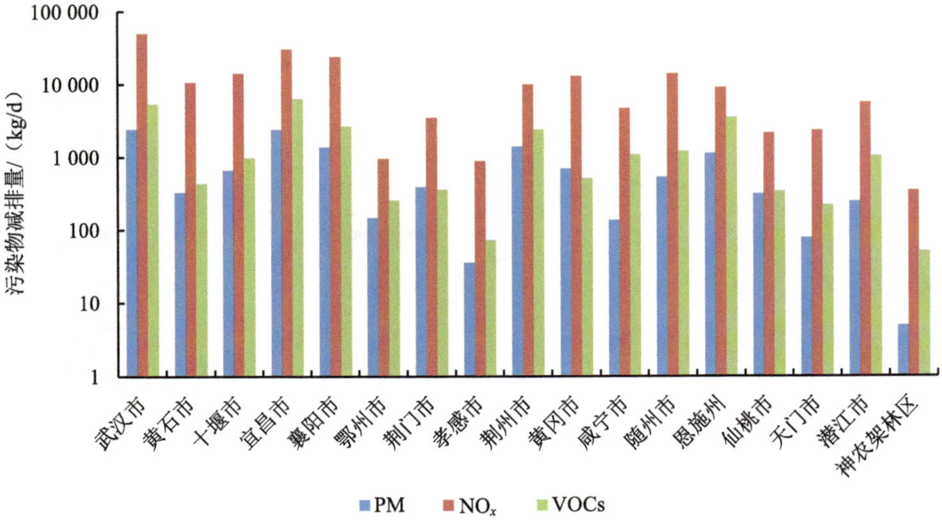

（b）橙色预警

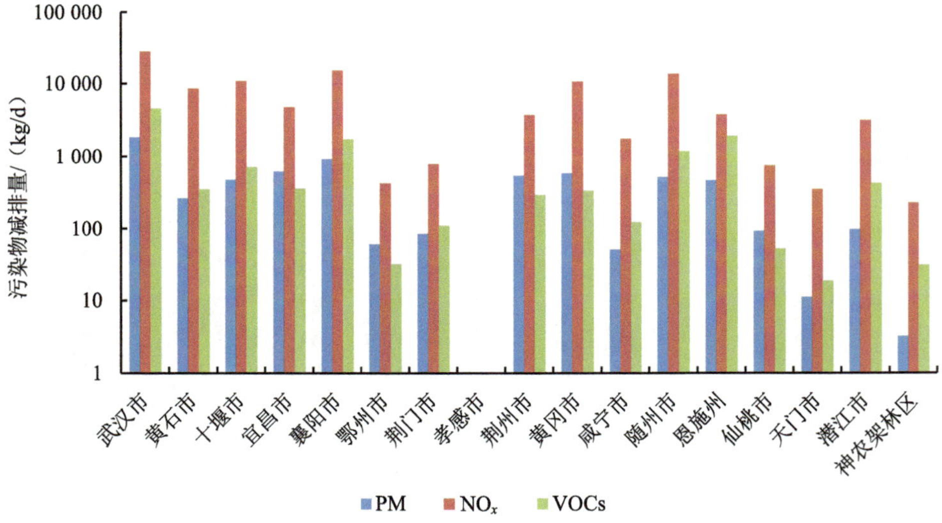

（c）黄色预警

图 7-9　湖北省 17 个重点城市移动源预警期间减排情况

7.2.3　扬尘源应急减排情况

目前，全省 17 个重点城市纳入重污染天气扬尘源应急减排清单的施工工地数量为 2 539 个，其中 13 个国考城市纳入重污染天气扬尘源应急减排清单的施工工地数量为 2 389 个。全省重污染天气扬尘源主要大气污染物排放及减排情况见表 7-4。13 个国考城市扬尘源 PM 的排放量在全省 17 个重点城市总排放量中占比 93.13%，是湖北省扬尘源 PM 的主要贡献城市。红色预警期间，全省 17 个重点城市扬尘源 PM 的减排比例为 77.96%；橙色预警期间，全省 17 个重点城市 PM 的减排比例为 51.75%；黄色预警期间，湖北省 17 个重点城市 PM 的减排比例为 41.01%。

表 7-4　湖北省重污染天气扬尘源应急减排情况　　单位：kg/d

污染物	17 个重点城市	13 个国考城市
PM 排放量	707 686.98	659 087.82
红色预警 PM 减排量	551 735.07	503 825.92
橙色预警 PM 减排量	366 229.87	325 867.79
黄色预警 PM 减排量	290 207.71	276 074.02

湖北省 17 个重点城市扬尘源在红色预警、橙色预警、黄色预警期间主要污染物的减排情况如图 7-10 所示。

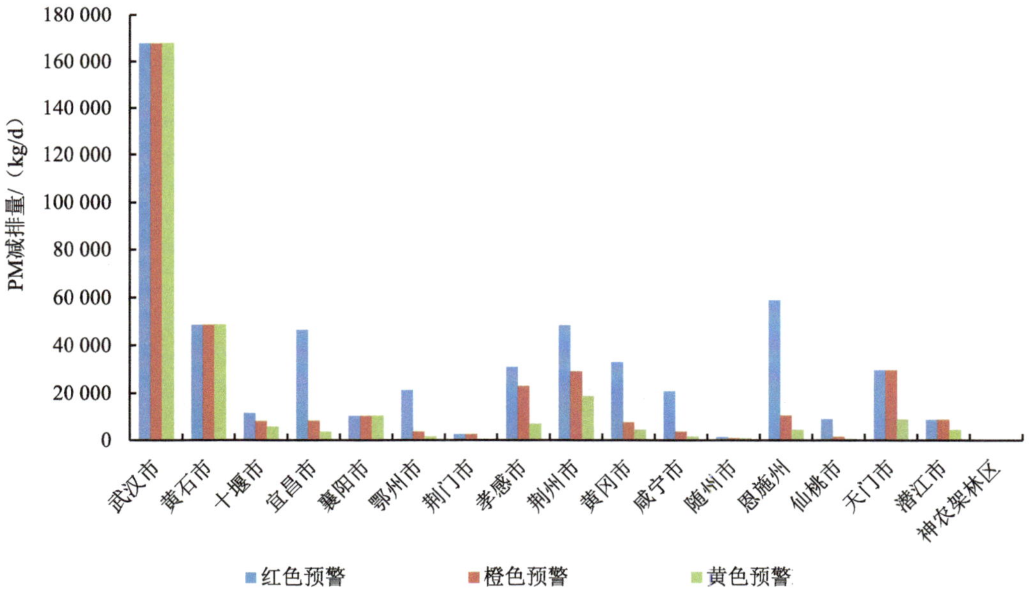

图 7-10　湖北省 17 个重点城市移动源不同级别预警 PM 减排情况

7.2.4　全社会减排情况

根据全省 17 个重点城市大气污染物基础排放清单，全省的 PM_{10} 年排放量为 652 777.68 t，$PM_{2.5}$ 的年排放量为 388 686.79 t，SO_2 的年排放量为 114 660.35 t，NO_x 的年排放量为

452 471.73 t，VOCs 的年排放量为 557 140.40 t。根据各城市重污染天气工业源、移动源和扬尘源应急减排清单，全省工业源、移动源和扬尘源主要大气污染物在不同级别预警期间的排放量和减排量如表 7-5 所示。红色预警期间，全省 17 个重点城市 PM、SO_2、NO_x 和 VOCs 的减排比例分别为 73.67%、47.48%、49.82%和 31.16%；橙色预警期间，全省 17 个重点城市 PM、SO_2、NO_x 和 VOCs 的减排比例分别为 59.30%、41.84%、36.56%和 27.04%；黄色预警期间，全省 17 个重点城市 PM、SO_2、NO_x 和 VOCs 的减排比例分别为 50.19%、26.19%、20.89%和 15.65%。

表 7-5 湖北省重污染天气大气污染物应急减排情况　　单位：kg/d

污染物		工业源	移动源	扬尘源	合　计
排放量	PM	1 143 844.14	42 339.04	707 686.98	1 893 870.16
	SO_2	294 175.45	—	—	294 175.45
	NO_x	522 150.25	604 152.42	—	1 126 302.68
	VOCs	975 371.29	130 695.55	—	1 106 066.84
红色预警减排量	PM	822 391.91	22 245.61	551 735.07	1 396 372.59
	SO_2	164 956.10	—	—	164 956.10
	NO_x	321 458.70	326 968.32	—	648 427.02
	VOCs	486 437.22	35 911.74	—	522 348.96
橙色预警减排量	PM	754 300.48	12 328.80	366 229.87	1 132 859.15
	SO_2	145 370.08	—	—	145 370.08
	NO_x	283 299.85	197 080.40	—	480 380.25
	VOCs	426 923.21	26 775.33	—	453 698.54
黄色预警减排量	PM	664 389.40	6 645.44	290 207.71	961 242.54
	SO_2	90 993.95	—	—	90 993.95
	NO_x	168 228.93	106 814.61	—	275 043.55
	VOCs	250 745.96	12 244.93	—	262 990.89

湖北省 17 个重点城市在红色预警、橙色预警、黄色预警期间主要污染物的减排比例汇总如图 7-11 所示。

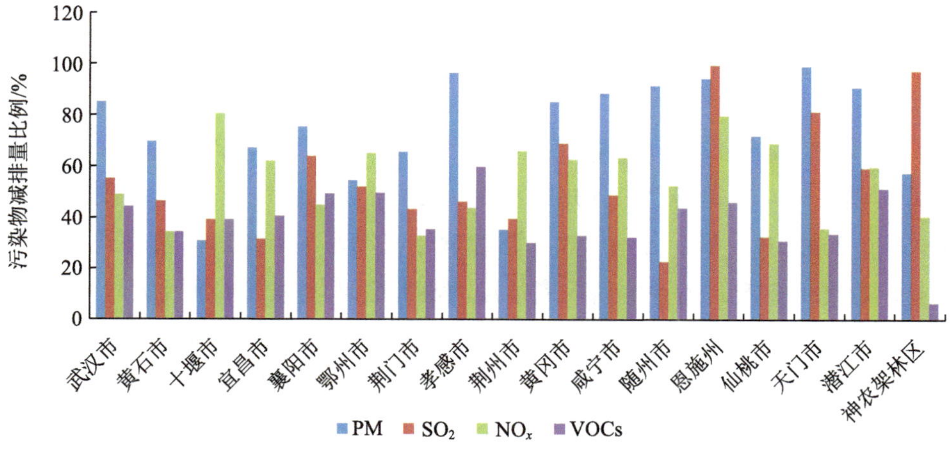

（a）红色预警

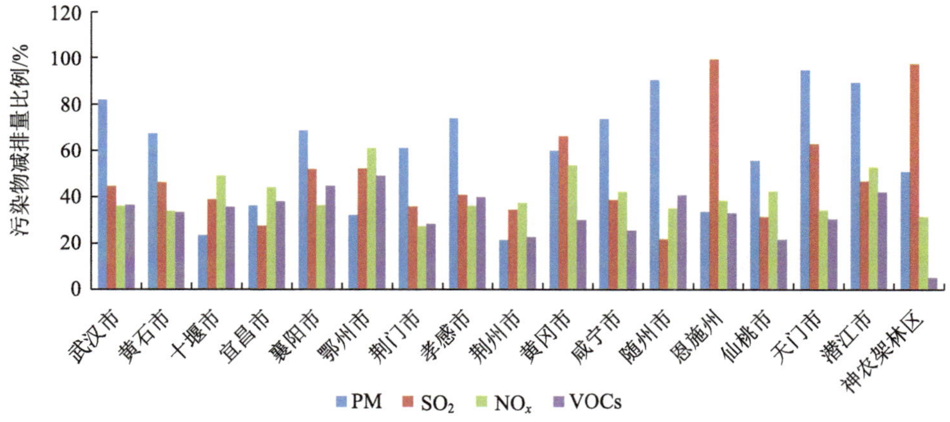

（b）橙色预警

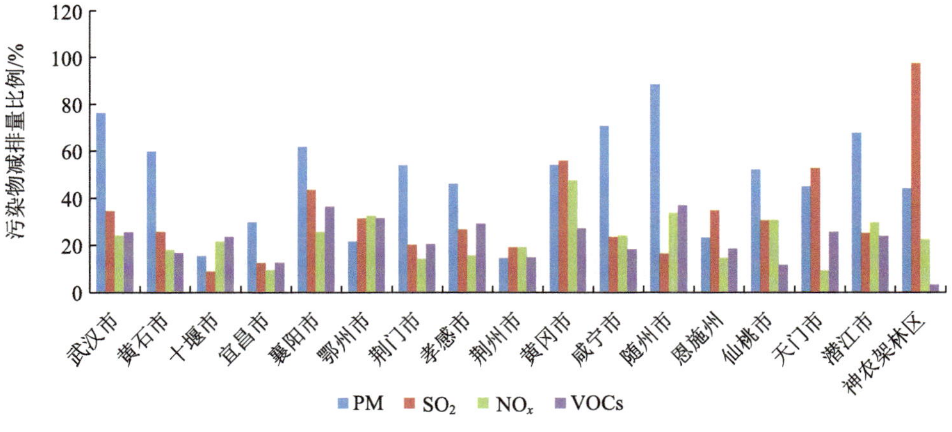

（c）黄色预警

图 7-11　湖北省 17 个重点城市主要大气污染物不同预警期间减排比例汇总

7.3 新冠疫情期间环境质量改善评估

2020 年 1 月，新冠疫情在湖北省大范围暴发，武汉市从 2020 年 1 月 23 日 10 时开始关闭离汉通道，湖北省其他市（州）自 1 月 24 日起陆续实施交通管制措施，离鄂通道全面关闭。3 月 10 日后，各市（州）陆续解除机动车限行禁行，离鄂通道逐步开启，部分企业开始复工复产。为评估新冠疫情期间湖北省环境空气质量及大气污染物排放变化情况，本研究开展了疫情管控期间的评估工作，根据湖北省疫情管控期间气象条件、污染物组分变化、污染源排放变化，开展了大气环境质量及污染源排放变化关系评估分析。

本研究基于新冠疫情管控前后天气系统和地面气象观测资料，分析了疫情管控期间湖北省污染气象条件的变化特征；基于疫情管控期间地面自动站的监测资料，开展了空气质量变化的评估，重点探讨了疫情前后湖北省空气质量与历史同期相比的变化及改善情况；基于超级站自动观测资料，评估了疫情前后重点城市 $PM_{2.5}$、VOCs 污染特征及来源变化；基于 2017 年大气污染物排放清单，综合 2020 年 1—3 月湖北省燃煤机组发电量、重点源在线监测、机动车管控措施等资料，评估了疫情管控期间湖北省污染源排放变化情况。在此基础上，利用空气质量数值模型开展了气象条件及减排措施对湖北省及武汉市空气质量的影响和改善效果评估。

7.3.1 典型城市大气源减排测算

本节选择武汉、襄阳、宜昌等城市开展大气源排放变化分析。

1. 武汉市

以武汉市为例，根据固定源、工业源及移动源排放情况，结合武汉市 2017 年度和 2018 年度大气污染物排放清单数据，开展了 1 月 23 日至 3 月 15 日武汉市大气源排放变化情况分析。将武汉市已安装在线监测的企业按照玻璃、钢铁、火电、焦化、石化、水泥和医废处置统一划分，通过在线监测数据汇总得到武汉市 2020 年 1 月 1 日至 3 月 15 日重点企业烟尘排放及 SO_2、NO_x 变化（图 7-12）。疫情管控期间，武汉市重点企业排放总量的降幅小于其他市（州），其中火电及水泥企业的排放出现明显降低，而水泥企业的停产主要与 2020 年错峰生产计划有关。2 月，武汉市钢铁企业排放的污染物较 1 月有所上升。

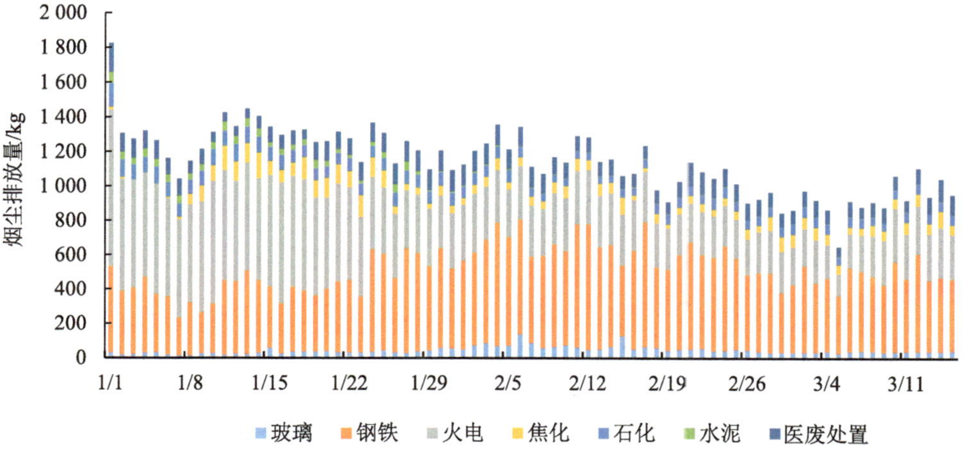

（a）烟尘

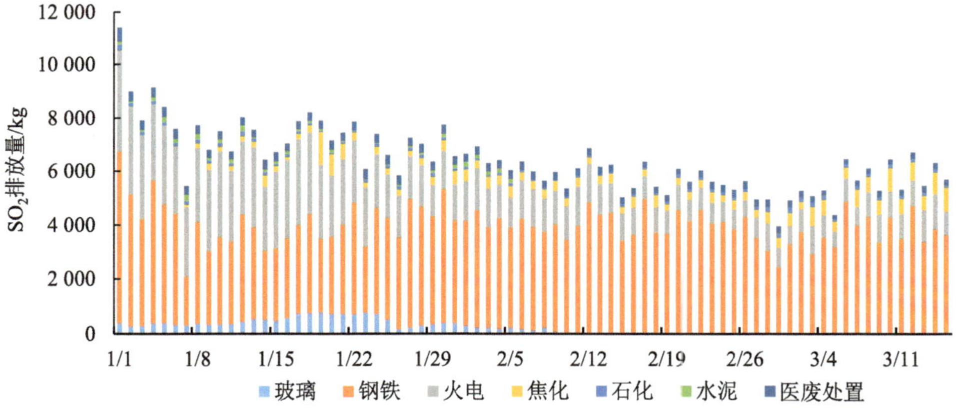

（b）SO_2

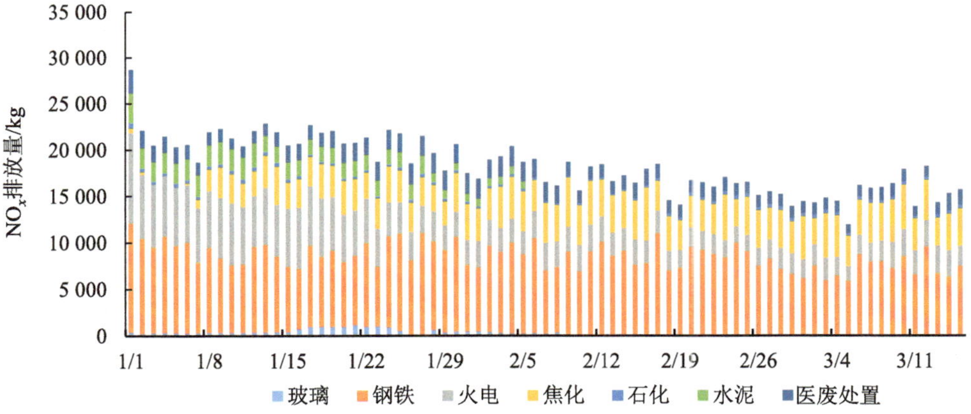

（c）NO_x

图 7-12　2020 年 1—3 月武汉市重点企业主要污染物排放变化趋势

根据重点企业在线监测和移动源减排结果，基于武汉市 2017 年大气污染物排放清单测算武汉市疫情管控期间主要污染物的排放量变化情况，2020 年 1 月 1 日至 3 月 15 日，武汉市共计排放 SO_2 1 308.9 t、NO_x 9 521.0 t、VOCs 22 679.3 t、PM_{10} 14 500.9 t、$PM_{2.5}$ 7 799.4 t。结合武汉市疫情防控工作推进情况来分析疫情期间污染物的排放变化，将 1 月 1 日至 3 月 15 日整个时间段划分为两个阶段：第一阶段为疫情管控前（2020 年 1 月 1—22 日），污染物排放量未见明显变化；第二阶段为疫情管控期（2020 年 1 月 23 日至 3 月 15 日），随着交通管制措施的加强，武汉市从 1 月 23 日开始进入管控期，1 月 23 日至 3 月 15 日，全市污染物排放处于 1—3 月最低水平，疫情管控期间 SO_2、NO_x、VOCs、PM_{10} 和 $PM_{2.5}$ 的日均排放量分别为 10 325.5 kg/d、49 909.7 kg/d、264 510.7 kg/d、128 056.0 kg/d 和 91 747.1 kg/d，较疫情管控前分别下降了 84.3%、88.1%、43.3%、66.6%和 40.0%。

2. 襄阳市

2020 年 1—3 月，湖北省污染源在线监控系统平台存在监测数据的企业包括短流程钢铁企业 1 家、电力企业 3 家、水泥企业 5 家、危险废物处置企业 2 家及其他行业企业 15 家，通过在线监测数据汇总得到襄阳市 1 月 1 日至 3 月 16 日重点企业烟尘、SO_2、NO_x 排放变化（图 7-13）。2020 年 1—3 月，襄阳市重点企业共计排放烟尘 33.2 t、SO_2 181.1 t、NO_x 511.8 t。1 月 24 日开始，襄阳市重点企业烟尘、SO_2 和 NO_x 的排放均较疫情管控前大幅下降，1 月 27 日随着交通管制措施的实施，3 项污染物的排放量进一步下降，并于 2 月 10 日前后降至 1—3 月最低水平。受到疫情影响，电力及水泥制造企业的排放波动较大；短流程炼钢企业武钢襄阳重型材料排放在 1 月 13 日降为零，说明该企业于疫情暴发前实施停产，总体受疫情影响较小。

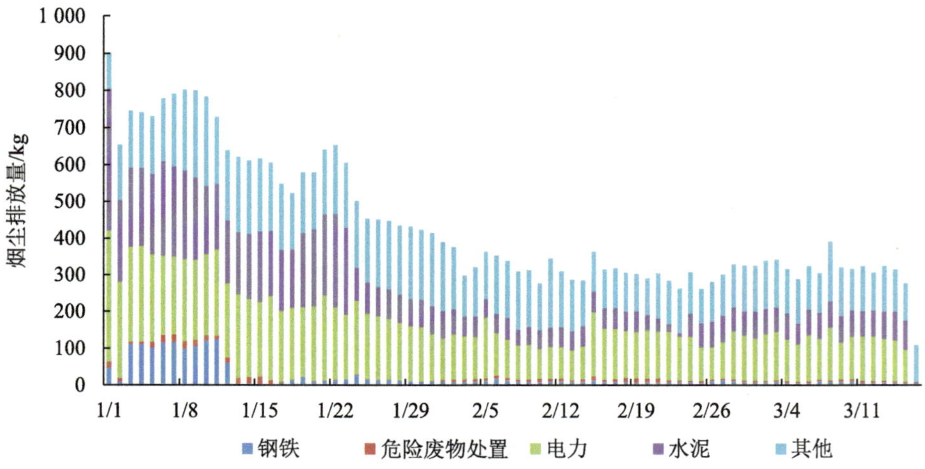

（a）烟尘

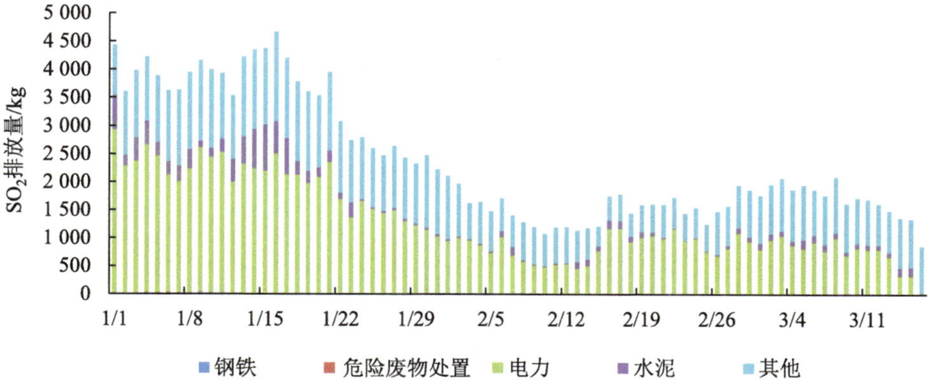

（b）SO_2

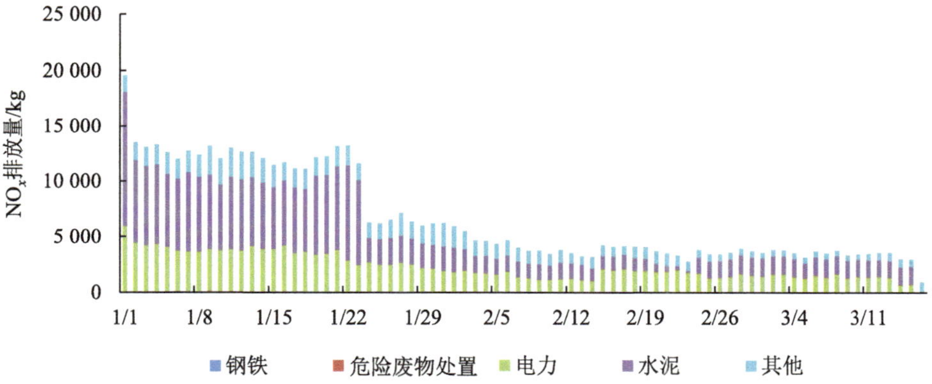

（c）NO_x

图 7-13　2020 年 1—3 月襄阳市重点企业主要污染物排放变化

综合重点企业在线监测和移动源减排结果，基于襄阳市 2017 年大气污染物排放清单测算襄阳市疫情管控期间主要污染物的排放量变化情况，结果见图 7-14。疫情管控前（2020 年 1 月 1—23 日），襄阳市 SO_2、NO_x、VOCs、$PM_{2.5}$ 的基准排放量分别为 150.0 t/d、166.4 t/d、157.3 t/d、332.7 t/d。1 月 24 日，襄阳市开始落实疫情防控要求，人员流动减少，施工工地、工业企业陆续停工停产，主要大气污染物排放量开始下降，随着管控措施的日益严格，部分工业企业在 2 月 20 日前后开始进一步停工、减产，移动源活动水平也进一步下降。2 月 25 日，由于襄阳市的重点企业，包括泽东化工、嘉施利等化工企业逐渐恢复正常生产，本地各类污染物的排放出现小幅上升。3 月 11 日，华电襄阳发电厂 $6^{\#}$机组停机，12 日 SO_2、NO_x 排放有所下降。经测算，疫情管控期间，襄阳市 SO_2、NO_x、VOCs、$PM_{2.5}$ 的日均排放量分别为 52.1 t、37.9 t、63.8 t、104.0 t，分别较疫情管控前下降 65.3%、77.2%、59.4%、68.7%。

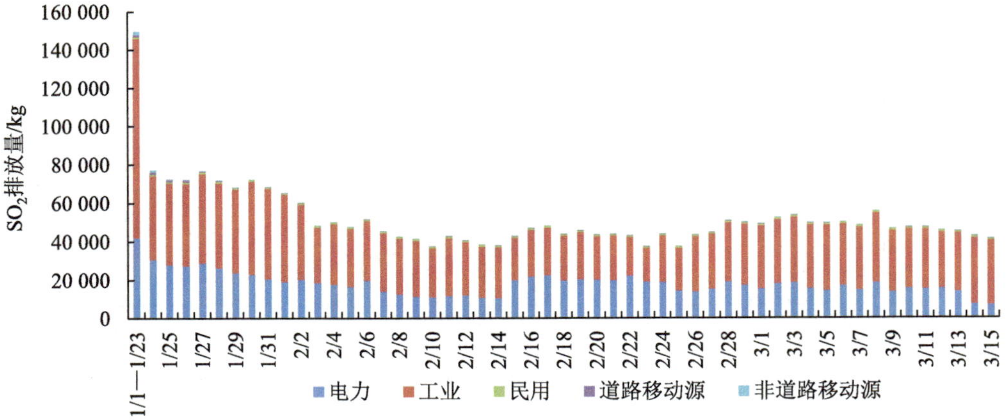

（a）SO_2

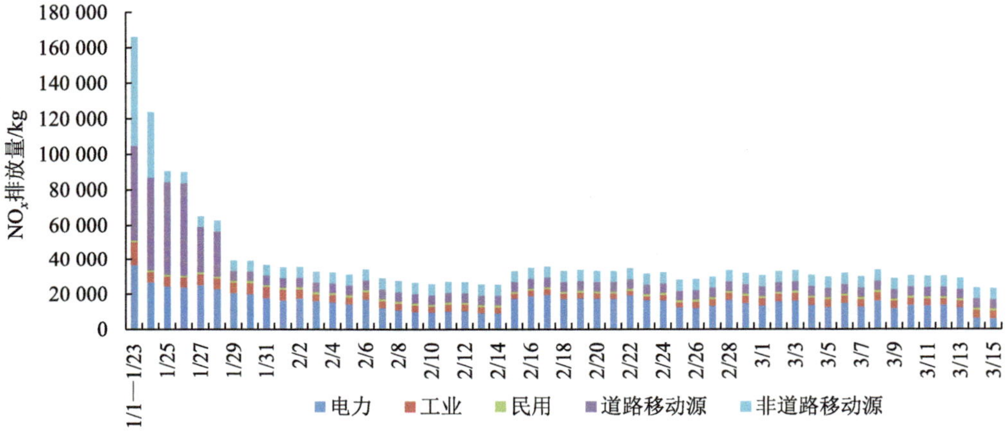

（b）NO_x

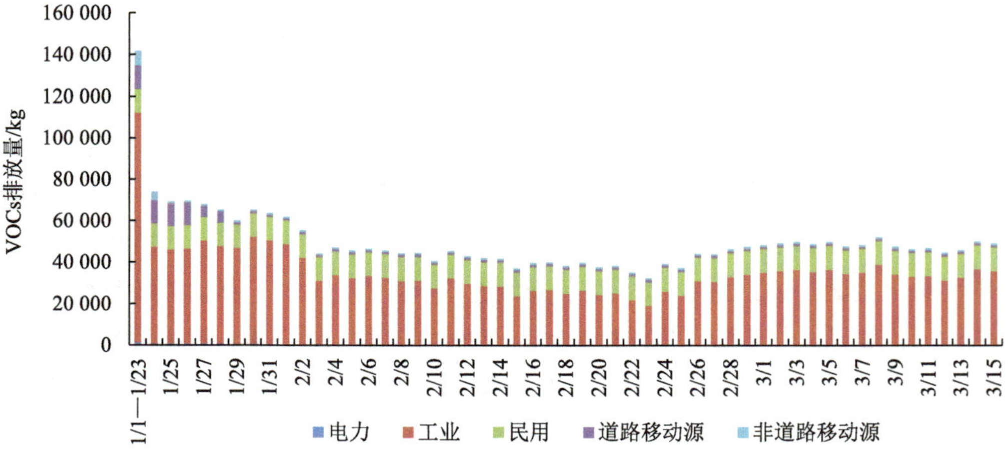

（c）VOCs

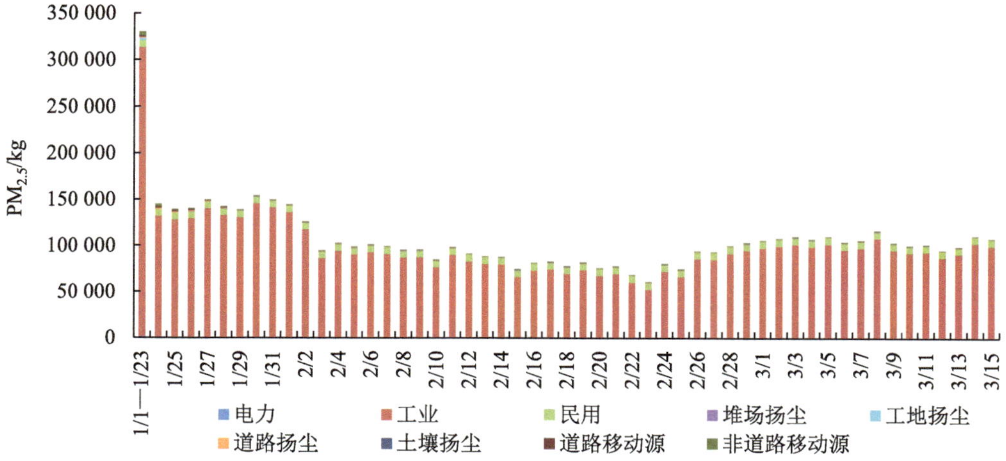

（d）$PM_{2.5}$

图 7-14　疫情管控期间襄阳市主要污染物排放变化

3. 宜昌市

2020 年 1—3 月，湖北省污染源在线监控系统平台存在监测数据的宜昌市企业包括短流程钢铁企业 1 家、火电企业 4 家、水泥企业 7 家、平板玻璃企业 1 家、陶瓷企业 8 家、化工企业 11 家及再生资源利用企业 1 家，通过在线监测数据汇总得到宜昌市 2020 年 1 月 1 日至 3 月 14 日上述重点企业烟尘、SO_2、NO_x 排放趋势变化（图 7-15）。新冠疫情发生后，烟尘和 NO_x 排放较疫情前大幅下降，明显拐点在 1 月 22 日出现。随着交通管制措施的实施，三项污染物排放量持续下降，并在 2 月 11 日前后降至疫情管控期间最低水平。3 月 1 日后，污染物排放量开始上升，说明部分企业逐步恢复生产。

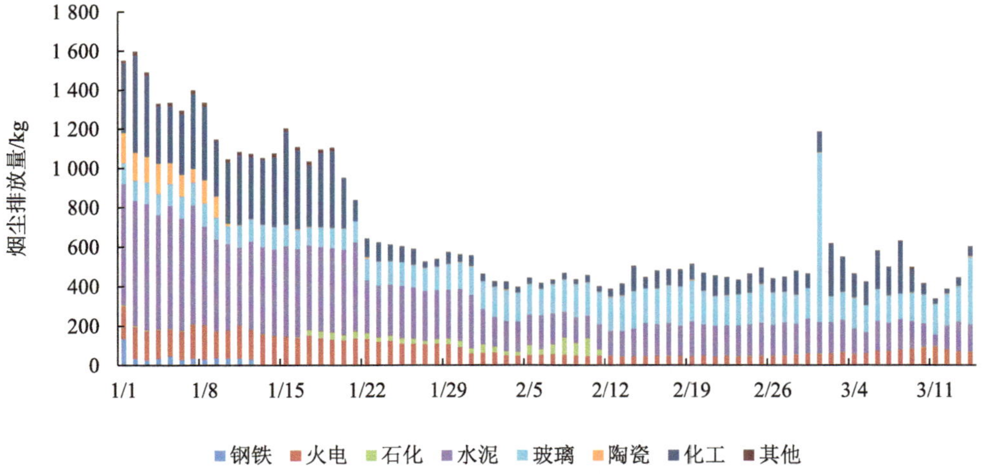

（a）烟尘

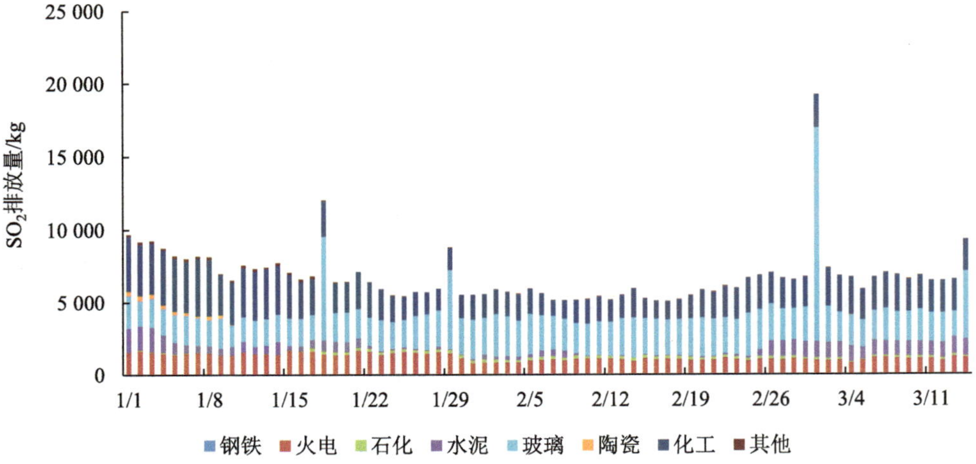

（b）SO_2

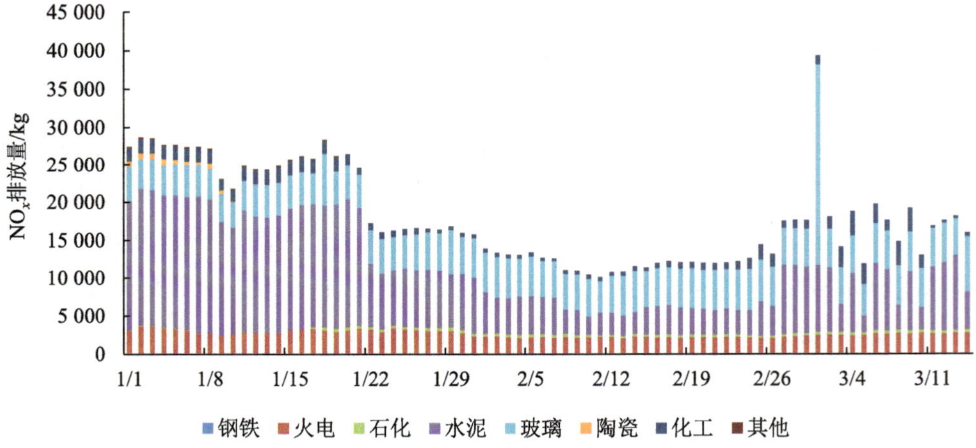

（c）NO_x

图 7-15　2020 年 1—3 月宜昌市重点企业主要污染物排放变化

从 1 月 1 日开始，宜昌市重点企业的烟尘、SO_2、NO_x 排放均呈下降趋势，1 月 29 日 SO_2 排放突然升高，3 月 1 日三项污染物排放均突然升高，这主要是由宜昌市平板玻璃制造企业三峡新型建材排放突然增加所致。1—3 月，污染物排放量波动较大的企业为水泥制造企业和化工企业，火电厂污染物排放量降幅较小，平板玻璃企业在疫情期间排放量出现小幅上升，陶瓷、钢铁企业在疫情发展前期（1 月 10 日和 1 月 12 日）均已停产。

根据重点企业在线监测和移动源减排结果，基于宜昌市 2017 年大气污染物排放清单测算宜昌市疫情管控期间主要污染物的排放量变化情况。2020 年 1—3 月，宜昌市 SO_2、NO_x 和 PM 排放总量分别为 403.3 t、3 900.2 t 和 1 561.3 t，其中宜昌市疫情管控前（2020 年 1 月 1—24 日）的 SO_2、NO_x 和 PM 排放总量分别为 165.7 t、2 699.8 t 和 1 497.1 t，疫情管控期间（2020 年 1 月 25 日至 3 月 10 日）的 SO_2、NO_x 和 PM 排放总量分别为 213.8 t、990.5 t 和 53.0 t。从日均排放情况来看，宜昌市疫情管控前 SO_2、NO_x 和 PM 的日均排放量分别为 6 902.8 kg、112 493.3 kg 和 62 377.6 kg，疫情管控期间 SO_2、NO_x 和 PM 的日均排放量分别为 4 648.9 kg、21 532.7 kg 和 1 153.2 kg，污染物较疫情管控前期均有较大幅度的下降，下降比例分别为 32.7%、80.9%和 98.2%。

7.3.2　区域减排对空气质量改善的效果评估

为了研究新冠疫情期间气象条件变化及污染物减排对区域环境空气质量的影响，本研究设计了不同情景的 WRF-Chem 环境空气质量模式模拟方案，对 1 月 24 日至 3 月 29 日（疫情期间）气象场和污染物浓度进行模拟（表 7-6）。方案 1 使用的是 2019 年的气象场及减排前的污染物排放清单，方案 2 使用的是 2020 年的气象场及减排前的污染物排放清单，方案 3 使用的是 2020 年的气象场和减排后的污染物排放清单。利用方案 2 的结果减去方案 1 的结果，可以研究气象场的改变对污染物浓度的影响；利用方案 3 的结果减去方案 2 的结果，可以研究减排管控措施对污染物浓度的影响；利用方案 3 的结果减去方案 1 的结果，可以研究气象场及减排管控措施对污染物浓度的影响。

表 7-6　WRF-Chem 数值模拟方案

方案	气象场	污染源
方案 1	2019 年	减排前
方案 2	2020 年	减排前
方案 3	2020 年	减排后

7.3.3　改善效果总体评估

综合气象条件及污染物减排的共同作用，本研究对 2020 年新冠疫情期间环境空气质量的改善效果进行了总体评估。气象条件和污染物减排对武汉市 $PM_{2.5}$ 和 O_3 浓度的影响如图 7-16 所示。疫情管控期间，武汉市 $PM_{2.5}$ 浓度有较为明显的下降，$PM_{2.5}$ 平均浓度下降均为污染物减排所致，气象条件对 $PM_{2.5}$ 降低有负贡献；对 O_3 而言，气象条件和污染物减排使 O_3 浓度有微弱的上升，减排对 O_3 平均浓度上升的贡献占比为 53%，气象条件改变对 O_3 平均浓度上升的贡献占比为 47%。

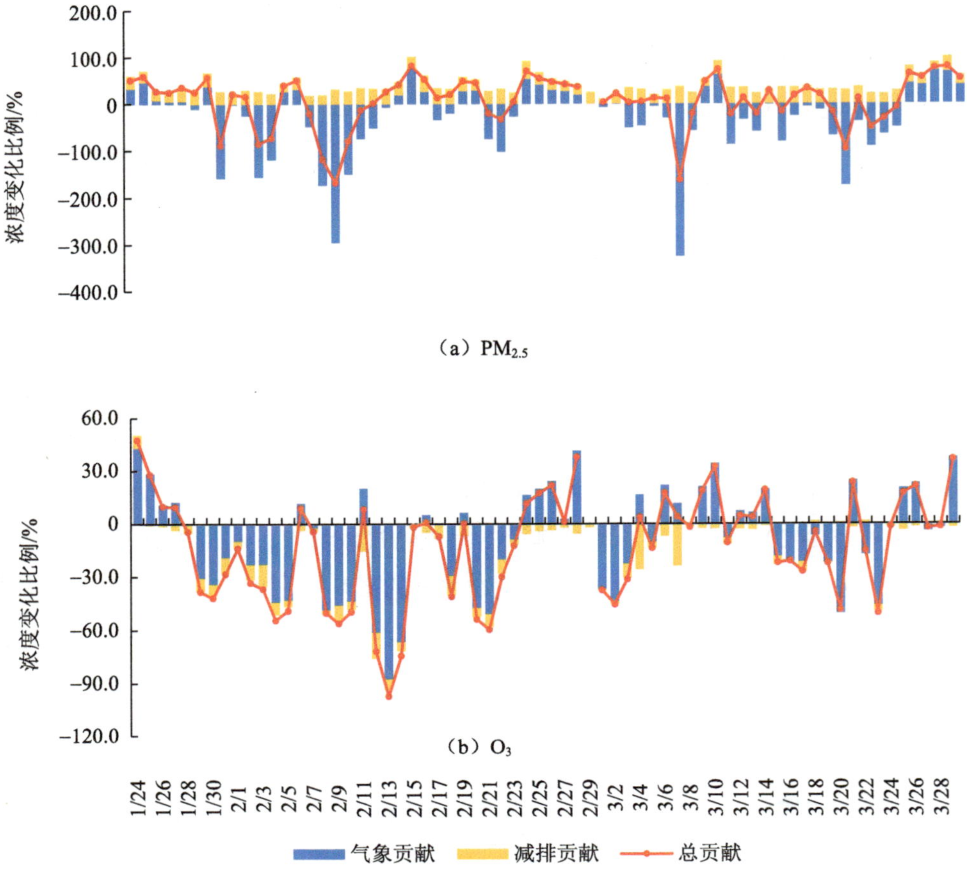

图 7-16 新冠疫情期间气象场和减排措施对武汉市主要污染物浓度的影响

7.4 秋冬季强化驻点帮扶

为坚决打好污染防治攻坚战，湖北省生态环境厅充分借鉴生态环境部“2+26”及汾渭平原城市强化监督定点帮扶工作和武汉军运会环境质量执法保障的经验，统筹全厅系统力量，于 2019 年 11 月至 2020 年 1 月启动了对省内环境问题突出的市（州）的 3 轮次定点帮扶暨驻点执法工作。在大气污染防治方面，以重点高架源环境守法情况、国控站点周边的重要影响源点管控情况、大气污染防治重要专项任务落实情况、重污染天气应对情况、移动源环保监管情况 5 个方面为重点。为全力配合省厅开展驻点帮扶工作，基于二污普成果和大气污染物排放清单为现场监督帮扶人员制定了 3 轮次 11 批次近 3 000 个涉气点位的现场检查清单，污染源类别覆盖工业源、移动源、扬尘源、餐饮油烟、加油站、国省道、物流源等。

第8章

排放清单与二污普成果对比

根据《全国污染源普查条例》和《国务院关于开展第二次全国污染源普查的通知》(国发〔2016〕59号)及《湖北省人民政府关于开展第二次污染源普查的通知》(鄂政电〔2017〕8号)要求,湖北省组织开展了第二次污染源普查。普查的标准时点为2017年12月31日,时期资料为2017年度资料,普查对象为全省范围内排放污染物的工业源、农业源、生活源、集中式污染治理设施和移动源。

8.1 二污普排放结果

二污普成果(截止时间为2020年6月)如图8-1和表8-1所示。

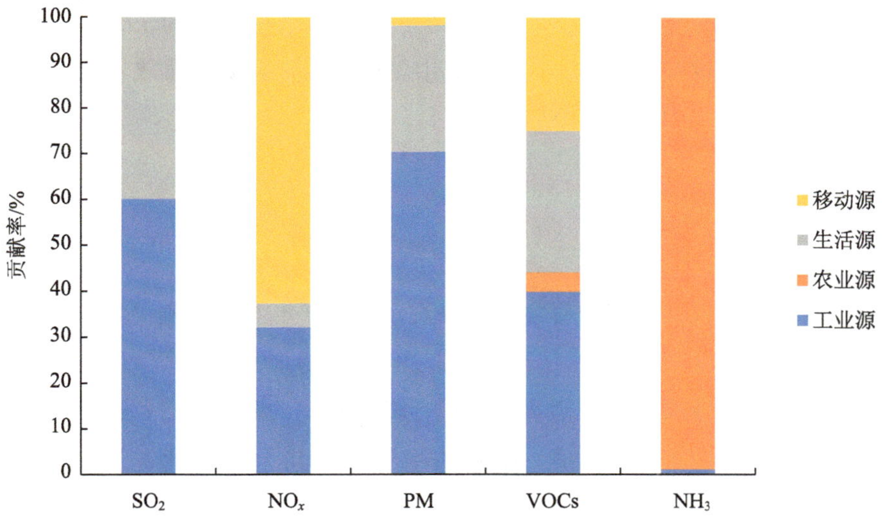

图8-1 2017年湖北省二污普污染物排放源项贡献率

表 8-1　2017 年湖北省二污普废气排放情况

源项	废气排放量/亿 m^3	SO_2 排放量/万 t	NO_x 排放量/万 t	PM 排放量/万 t	VOCs 排放量/万 t	NH_3 排放量/万 t
工业源	29 627.3	10.9	15.8	34.1	12.3	0.4
农业源					1.3	33.4
生活源		7.2	2.5	13.5	9.5	
移动源			30.6	0.8	7.7	
集中式	89.8					
合　计	29 717.2	18.1	49.0	48.3	30.8	33.8

注：集中式即集中式污染治理设施。

2017 年湖北省废气排放量达到 29 717.2 亿 m^3，其中工业源废气排放量为 29 627.3 亿 m^3，集中式污染治理设施废气排放量为 89.8 亿 m^3；全省 SO_2 排放总量为 18.1 万 t，其中工业源、生活源的排放量分别为 10.9 万 t 和 7.2 万 t，贡献率分别为 60.2%和 39.8%；全省 NO_x 排放总量为 49.0 万 t，其中工业源、生活源和移动源的排放量分别为 15.8 万 t、2.5 万 t 和 30.6 万 t，贡献率分别为 32.2%、5.1%和 62.4%；全省 PM 排放总量为 48.3 万 t，其中工业源、生活源和移动源的排放量分别为 34.1 万 t、13.5 万 t 和 0.8 万 t，贡献率分别为 70.6%、28.0%和 1.7%；全省 VOCs 排放总量为 30.8 万 t，其中工业源、农业源、生活源和移动源的排放量分别为 12.3 万 t、1.3 万 t、9.5 万 t 和 7.7 万 t，贡献率分别为 39.9%、4.2%、30.8%和 25.0%；全省 NH_3 排放总量为 33.8 万 t，其中工业源、农业源的排放量分别为 0.4 万 t、33.4 万 t，贡献率分别为 1.2%、98.8%。

8.2　总量对比

基于湖北省二污普成果获得全省主要污染源活动水平数据，根据《城市大气污染物排放清单编制技术手册》规定的方法，计算得到 2017 年湖北省各类大气污染物排放情况，为了便于项目建立的排放清单与二污普结果进行横向对比，将排放清单计算的污染物排放量按照二污普的源项进行了重新分类，结果见表 8-2。2017 年，湖北省工业源 SO_2、NO_x、CO、VOCs、NH_3、PM_{10}、$PM_{2.5}$ 的排放量分别为 16.3 万 t、20.5 万 t、225.6 万 t、27.3 万 t、1.5 万 t、34.5 万 t、22.3 万 t，分别占全省各项污染物排放总量的 88.6%、35.8%、73.4%、46.8%、4.8%、50.2%、63.5%，是各项污染物的主要贡献来源；农业源 NH_3 排放量为 27.2 万 t，占全省 NH_3 排放总量的 86.3%；生活源 SO_2、NO_x、CO、VOCs、NH_3、PM_{10}、$PM_{2.5}$、BC、OC 的排放量分别为 0.9 万 t、1.4 万 t、40.5 万 t、21.6 万 t、2.4 万 t、4.2 万 t、

3.7 万 t、0.8 万 t、2.1 万 t，分别占全省各项污染物排放总量的 4.9%、2.4%、13.2%、37.0%、7.6%、6.1%、10.5%、29.6%、51.2%，是 OC 的主要贡献来源；移动源 NO_x 排放量为 35.3 万 t，占全省 NO_x 排放总量的 61.7%，是 NO_x 最主要的排放源；扬尘源 PM_{10} 和 $PM_{2.5}$ 的排放量分别为 28.0 万 t 和 7.2 万 t，分别占全省排放总量的 40.8%和 20.5%。

表 8-2　2017 年湖北省排放清单污染物排放结果　　单位：万 t

源项	SO_2	NO_x	CO	VOCs	NH_3	PM_{10}	$PM_{2.5}$	BC	OC
工业源	16.3	20.5	225.6	27.3	1.5	34.5	22.3	1.0	1.7
农业源	0	0	0	0	27.2	0	0	0	0
生活源	0.9	1.4	40.5	21.6	2.4	4.2	3.7	0.8	2.1
移动源	1.2	35.3	41.2	9.4	0.4	1.9	2.0	1.0	0.3
扬尘源	0	0	0	0	0	28.0	7.2	0	0
合　计	18.4	57.2	307.2	58.3	31.5	68.7	35.1	2.7	4.1

图 8-2 给出了二污普和排放清单 SO_2、NO_x、VOCs 和 NH_3 排放量的对比情况。从总量上看，排放清单 SO_2、NO_x、VOCs 的排放量分别较二污普排放结果高 1.8%、16.8%、61.4%，但 NH_3 排放量较二污普低 6.7%，二者在 VOCs 的测算上存在显著差异。

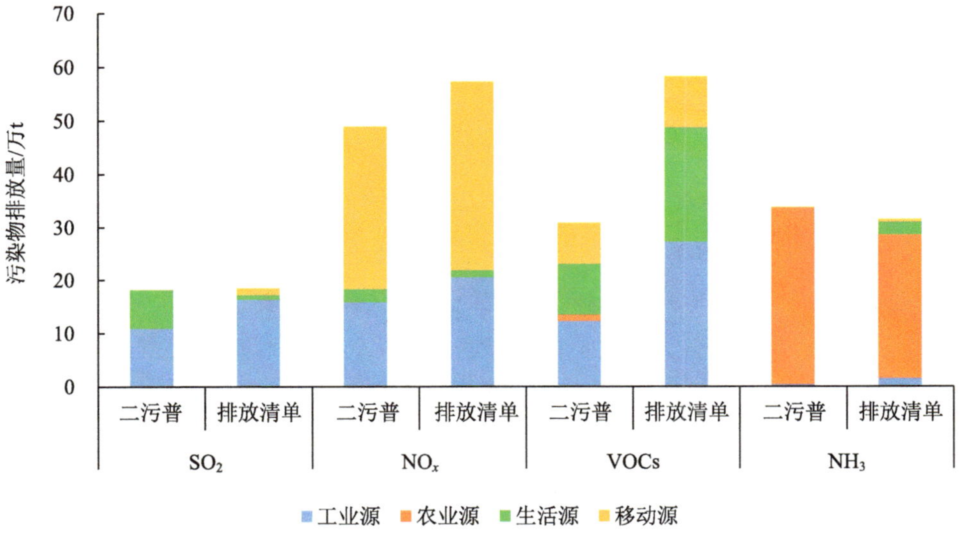

图 8-2　二污普与排放清单污染物排放量对比

从不同源项的排放结果来看，对于 SO_2，虽然二者总量上差别不大，但源项贡献差异明显，排放清单的工业源排放量（16.3 万 t）较二污普（10.9 万 t）高 5.4 万 t，生活源排放量（0.9 万 t）较二污普（7.2 万 t）低 6.3 万 t，这可能是由二者在计算污染物排放时的活动水平存在较大差异导致的。另外，排放清单结果中 2017 年移动源的 SO_2 排放量达到 1.2 万 t，但二污普结果中移动源的 SO_2 排放结果为零。对于 NO_x，二者源项贡献差异不大，排放清单的工业源排放量较二污普高 4.7 万 t，生活源排放量较二污普低 1.1 万 t，移动源排放量较二污普高 4.7 万 t，从而导致排放清单总量较二污普高 8.2 万 t。

对于 VOCs，排放清单的排放量（58.3 万 t）是二污普（30.8 万 t）的 1.9 倍，存在显著差异，主要原因在于二者工业源 VOCs 排放的计算结果不同，排放清单工业源的 VOCs 排放量为 27.3 万 t，是二污普（12.3 万 t）的 2.2 倍。从源项贡献上看，排放清单结果中工业源 VOCs 的排放量占全省总量的 46.8%，而二污普工业源的 VOCs 排放量仅占总量的 39.9%。另外，由于排放清单结果中包含了汽修、干洗、餐饮油烟等二污普中并不涵盖的生活源 VOCs 源项，导致排放清单生活源的 VOCs 排放量（21.6 万 t）较二污普（9.5 万 t）高 127.4%。排放清单移动源的 VOCs 排放量也较二污普高 22.4%。

对于 NH_3，排放清单的计算结果略低于二污普，主要差异来自排放清单中农业源 NH_3 的排放结果较二污普偏低，考虑到排放清单计算中农业源活动水平均来自二污普，因此造成二者存在显著差异的原因可能在于计算方法的不同。排放清单中 2017 年工业源的 NH_3 排放量为 1.5 万 t，较二污普高 1.1 万 t。另外，二污普中生活源和移动源无 NH_3 排放，但排放清单中生活源和移动源的 NH_3 排放量分别为 2.4 万 t 和 0.4 万 t。

由于二污普中未计算 PM_{10} 和 $PM_{2.5}$ 的排放情况，仅有 PM 排放总量，因此未对 PM 的排放结果展开对比。

8.3 城市排放对比

进一步对比二污普和排放清单中湖北省各市（州）的污染物排放情况，其结果见表 8-3。可以发现，二者在湖北省 SO_2、NO_x、NH_3 排放总量差异不大的情况下，不同城市的污染物排放存在显著差别（图 8-3）。从排放对比结果可以看出，各市（州）排放清单的 NO_x 和 PM 排放普遍高于二污普，VOCs 排放显著高于二污普，而除襄阳市、荆门市、咸宁市、天门市外，排放清单中其他市（州）的 SO_2 排放普遍低于二污普，主要是因为工业过程源的排放计算有差异，其中襄阳市、荆门市存在较多的硫酸制造、磷肥制造企业，而在《城市大气污染物排放清单编制技术手册》中针对这两个行业给出的 SO_2 排放系数较高。排放清单和二污普各市（州）的 NH_3 排放结果较为相近。

表 8-3　二污普与排放清单中湖北省各市（州）污染物排放结果对比　　单位：万 t

省市州	SO_2 排放量		NO_x 排放量		VOCs 排放量		NH_3 排放量		PM 排放量		
	二污普	排放清单	二污普	排放清单	二污普	排放清单	二污普	排放清单	二污普	排放清单-PM_{10}	排放清单-$PM_{2.5}$
湖北省	18.1	18.4	49.0	57.2	30.8	58.3	33.8	31.5	48.3	68.7	35.1
武汉市	3.6	2.4	9.9	15.3	6.8	16.9	1.6	1.4	5.4	14.0	5.6
黄石市	2.1	1.5	3.3	3.6	1.3	2.7	0.8	0.7	5.1	6.1	2.9
十堰市	0.6	1.0	1.9	2.0	1.4	3.5	1.5	2.1	2.1	2.2	1.2
宜昌市	1.9	0.9	4.1	5.0	3.4	4.7	3.2	3.3	4.9	5.0	2.4
襄阳市	1.6	5.5	6.0	6.1	2.5	5.5	4.1	2.9	4.6	10.9	9.1
鄂州市	1.0	0.8	1.4	1.8	0.6	1.6	0.5	0.3	4.0	2.2	1.0
荆门市	1.3	2.5	4.0	2.7	1.5	3.6	2.7	3.8	3.3	3.5	2.0
孝感市	0.9	0.6	2.3	1.9	2.1	2.4	2.5	1.6	2.4	2.6	1.3
荆州市	1.3	0.7	3.6	8.2	2.7	6.2	4.5	4.0	3.3	5.3	2.8
黄冈市	1.3	0.7	3.4	3.1	3.2	3.3	4.1	2.6	4.3	4.4	2.2
咸宁市	0.7	0.9	2.1	2.1	1.0	2.3	1.7	1.0	2.6	2.3	1.2
随州市	0.3	0.1	2.3	1.6	0.9	1.2	1.3	1.2	1.2	2.4	0.6
恩施州	0.6	0.2	2.1	2.0	1.3	1.3	2.8	4.4	3.0	2.5	0.7
仙桃市	0.3	0.2	0.7	0.8	0.6	1.3	0.8	0.3	0.5	1.4	0.9
潜江市	0.4	0.3	0.9	0.7	0.8	1.0	0.6	0.8	0.8	1.1	0.5
天门市	0.1	0.1	0.7	0.3	0.6	0.5	0.9	1.2	0.7	1.1	0.4
神农架林区	0	0	0.1	0	0	0.1	0	0	0.1	1.9	0.3

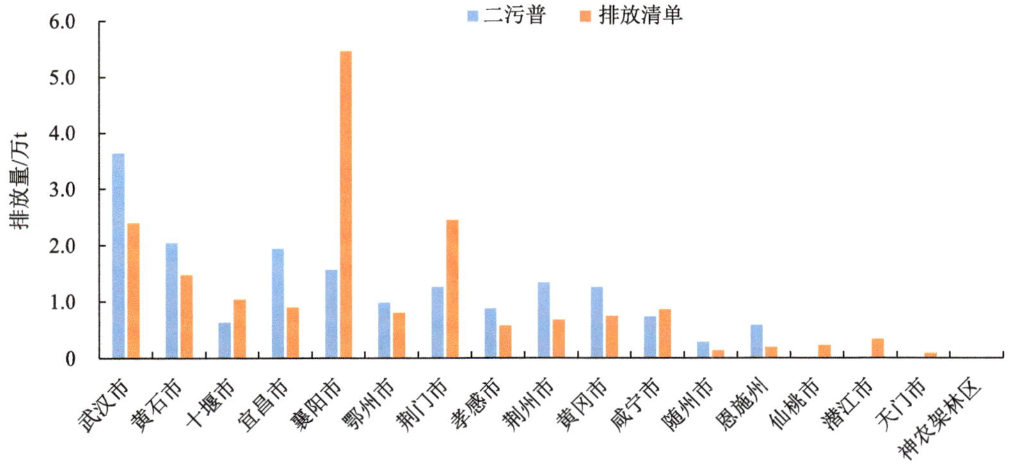

（a）SO_2

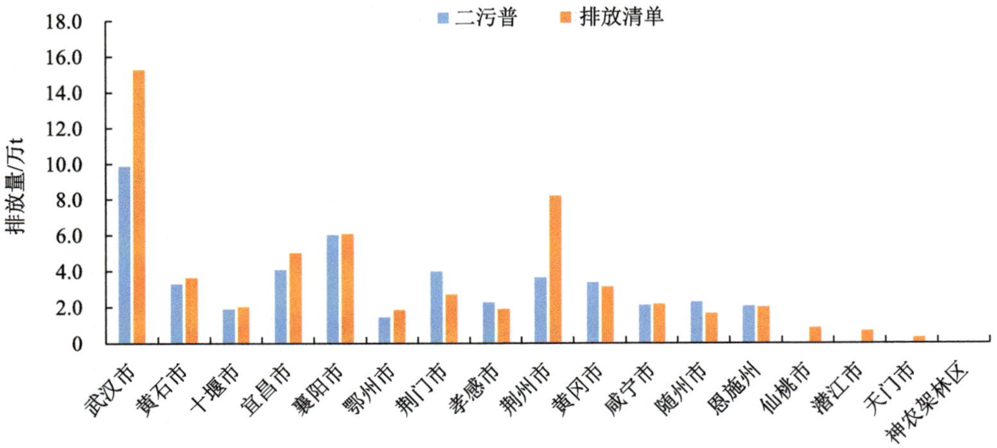

（b）NO_x

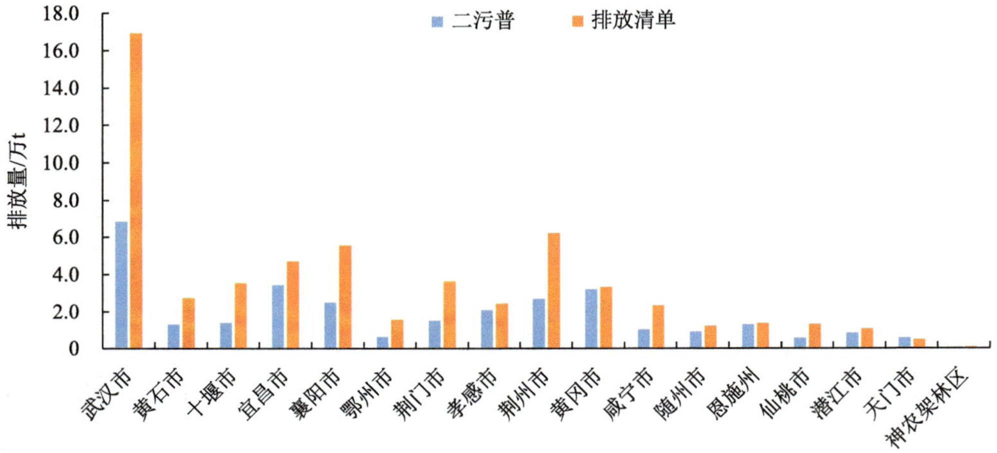

（c）VOCs

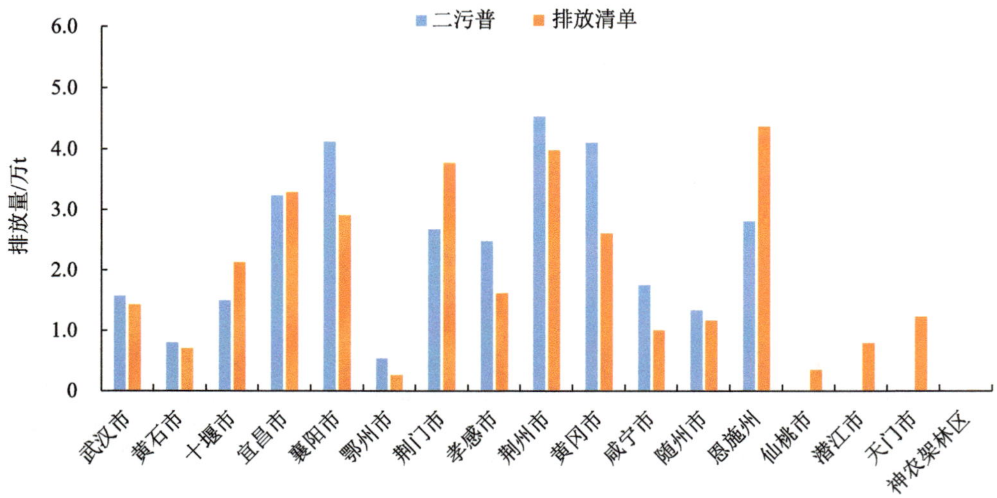

（d）NH_3

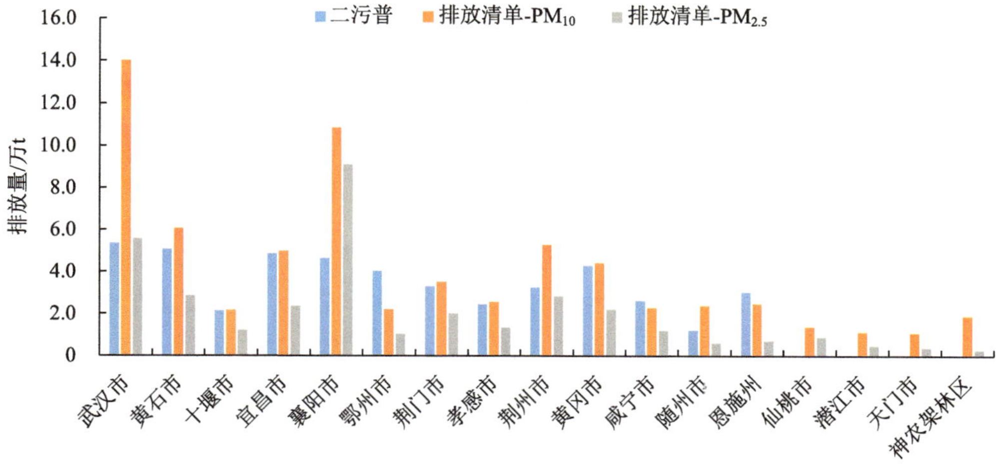

（e）PM

图 8-3 湖北省各市（州）二污普和排放清单主要污染物排放量对比

排放清单和二污普计算的武汉市污染物存在显著差异。排放清单的 SO_2、NO_x、VOCs 和 NH_3 排放量分别为 2.4 万 t、15.3 万 t、16.9 万 t 和 1.4 万 t，分别较二污普低 34.1%、高 54.5%、高 147.8%和低 9.0%。造成排放清单 SO_2 较低的原因可能是在进行民用燃烧源中散煤燃烧调查时获取的活动水平偏低，导致排放清单中化石燃料固定燃烧源的 SO_2 排放存在一定低估，这也是黄石市、宜昌市、荆州市、鄂州市、随州市、恩施州等地区排放清单 SO_2 低于二污普的主要原因。而排放清单的 NO_x 排放量显著高于二污普，这主要是因为二者的移动源排放结果差异较大，二污普中计算的船舶大气污染物排放系数显著低于排放清单，因此存在黄石市、宜昌市、荆州市、鄂州市排放清单中船舶排放的 NO_x 均高于二污普。

武汉市二污普的 VOCs 排放量仅为 6.8 万 t，显著低于排放清单计算结果，这可能是因为二污普对工业源的 VOCs 排放存在显著低估。另外，十堰市、宜昌市、襄阳市、鄂州市、荆门市、荆州市和咸宁市的排放清单中的 VOCs 排放量较二污普分别高出 192.9%、307.0%、130.8%、222.8%、290.3%、283.7%和 126.1%，神农架林区的 VOCs 排放量也较二污普高出 76.7%。

排放清单中武汉市的 PM_{10} 和 $PM_{2.5}$ 排放量分别为 10.4 万 t 和 5.6 万 t，而二污普的 PM 排放量仅为 5.4 万 t。对于襄阳市，排放清单的 PM_{10} 和 $PM_{2.5}$ 排放量分别为 10.9 万 t 和 9.1 万 t，而二污普的 PM 排放仅为 4.6 万 t，这主要是因为二污普中并未计算施工扬尘和道路扬尘排放，而排放清单中这两项是 PM 的最大贡献来源。但是，鄂州市、咸宁市、恩施州、潜江市排放清单的 PM 排放量低于二污普。

8.4 行业排放对比

对比排放清单和二污普计算出来的 2017 年湖北省工业源分行业 SO_2、NO_x、VOCs 和 PM 排放（图 8-4～图 8-7 和表 8-4），除 VOCs 外，其他行业污染物排放分担率较为相近。二污普和排放清单结果均显示，2017 年湖北省工业源 SO_2 主要来自非金属矿物制品业、化学原料和化学制品制造业，以及电力、热力生产和供应业，其中非金属矿物制品业的 SO_2 主要为水泥、平板玻璃制造、石灰和砖瓦企业排放，化学原料和化学制品制造业的 SO_2 主要为硫酸、化肥制造企业排放，电力、热力生产和供应业的 SO_2 主要为火电厂和企业工业锅炉排放。

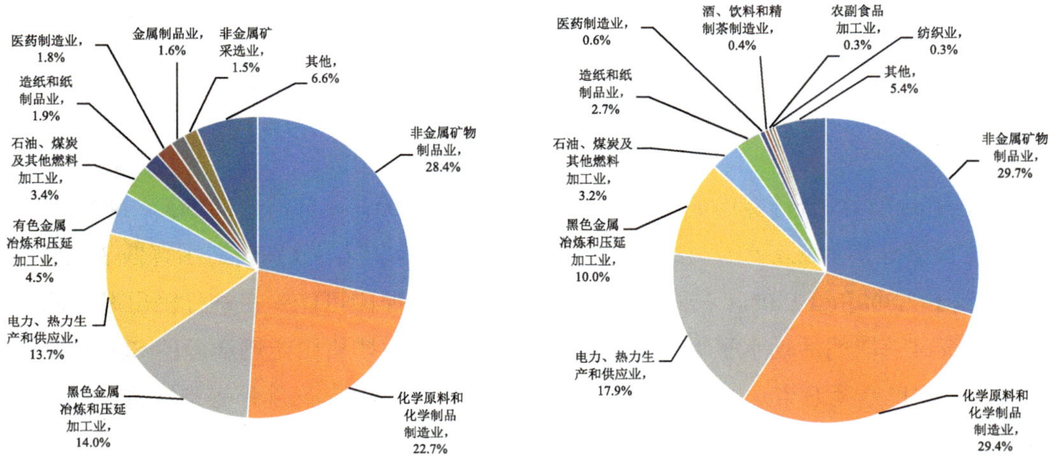

（a）二污普　　（b）排放清单

图 8-4　SO_2 行业贡献率对比

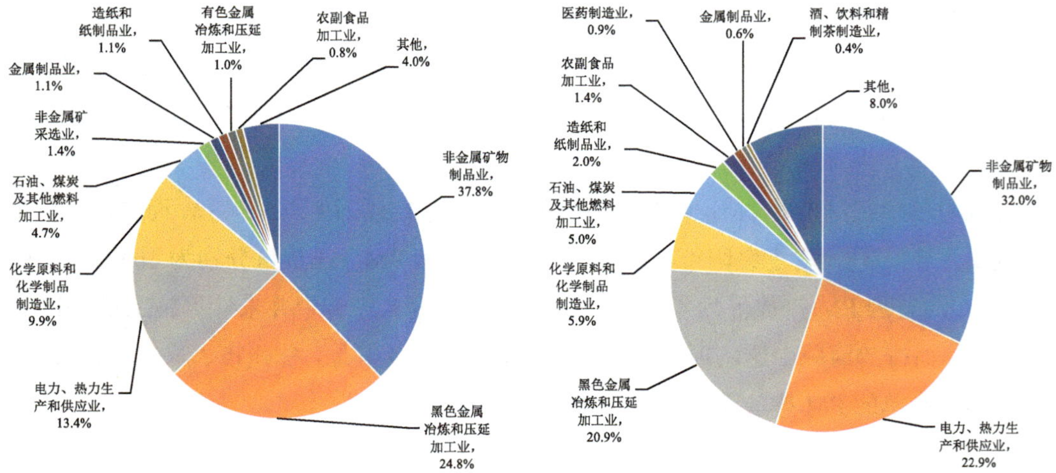

（a）二污普　　（b）排放清单

图 8-5　NO_x 行业贡献率对比

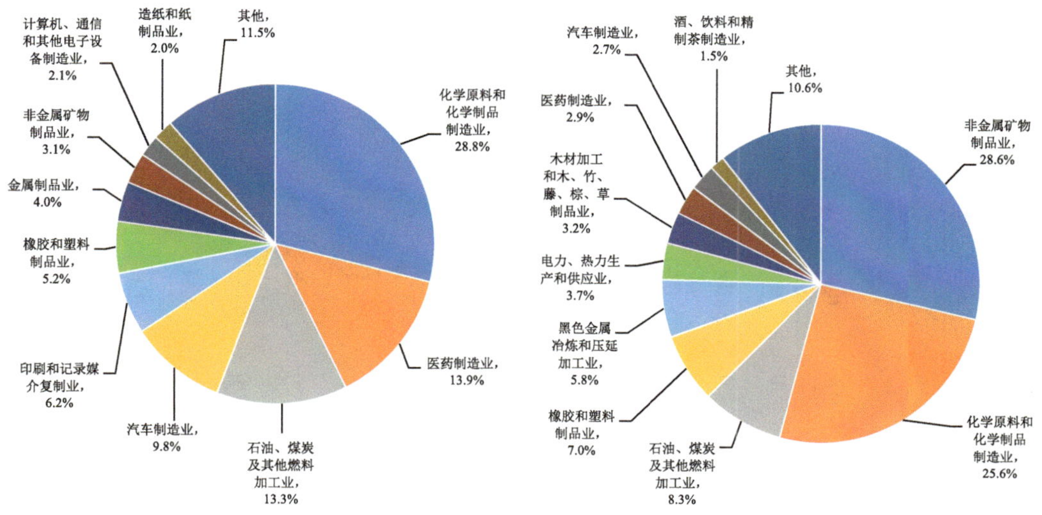

（a）二污普　　　　（b）排放清单

图 8-6　VOCs 行业贡献率对比

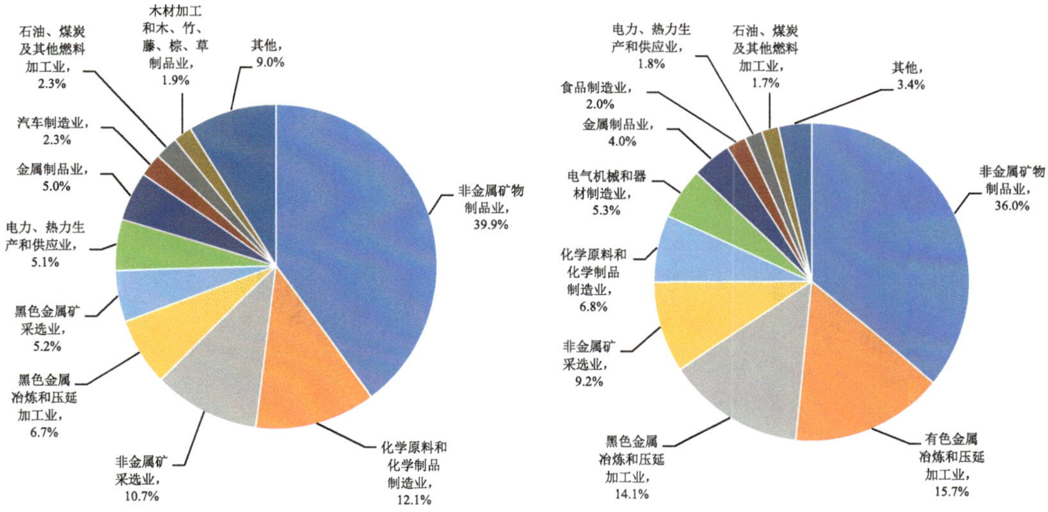

（a）二污普　　　　（b）排放清单

图 8-7　PM 行业贡献率对比

对于 NO_x，排放清单和二污普的结果均显示非金属矿物制品业是工业源 NO_x 的最大排放行业，主要来自水泥、平板玻璃、石灰和砖瓦企业，但对于其他行业，排放清单和二污普的排放分担结果有所不同。排放清单结果显示，电力、热力生产和供应业对工业 NO_x 排放的分担率为 22.9%，而在二污普中仅为 13.4%。

表 8-4　二污普与排放清单不同行业污染物排放量对比

单位：t

行业大类代码	行业名称	SO_2		NO_x		VOCs		NH_3		PM		
		二污普	排放清单	二污普	排放清单	二污普	排放清单	二污普	排放清单	二污普	排放清单-PM_{10}	排放清单-$PM_{2.5}$
05	农、林、牧、渔专业及辅助性活动	270.2	7.8	98.4	24.9	2.5	29.7	16.4	0.6	443.9	28.4	9.4
06	煤炭开采和洗选业	0.4	0.4	54.3	0.2	4.6	43.4	0	0	2 237.1	136.7	25.6
07	石油和天然气开采业	42.6	0	3.0	4.0	86.7	158.6	0	0	0	0.1	0.1
08	黑色金属矿采选业	1 309.4	70.4	399.7	602.5	4.7	605.8	0	0	17 545.6	448.4	182.9
09	有色金属矿采选业	1.5	0	33.4	0	2.9	0	0	0	2 067.3	97.7	37.8
10	非金属矿采选业	1 614.2	379.4	2 293.2	568.7	231.2	1 540.6	0	1.0	36 451.9	32 685.8	7 522.8
11	开采专业及辅助性活动	0	0	13.0	0	1.0	0	0	0	356.8	6.5	1.7
12	其他采矿业	0	0	2.7	0	0.1	0	0	0	2.0	0	0
13	农副食品加工业	1 258.9	540.4	1 274.0	2 714.8	2 174.0	4 445.8	0	122.0	2 067.2	485.0	248.1
14	食品制造业	652.4	328.6	772.0	674.3	152.8	650.3	0.4	16.1	919.0	7 142.9	5 717.2
15	酒、饮料和精制茶制造业	786.6	629.4	532.6	837.1	130.6	5 780.0	0	41.3	1 470.3	308.4	117.5
16	烟草制品业	99.8	121.7	66.2	37.4	4.6	11.9	0	0.2	301.2	22.2	14.7
17	纺织业	851.6	514.9	564.2	682.0	179.9	3 979.4	0	41.4	706.4	199.5	106.1
18	纺织服装、服饰业	114.4	13.4	46.4	70.1	2.8	46.1	0	2.1	97.9	11.4	8.9
19	皮革、毛皮、羽毛及其制品和制鞋业	43.6	24.2	12.9	14.6	1 670.2	1 226.5	0	0	848.0	148.2	79.5
20	木材加工和木、竹、藤、棕、草制品业	529.5	219.7	670.3	804.5	426.1	12 497.1	0	75.3	6 342.4	602.1	474.4

行业大类代码	行业名称	SO_2		NO_x		VOCs		NH_3		PM		
		二污普	排放清单	二污普	排放清单	二污普	排放清单	二污普	排放清单	二污普	排放清单-PM_{10}	排放清单-$PM_{2.5}$
21	家具制造业	7.5	2.3	31.4	8.4	780.2	3 286.9	0	0.8	903.5	101.9	49.1
22	造纸和纸制品业	2 034.6	4 198.1	1 662.2	3 883.2	2 487.7	5 358.1	0	38.0	1 622.4	302.1	202.6
23	印刷和记录媒介复制业	195.3	263.1	92.2	45.1	7 651.6	1 723.1	0	0.5	99.4	70.7	20.5
24	文教、工美、体育和娱乐用品制造业	1.3	0.9	7.9	2.4	311.7	337.0	0	0.1	209.9	12.8	2.3
25	石油、煤炭及其他燃料加工业	3 696.7	4 902.3	7 443.0	9 915.0	16 302.9	32 401.6	7.9	250.3	7 818.0	6 137.4	3 677.9
26	化学原料和化学制品制造业	24 778.2	45 357.8	15 664.6	11 680.7	35 362.8	99 934.5	3 611.0	21 882.0	41 210.4	24 201.1	16 860.2
27	医药制造业	2 010.1	929.1	1 049.4	1 859.9	17 022.7	11 473.7	0	25.2	1 129.0	441.3	249.0
28	化学纤维制造业	282.5	52.0	289.4	166.3	14.2	4 458.6	0	0.6	204.5	221.8	75.5
29	橡胶和塑料制品业	306.6	53.9	243.8	148.8	6 395.1	27 466.0	31.8	23.1	3 422.6	156.0	97.6
30	非金属矿物制品业	30 917.2	45 852.9	59 869.0	63 557.8	3 791.8	11 463.7	1.3	205.2	135 901.2	127 541.7	55 222.7
31	黑色金属冶炼和压延加工业	15 290.0	15 492.8	39 286.7	41 550.4	2 002.0	22 751.9	0.9	731.9	22 725.0	49 914.8	30 978.1
32	有色金属冶炼和压延加工业	4 900.2	144.7	1 506.9	159.0	102.3	2 340.8	59.7	24.2	3 486.3	55 528.5	48 894.4
33	金属制品业	1 690.6	396.8	1 663.4	1 192.5	4 946.7	5 370.1	109.1	0.4	16 917.6	14 214.6	11 938.2
34	通用设备制造业	44.9	37.6	86.6	36.8	564.0	847.9	7.0	0.2	2 302.3	501.0	290.9
35	专用设备制造业	60.9	14.7	110.1	10.0	664.2	595.9	3.8	0.1	1 355.2	1 094.0	747.5
36	汽车制造业	90.5	108.9	745.5	214.9	12 089.7	10 410.2	52.5	3.1	7 916.3	3 696.0	2 694.5
37	铁路、船舶、航空航天和其他运输设备制造业	8.8	4.4	52.7	21.2	1 614.9	1 092.7	1.9	0	1 334.9	845.0	710.2

行业大类代码	行业名称	SO_2		NO_x		VOCs		NH_3		PM		
		二污普	排放清单	二污普	排放清单	二污普	排放清单	二污普	排放清单	二污普	排放清单-PM_{10}	排放清单-$PM_{2.5}$
38	电气机械和器材制造业	17.7	19.4	145.0	62.3	1 319.7	1 975.8	1.1	42.3	1 123.2	18 693.1	18 230.6
39	计算机、通信和其他电子设备制造业	29.7	2.7	73.4	37.0	2 632.3	1 239.6	1.7	0.4	201.8	38.8	25.1
40	仪器仪表制造业	0	0	1.0	0	11.0	29.5	0	0	5.2	1.3	0.9
41	其他制造业	0.7	0.2	3.8	0.9	86.8	11.8	0	0	8.9	0.1	0.1
42	废弃资源综合利用业	143.7	90.5	147.6	40.7	141.4	67.3	0	0.4	1 525.8	2 179.5	549.3
43	金属制品、机械和设备修理业	0.1	0	7.9	0.4	53.5	19.4	0	0	25.8	7.0	3.5
44	电力、热力生产和供应业	14 922.0	27 697.4	21 261.3	45 417.7	1 369.5	14 347.3	0	3 211.6	17 223.3	6 417.9	3 408.4
45	燃气生产和供应业	3.8	1.5	9.1	6.0	0.8	3.2	0.1	0.5	4.5	0	0
46	水生产和供应业	0	0	0	0	0.3	0	0	0	0	6.9	2.7
	合　计	109 008.9	148 474.2	158 290.1	187 052.5	122 794.5	290 021.6	3 906.6	26 741.0	340 534.0	354 648.7	209 478.5

分析 VOCs 的行业排放分担结果发现，排放清单和二污普存在显著差异，主要原因在于排放清单和二污普体系中的 VOCs 排放系数存在较大差异。排放清单中非金属矿物制品业是工业源 VOCs 的最大贡献源，占比 28.6%，而在二污普中该行业的排放贡献较小，这主要是因为排放清单中平板玻璃、陶瓷行业的 VOCs 排放系数显著高于二污普。排放清单中汽车制造业的 VOCs 排放对工业源 VOCs 排放的分担率为 2.7%，而在二污普中高达 9.8%，排放差异较大。另外，在排放清单中，黑色金属冶炼和压延加工业排放对工业源 VOCs 排放的分担率为 5.8%，而在二污普中的分担率较小。

第 9 章

湖北省 VOCs 减排潜力分析

9.1 工业源减排潜力分析

根据湖北省二污普成果，按照污染源普查调查表分类的 2017 年湖北省工业源 VOCs 排放的主要来源见图 9-1。可以看出，电站锅炉、工业锅炉、工业炉窑对工业源 VOCs 排放的贡献分别为 0.6%、0.4%、1.1%，这部分源项的 VOCs 排放均来自煤炭、天然气或其他燃料燃烧。钢铁、石化、熟料生产对工业源 VOCs 的贡献率分别为 6.7%、4.2%、2.1%，均属于企业生产过程排放。储罐装载和固体物料堆存贡献了 6.3%和 0.2%的工业 VOCs 排放，属于企业生产过程管理排放。其他废气，除钢铁、熟料生产、石化外的其他工业过程及企业在溶剂使用过程中的 VOCs 排放，主要包括化工、医药、化纤、农药、橡胶制品制造、汽车制造、家具制造、印刷印染等行业，对湖北省工业 VOCs 排放的贡献率为 78.5%，是 VOCs 减排潜力分析的重点源项。

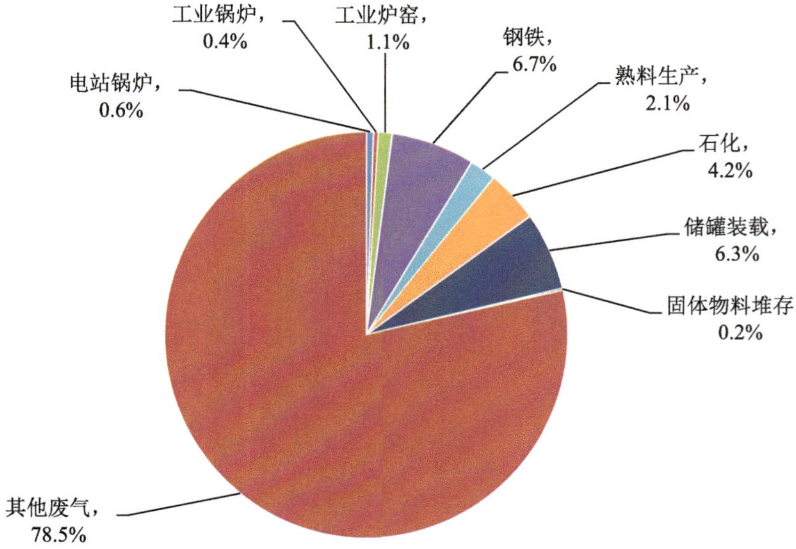

图 9-1　二污普中 2017 年湖北省工业源 VOCs 排放主要来源

9.1.1　钢铁行业

钢铁行业 VOCs 的产生和排放工序主要为炼焦工序。2017 年，湖北省共有 3 家炼焦企业，分别为湖北中平鄂钢联合焦化有限责任公司、湖北中特新化能科技有限公司和武汉平煤武钢联合焦化有限责任公司，其焦炉、装煤地面站及一般排放口和无组织排放口的 VOCs 产生量和排放量见表 9-1。3 家炼焦企业的 VOCs 总排放量为 7 749.7 t，其中焦炉烟囱排放口的 VOCs 排放量为 1 401.0 t，装煤地面站排放口的 VOCs 排放量为 259.6 t，一般排放口及无组织排放的 VOCs 排放量为 6 089.1 t。

表 9-1　炼焦企业 VOCs 的产生量和排放量　　单位：t

企业名称	焦炉烟囱排放口		装煤地面站排放口		一般排放口和无组织排放口	
	VOCs 产生量	VOCs 排放量	VOCs 产生量	VOCs 排放量	VOCs 产生量	VOCs 排放量
湖北中平鄂钢联合焦化有限责任公司	37.8	37.8	79.6	79.6	1 709.8	1 709.8
湖北中特新化能科技有限公司	1 240.6	1 240.6	1.3	1.3	0.1	0.1
武汉平煤武钢联合焦化有限责任公司	122.6	122.6	178.7	178.7	4 379.2	4 379.2
合　计	1 401.0	1 401.0	259.6	259.6	6 089.1	6 089.1

表 9-2 是《重点行业挥发性有机物综合治理方案》（环大气〔2019〕53 号）、《“十三五”挥发性有机物污染防治工作方案》（环大气〔2017〕121 号）、《挥发性有机物无组织排放控制标准》（GB 38722—2019）、《炼焦化学工业污染物排放标准》（GB 16171—2012）、《排污许可证申请与核发技术规范　炼焦化学工业》（HJ 854—2017）、《炼焦化学工业污染防治可行技术指南》（HJ 2306—2018）、《排污单位环境管理台账及排污许可证执行报告技术规范　总则（试行）》（HJ 944—2018）对炼焦行业源头削减、过程控制、末端治理方面 VOCs 重点治理任务要求的汇总。

表 9-2　炼焦行业 VOCs 重点治理任务

序号	环节	治理任务
		源头削减
1	生产工艺	使用先进生产工艺，采用全密闭、连续化、自动化等生产技术，以及高效工艺与设备
		过程控制
2	原料运输	精煤破碎、焦炭破碎、筛分及转运环节密闭输送
3	炼焦	装煤和焦炉烟囱采用微负压炼焦
4	储槽	冷鼓、库区焦油各类储槽及苯储槽产生的有机气体可通过压力平衡装置返回吸煤气管道

序号	环节	治理任务
		末端治理设施
5	有机废气	产生大气污染物的生产工艺和装置必须设立局部或整体气体收集系统和集中净化处理装置
6	装置设备	冷鼓、库区焦油各类储槽及苯储槽产生的 NMHC 采用洗涤塔净化处理
7	储罐	储存真实蒸气压≥76.6 kPa 的挥发性有机液体储罐采用低压罐、压力罐或其他等效措施
8	储罐	储存真实蒸气压≥27.6 kPa 但＜76.6 kPa 且储罐容积≥75 m^3 的挥发性有机液体储罐及储存真实蒸气压≥5.2 kPa 但＜27.6 kPa 且储罐容积≥150 m^3 的挥发性有机液体储罐应符合下列规定之一： • 采用浮顶罐，其中内浮顶罐在浮顶与罐壁之间采用浸液式密封、机械式鞋形密封等高效密封方式，外浮顶罐在浮顶与罐壁之间采用双重密封，且一次密封采用浸液式密封、机械式鞋形密封等高效密封方式； • 采用固定顶罐，排放的废气收集处理达标排放，或者处理效率不低于 90%； • 采用气相平衡系统
9	废水集输	对于工业过程排放的含 VOCs 废水，集输系统应符合下列规定之一： • 采用密闭管道输送，接入口和排出口采取与环境空气隔离的措施； • 采用沟渠输送，若敞开液面上方 100 mm 处的 VOCs 检测浓度≥100 μmol/mol，应加盖密闭，接入口和排出口采取与环境空气隔离的措施
10	废水储存、处理	含 VOCs 废水的储存和处理设施的敞开液面上方 100 mm 处 VOCs 检测浓度≥100 μmol/mol，符合下列规定之一： • 采用浮动顶盖； • 采用固定顶盖，收集废气至 VOCs 废气收集处理系统
11	有机废气	收集的废气中 NMHC 初始排放速率≥2 kg/h 时，配置 VOCs 处理设施，处理效率不低于 80%；采用的原辅材料符合国家有关低 VOCs 含量产品规定的除外

由于焦炉烟囱的 VOCs 排放产生于煤焦过程，装煤地面站排放口的 VOCs 排放来自干法熄焦过程，这两个过程的 VOCs 减排较为困难，而对于一般排放口和无组织排放，可安装 VOCs 回收及处理设施。综合考虑行业基本情况，收集的废气中非甲烷总烃（NMHC）的初始排放速率≥2 kg/h 时，可配置 VOCs 处理设施，处理效率不低于 80%。按照一般排放口和无组织排放的 VOCs 治理效果预计可达 80%计算，预计减排 4 871.3 t VOCs，占钢铁行业排放总量的 62.8%。

9.1.2　石化行业

湖北省石化行业的排放情况见表 9-3。2017 年，全省石化企业 VOCs 产生量为 10 388.6 t，排放量为 5 174.6 t，行业综合 VOCs 处理效率达 50.2%，削减主要来自中韩（武汉）石油化工有限公司的贡献率。从 VOCs 的产生工序来看，全省石化企业在生产过程中共产生了

7 416.9 t VOCs，排放了 2 202.9 t VOCs，综合去除效率为 70.3%；全厂动静密封点的 VOCs 产生量和排放量均为 638.0 t，敞开式循环水冷却塔的 VOCs 产生量和排放量均为 2 333.7 t，二者均为无组织排放。

表 9-3　湖北省石化行业 VOCs 产生量和排放量　　单位：t

企业名称	生产过程		全厂动静密封点		敞开式循环水冷却塔	
	VOCs 产生量	VOCs 排放量	VOCs 产生量	VOCs 排放量	VOCs 产生量	VOCs 排放量
金澳科技（湖北）化工有限公司	124.1	124.1	37.2	37.2	110.7	110.7
荆门市渝楚化工有限公司			2.3	2.3		
武汉凯顺石化科技有限公司			6.6	6.6	39.7	39.7
武汉鲁华泓锦新材料有限公司			379.4	379.4	7.4	7.4
中国石油化工股份有限公司荆门分公司	40.9	40.9	68.0	68.0	227.0	227.0
中国石油化工股份有限公司武汉分公司	372.0	372.0	96.0	96.0	424.3	424.3
中韩（武汉）石油化工有限公司	6 879.9	1 665.8	48.5	48.5	1 524.1	1 524.1
合　计	7 416.9	2 202.9	638.0	638.0	2 333.7	2 333.7

对照《湖北省挥发性有机物污染防治三年行动实施方案》（鄂环发〔2018〕7 号）要求，2020 年湖北省石化行业全面开展了泄漏检测与修复（LDAR），建立健全管理制度，重点加强搅拌器、泵、压缩机等动密封点，以及低点导淋、取样口、高点放空、液位计、仪表连接件等静密封点的泄漏管理。严格控制储存、装卸损失，优先采用压力罐、低温罐、高效密封的浮顶罐，采用固定顶罐的应安装顶空连通置换油气回收装置；有机液体装卸必须采取全密闭底部装载、顶部浸没式装载等方式，汽油、航空汽油、石脑油、煤油等高挥发性有机液体在装卸过程中采取高效油气回收措施，使用具有油气回收接口的车船。强化废水处理系统等逸散废气的收集治理，以及废水集输、储存、处理处置过程中的集水井（池）、调节池、隔油池、曝气池、气浮池、浓缩池等高浓度 VOCs 逸散环节应采用密闭收集措施，并回收利用，难以利用的应安装高效治理设施。加强有组织工艺废气治理，工艺驰放气、酸性水罐工艺尾气、氧化尾气、重整催化剂再生尾气等工艺废气优先回收利用，难以利用的应送火炬系统处理，或采用催化焚烧、热力焚烧等销毁措施。加强非正常工况排放控制。在确保安全的前提下，非正常工况排放的有机废气严禁直接排放，有火炬系统的送入火炬系统处理，禁止熄灭火炬长明灯；无火炬系统的应采用冷凝、吸收、吸附等处理措施，以降低排放。

同时，根据《石油化学工业污染物排放标准》（GB 31571—2015）和《石油炼制工业污染物排放标准》（GB 31570—2015）要求，石化企业有机废气排放口的 NMHC 去除效率应不低于97%。对于石化企业的生产过程排放，对照管控要求，综合考虑行业基本情况后认为过程排放的VOCs去除效率可由70.3%提升至90%，动静密封点和敞开式循环水冷却塔均属于无组织排放，按照无组织排放管控要求，在定期完成LDAR时，无组织VOCs收集治理效率可达80%，其余20%仍为无组织排放，推算出全省石化行业减排潜力，其分析结果见表9-4。石化行业有组织排放VOCs可削减1 223.5 t，无组织排放可削减2 377.3 t，全省石化行业VOCs减排潜力共计3 600.8 t，占2017年VOCs排放量的69.6%。

表9-4　石化行业VOCs减排潜力分析

单位：t

排放来源	VOCs产生量	VOCs排放量	减排后VOCs排放量	VOCs减排潜力
有组织排放	7 416.9	2 202.9	979.4	1 223.5
无组织排放	2 971.7	2 971.7	594.3	2 377.3
合　计	10 388.6	5 174.6	1 537.7	3 600.8

9.1.3　储罐装载

2017年湖北省工业企业储罐年装载量为2 468.8万t，共产生9 111.9 t VOCs，排放量为7 694.2 t，综合去除效率仅为15.6%。根据《挥发性有机物无组织排放控制标准》，对于装载物料真实蒸气压≥27.6 kPa且单一装载设施的年装载量≥500 m^3的，以及装载物料真实蒸气压≥5.2 kPa但＜27.6 kPa且单一装载设施的年装载量≥2 500 m^3的，装载过程排放的废气应收集处理并满足相关行业排放标准要求，或者处理收集效率不低于90%。

将全省工业企业储罐按照年装载量进行汇总，统计得到2017年全省年装载量小于500 t的储罐在装载过程中的VOCs产生量为263.3 t，排放量为219.0 t，去除效率为16.8%；年装载量≥500 t的储罐在装载过程中的VOCs产生量为8 848.6 t，排放量为7 475.2 t，去除效率为15.5%。

为了测算储罐装载过程的VOCs减排量，认为年装载量≥500 t的储罐废气去除效率应达到90%，小于500 t的储罐废气去除效率应达到80%，按照VOCs产生量计算得到此种情境下VOCs排放量为937.5 t，较2017年实际排放量下降了6 756.6 t，因此储罐装卸过程的VOCs减排潜力为6 756.6 t。

9.1.4　固体物料堆存

2017年，湖北省共有14 367.2 t涉VOCs工业固体物料敞开式堆存，其中包括7 500 t油泥、326.7 t褐煤、4 520.5 t污泥、2 020 t石油焦，共产生194.7 t VOCs排放。根据《挥发性有机物无组织排放控制标准》要求，VOCs物料应储存于密闭的容器、包装袋、储罐、出库、料仓中，工业过程产生的含VOCs的废料（渣、液）应储存于密闭容器中，并采用负压将废气排至 VOCs 废气收集处理系统。对照 VOCs 管控要求，认为固体物料堆存产生的 VOCs 排放可全部削减，因此其 VOCs 减排潜力为 194.7 t。

9.1.5　其他 VOCs 废气污染治理及排放现状

2017 年，湖北省其他涉 VOCs 废气排放的企业共计 17 644 家，其中 6 226 家工业企业使用了含 VOCs 的原辅材料，11 418 家企业为生产过程排放，VOCs 产生总量为 129 196.8 t，排放总量为 96 443.6 t，去除效率为 25.4%。

湖北省 2017 年使用含 VOCs 原辅材料的企业采用的不同 VOCs 收集和处理方法情况见图 9-2。2017 年，湖北省共有 6 226 家工业企业涉及使用含 VOCs 原辅材料。根据统计结果，有 639 家企业采用密闭管道收集 VOCs，占比 10.3%，其中使用涂料和稀释剂的企业居多；938 家企业采用密闭空间收集 VOCs，占比 15.1%，同样以涂料和稀释剂使用企业居多；114 家企业采用排气柜收集 VOCs，占比仅为 1.8%；691 家企业采用外部集气罩收集方式，占比为 11.1%，其中使用涂料、油墨、胶黏剂的企业居多；3 842 家企业采用其他收集方式或无收集设施，占比 61.7%，每类溶剂使用企业数量均超过 100 家。

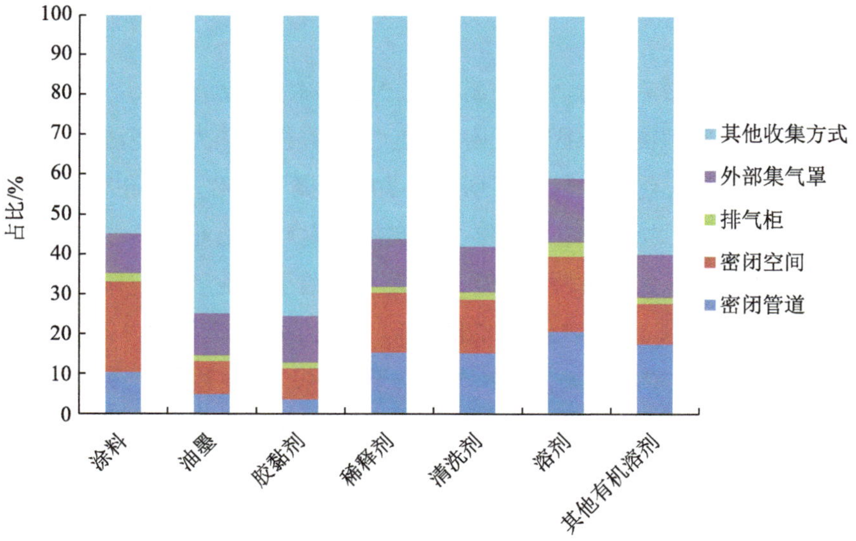

图 9-2　2017 年使用含 VOCs 原辅材料的企业采用的 VOCs 废气收集和处理方法占比

目前，湖北省 VOCs 治理工艺共计 19 种，为便于分析各类处理工艺运用情况，本研究将吸附+蒸汽解析、吸附+氮气/空气解析均归类为吸附法，将直接燃烧法、热力燃烧法、吸附/热力燃烧法、蓄热式热力燃烧法、催化燃烧法、吸附/催化燃烧法和蓄热式催化燃烧法均归类为燃烧法，分析结果如图 9-3 所示。2017 年，全省使用含 VOCs 原辅材料的工业企业中采取冷凝法、吸收+分流法、吸附法和燃烧法的较多，数量分别为 219 家、231 家、137 家和 642 家，占比分别为 3.5%、3.7%、2.2%和 10.3%；采用低温等离子体、UV 光解和光催化工艺的企业数量分别为 12 家、72 家和 77 家，分别占比 0.2%、1.2%和 1.2%；采用其他处理工艺的企业数量达到 4 265 家，占比 68.5%。

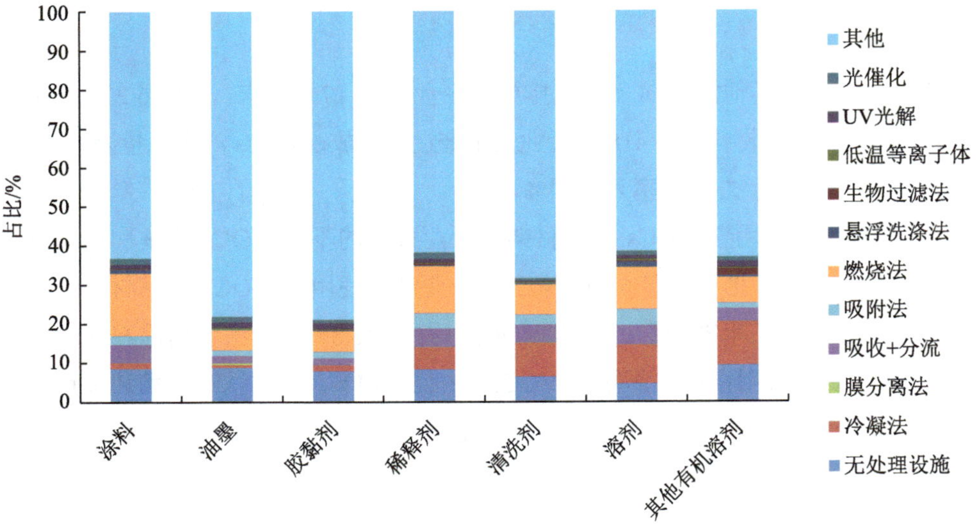

图 9-3 2017 年使用含 VOCs 原辅材料的企业采用的 VOCs 废气处理工艺占比

从不同方法的去除效率来看，膜分离法的去除效率可达到 81.0%，其 VOCs 产生量偏低可能是综合去除效率偏高的原因。吸附+氮气/空气解析、热力燃烧法、蓄热式热力燃烧法、催化燃烧法的 VOCs 综合去除效率均超过 70%，属于相对高效的 VOCs 治理技术。

《湖北省挥发性有机物污染防治三年行动实施方案》对工业涂装涉及的汽车制造、木质家具制造、船舶制造、工程机械制造等行业及电子信息行业和包装印刷行业的 VOCs 废气收集与治理提出了要求（表 9-5）。到 2020 年，除钢结构制造行业外，其他涉及含 VOCs 原辅材料使用的行业 VOCs 废气收集率均不低于 80%，其中整车制造企业收集率不低于 90%，且主要行业均须建设安装吸附燃烧等高效治理设施，以提升治理效率。

表 9-5 使用含 VOCs 原辅材料的主要行业的废气收集及治理要求

行业	VOCs 废气收集要求	VOCs 废气治理要求
汽车制造业	整车制造企业有机废气收集率不低于 90%，其他汽车制造企业不低于 80%	对喷漆废气建设吸附燃烧等高效治理设施，对烘干废气建设燃烧治理设施，实现达标排放
木质家具制造业	加强废气收集与处理，有机废气收集效率不低于 80%	建设吸附燃烧等高效治理设施，实现达标排放
船舶制造业	2020 年年底前，60%以上的涂装作业实现密闭喷涂施工；强化车间废气收集与处理，有机废气收集率不低于 80%	建设吸附燃烧等高效治理设施，实现达标排放
工程机械制造业	加强有机废气收集与治理，有机废气收集率不低于 80%	建设吸附燃烧等高效治理设施，实现达标排放

行业	VOCs 废气收集要求	VOCs 废气治理要求
钢结构制造业	逐步淘汰钢结构露天喷涂，推进钢结构制造企业在车间内作业，建设废气收集与治理设施	—
卷材制造业	加强烘烤废气收集，有机废气收集率达到90%以上	配套建设燃烧等治理设施，实现达标排放
电子信息业	涂胶、涂装、热压工序的配料上料间和烘箱等产生 VOCs 的工艺装置应配套密闭收集措施，有机废气收集效率不低于 80%	溶剂型涂层有机废气应配套建设吸附回收、吸附燃烧等高效治理设施，针对水溶性有机废气可配套建设多级喷淋吸收设施，实现稳定达标排放
包装印刷业	对于油墨、胶黏剂等有机原辅材料的调配和使用等，采取车间环境负压改造、安装高效集气装置等措施，有机废气收集率达到 70%以上	对收集的废气要建设吸附回收、吸附燃烧等高效治理设施，确保达标排放

表 9-6 给出了 17 644 家其他废气排放企业 VOCs 污染产生及排放情况。2017 年，17 644 家企业仅安装了 2 719 套 VOCs 处理设施，设备安装率仅为 15.4%，从数量上看，汽车制造业、化学原料和化学制品制造业、医药制造业的 VOCs 防控水平较高。根据二污普成果，所有企业的 VOCs 产生量为 129 196.8 t，排放量为 96 443.6 t，综合去除效率为 25.4%，但平均去除效率仅为 2.3%，说明多数 VOCs 排放量较小的企业未采取 VOCs 末端治理措施，从而拉低了全省工业企业 VOCs 的平均治理水平。进一步分析不同行业的去除效率（图 9-4）发现，所有行业的 VOCs 去除效率平均值均显著低于行业综合去除效率，其中黑色金属冶炼和压延加工业、电气机械和器材制造业、通用设备制造业、印刷和记录媒介复制业的差异较大。从行业综合去除效率来看，黑色金属冶炼和压延加工业的 VOCs 治理水平显著高于其他行业，医药制造业、化学原料和化学制品制造业、电气机械和器材制造业、非金属矿物制品业、废气资源综合利用业略高于其他行业，家具制造业，橡胶和塑料制品业，有色金属冶炼和压延加工业，专用设备制造业，金属制品、机械和设备修理业的 VOCs 污染防治水平较差。

表 9-6　其他废气排放企业 VOCs 污染产生及排放情况

行业大类代码	行业大类名称	企业数量	VOCs 处理设施数/套	VOCs 产生量/t	VOCs 排放量/t	去除效率平均值/%	综合去除效率/%
05	农、林、牧、渔专业及辅助性活动	25	0	1.3	1.3	0	0
06	煤炭开采和洗选业	49	0	4.6	4.6	0	0
08	黑色金属矿采选业	30	0	4.5	4.5	0	0
09	有色金属矿采选业	17	0	2.9	2.9	0	0
10	非金属矿采选业	630	2	116.2	116.2	0	0
11	开采专业及辅助性活动	9	0	1.0	1.0	0	0

行业大类代码	行业大类名称	企业数量	VOCs 处理设施数/套	VOCs 产生量/t	VOCs 排放量/t	去除效率平均值/%	综合去除效率/%
13	农副食品加工业	1 077	22	2 157.6	2 157.6	0	0
14	食品制造业	71	1	125.0	125.0	0	0
15	酒、饮料和精制茶制造业	62	3	101.3	101.3	0	0
16	烟草制品业	8	0	1.2	1.2	0	0
17	纺织业	180	16	203.0	168.7	3.9	16.9
18	纺织服装、服饰业	7	0	1.0	1.0	0	0
19	皮革、毛皮、羽毛及其制品和制鞋业	157	48	1 918.5	1 669.8	4.1	13.0
20	木材加工和木、竹、藤、棕、草制品业	723	56	445.1	412.1	0.8	7.4
21	家具制造业	661	108	797.1	780.1	1.0	2.1
22	造纸和纸制品业	473	42	2 502.0	2 458.2	1.2	1.8
23	印刷和记录媒介复制业	944	109	9 344.1	7 648.8	2.1	18.1
24	文教、工美、体育和娱乐用品制造业	97	14	358.1	307.9	2.0	14.0
25	石油、煤炭及其他燃料加工业	124	8	641.8	553.2	3.0	13.8
26	化学原料和化学制品制造业	953	323	41 714.8	30 210.9	6.8	27.6
27	医药制造业	290	239	25 957.9	16 928.7	13.9	34.8
28	化学纤维制造业	19	7	11.6	8.6	8.3	25.5
29	橡胶和塑料制品业	1 764	281	6 942.6	6 388.7	2.2	8.0
30	非金属矿物制品业	3 954	100	1 480.7	1 010.2	0.4	31.8
31	黑色金属冶炼和压延加工业	40	3	1 204.6	410.8	5.0	65.9
32	有色金属冶炼和压延加工业	62	35	98.9	89.5	2.4	9.5
33	金属制品业	1 194	200	6 437.9	4 897.9	2.8	23.9
34	通用设备制造业	738	129	765.4	561.9	2.0	26.6
35	专用设备制造业	555	80	722.9	658.6	2.3	8.9
36	汽车制造业	1 545	485	16 838.5	12 049.1	4.2	28.4
37	铁路、船舶、航空航天和其他运输设备制造业	118	103	2 037.6	1 614.1	5.5	20.8
38	电气机械和器材制造业	533	126	2 011.8	1 311.9	4.4	34.8

行业大类代码	行业大类名称	企业数量	VOCs 处理设施数/套	VOCs 产生量/t	VOCs 排放量/t	去除效率平均值/%	综合去除效率/%
39	计算机、通信和其他电子设备制造业	229	147	3 025.7	2 628.4	6.7	13.1
40	仪器仪表制造业	72	11	11.0	11.0	0.2	0.1
41	其他制造业	34	9	105.3	86.6	2.3	17.8
42	废弃资源综合利用业	107	8	129.3	92.2	3.1	28.7
43	金属制品、机械和设备修理业	57	0	58.2	52.8	0.6	9.4
44	电力、热力生产和供应业	34	4	916.3	916.3	0	0
45	燃气生产和供应业	2	0	0.1	0.1	0	0
合　计		17 644	2 719.0	129 196.8	96 443.6	2.3	25.4

注：去除效率平均值是指某一行业所有企业 VOCs 去除效率的算术平均值；综合去除效率是某一行业的 VOCs 去除效率，计算公式为（该行业 VOCs 产生量 – 该行业 VOCs 排放量）/该行业 VOCs 产生量×100%。

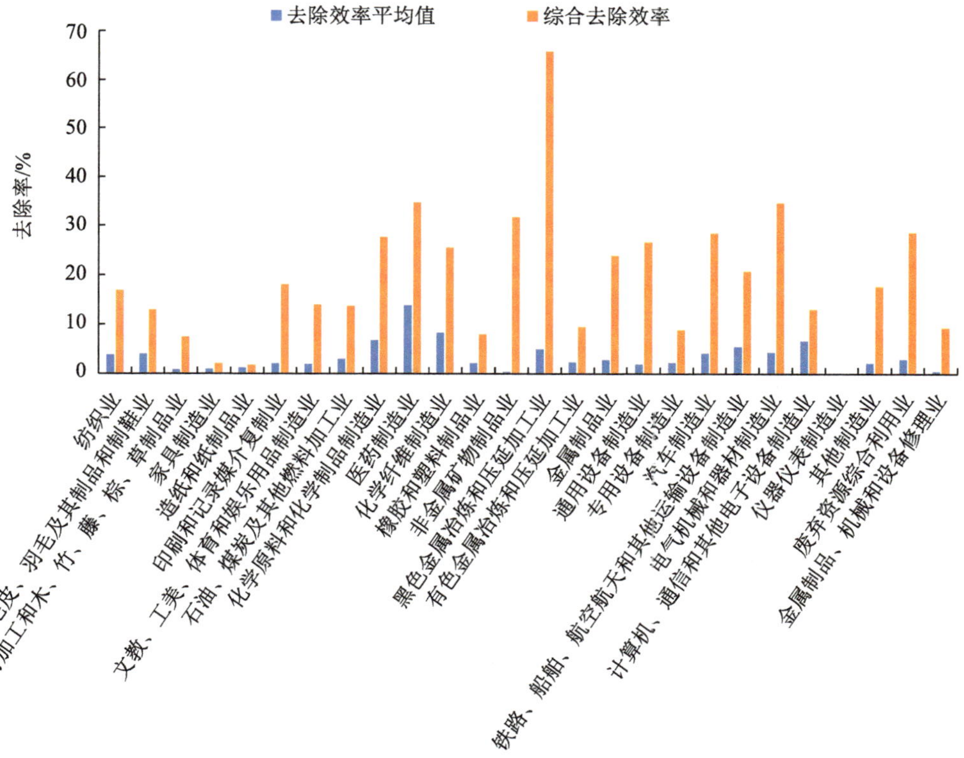

图 9-4　其他废气排放企业行业 VOCs 去除效率平均值及综合去除效率对比

为分析其他废气排放企业的 VOCs 减排潜力，对照国家及湖北省对 VOCs 防控的技术要求，本研究比较了当前湖北省重点行业企业 VOCs 治理存在的差距。根据排放测算结果，化学原料和化学制品制造业、医药制造业、汽车制造业的 VOCs 排放量分别为 30 210.9 t、

16 928.7 t 和 12 049.1 t，是 VOCs 排放的主要贡献行业，由于化学原料和化学制品制造业的覆盖面较广，涉及的细化行业复杂，且目前国家及湖北省针对制药和汽车整车制造行业的 VOCs 综合治理有明确的综合治理要求，因此选取医药制造业、汽车制造业的典型行业展开详细说明。综合分析《重点行业挥发性有机物综合治理方案》、《湖北省挥发性有机物污染防治三年行动实施方案》、《制药工业大气污染物排放标准》（GB 37823—2019）、《挥发性有机物无组织排放控制标准》、《排污许可证申请与核发技术规范　汽车制造业》（HJ 971—2018）、《车辆涂料中有害物质限量》（GB 24409—2020）、《表面涂装（汽车制造业）挥发性有机化合物排放标准》（DB 42/1539—2019），汇总得到医药制造业和汽车制造业 VOCs 综合治理任务清单（表 9-7 和表 9-8）。

表 9-7　医药制造业 VOCs 综合治理任务对照表

序号	环节	治理任务	实施要求	依据
		源头削减		
1	产品	使用非卤代烃和非芳香烃类溶剂，生产水基化类农药制剂	推荐	①
2	产品	采用生物酶法合成技术	推荐	②
3	产品	使用低（无）VOCs 含量或低反应活性的溶剂	推荐	②
4	固液分离	离心、过滤单元操作应采用密闭式离心机、压滤机等设备，离心、过滤废气应排至 VOCs 废气收集处理系统	要求	④
		过程控制		
5	储罐	储存真实蒸气压≥76.6 kPa 的挥发性有机液体储罐，采用低压罐、压力罐或其他等效措施	要求	④
6	储罐	储存真实蒸气压≥27.6 kPa 但<76.6 kPa 且储罐容积≥75 m^3 的挥发性有机液体储罐，以及储存真实蒸气压≥5.2 kPa 但<27.6 kPa 且储罐容积≥150 m^3 的挥发性有机液体储罐，应符合下列规定之一： • 采用浮顶罐，其中内浮顶罐在浮顶与罐壁之间采用浸液式密封、机械式鞋形密封等高效密封方式，外浮顶罐在浮顶与罐壁之间采用双重密封，且一次密封采用浸液式密封、机械式鞋形密封等高效密封方式； • 采用固定顶罐，排放的废气收集处理达标排放，或者处理效率不低于 90%； • 采用气相平衡系统	要求	④
7	装载	装载物料真实蒸气压≥27.6 kPa 且单一装载设施的年装载量≥500 m^3，以及装载物料真实蒸气压≥5.2 kPa 但<27.6 kPa 且单一装载设施的年装载量≥2 500 m^3 的，装载过程应符合下列规定之一： • 排放的废气收集处理达标排放，或者处理效率不低于 90%； • 排放的废气连接至气相平衡系统	要求	④
8	输送	液态 VOCs 物料应采用密闭管道输送；采用非管道输送方式转移液态 VOCs 物料时，应采用密闭容器、罐车	要求	④
9	输送	粉状、粒状 VOCs 物料应采用气力输送设备、管状带式输送机、螺旋输送机等密闭输送方式，或者采用密闭的包装袋、容器或罐车进行物料转移	要求	④

序号	环节	治理任务	实施要求	依据
10	投料	粉状、粒状 VOCs 物料采用气力输送方式或采用密闭固体投料器等给料方式密闭投加；无法密闭投加的，在密闭空间内操作，或进行局部气体收集，废气排至除尘设施、VOCs 废气收集处理系统	要求	④
11		液态 VOCs 物料采用密闭管道输送方式或采用高位槽（罐）、桶泵等给料方式密闭投加；无法密闭投加的，在密闭空间内操作，或进行局部气体收集，废气排至 VOCs 废气收集处理系统	要求	④
12	化学反应	反应釜投料所产生的置换尾气（放空尾气）有效收集至 VOCs 废气处理系统	要求	④
13		反应期间，反应设备的进料口、出料口、检修口、搅拌口、观察孔等开口（孔）在不操作时应保持封闭	要求	④
14	母液收集	分离精制后的 VOCs 母液密闭收集，母液储槽（罐）产生的废气排至 VOCs 废气收集处理系统	要求	④
15	干燥	应采用密闭干燥设备，干燥废气应排至 VOCs 废气收集处理系统；未采用密闭设备的，应在密闭空间内操作，或进行局部气体收集，废气应排至 VOCs 废气收集处理系统	要求	④
16	生产工序	VOCs 物料的投加和卸放、化学反应、萃取/提取、蒸馏/精馏、结晶、离心、过滤、干燥及配料、混合、搅拌、包装等过程，采用密闭设备或在密闭空间内操作，废气排至废气收集处理系统；无法密闭的，采取局部气体收集措施，废气排至 VOCs 废气收集处理系统	要求	③
17	卸料灌装	出渣（釜残等）产生的放料尾气有效收集至 VOCs 废气处理系统	要求	④
18		挥发性有机液体产品灌装和用易产生 VOCs 的固体产品包装时，设置密封装置或密封区域；不能实现密闭的，采用负压排气将灌装废气有效收集至 VOCs 废气处理系统	要求	④
19	开停工	载有 VOCs 物料的设备及其管道在开停工（车）、检维修、清洗和消毒时，在退料阶段将残存物料退净，并用密闭容器盛装，退料过程的废气排至 VOCs 废气收集处理系统	要求	③
20	真空设备	真空系统采用干式真空泵，真空排气排至 VOCs 废气收集处理系统；若使用液环（水环）真空泵、水（水蒸气）喷射真空泵等，工作介质的循环槽（罐）密闭，真空排气、循环槽（罐）排气排至 VOCs 废气收集处理系统	要求	④
21	设备组件	开展 LDAR 工作	要求	②
22	废水设施	对于工业过程排放的含 VOCs 废水，集输系统应符合下列规定之一： • 采用密闭管道输送，接入口和排出口采取与环境空气隔离的措施； • 采用沟渠输送，若敞开液面上方 100 mm 处 VOCs 检测浓度≥100 μmol/mol，加盖密闭，接入口和排出口采取与环境空气隔离的措施	要求	④
23		含 VOCs 废水储存和处理设施敞开液面上方 100 mm 处 VOCs 检测浓度≥100 μmol/mol，应符合下列规定之一： • 采用浮动顶盖； • 采用固定顶盖，收集废气至 VOCs 废气收集处理系统	要求	④

序号	环节	治理任务	实施要求	依据
		末端治理		
24	废气处理	收集的废气中 NMHC 初始排放速率≥3 kg/h 时，配置 VOCs 处理设施，处理效率不低于 80%，采用的原辅材料符合国家有关低 VOCs 含量产品规定的除外	要求	④

文件依据：①《重点行业挥发性有机物综合治理方案》；②《湖北省挥发性有机物污染防治三年行动实施方案》；③《制药工业大气污染物排放标准》；④《挥发性有机物无组织排放控制标准》。

表 9-8 汽车制造业 VOCs 综合治理任务对照表

序号	环节	治理任务	实施要求	依据
		源头削减		
1	工艺	使用高固体份、水性涂料的，配套使用“三涂一烘”“两涂一烘”或免中涂等紧凑型工艺	推荐	①
2		使用静电喷涂等高效涂装工艺的，采用自动化、智能化喷涂设备替代人工喷涂	推荐	①
3	生产调度	加强工艺与生产管理，做好生产组织，同色车型集中喷涂	推荐	②
4	涂料	水性汽车原厂涂料（乘用车、载货汽车）电泳底漆≤250 g/L	要求	③
5		水性汽车原厂涂料（乘用车、载货汽车）中涂≤350 g/L	要求	③
6		水性汽车原厂涂料（乘用车、载货汽车）底色漆≤530 g/L	要求	③
7		水性汽车原厂涂料（乘用车、载货汽车）本色面漆≤420 g/L	要求	③
8		水性汽车原厂涂料［客车（机动车）］电泳底漆≤250 g/L	要求	③
9		水性汽车原厂涂料［客车（机动车）］其他底漆≤420 g/L	要求	③
10		水性汽车原厂涂料［客车（机动车）］中涂≤300 g/L	要求	③
11		水性汽车原厂涂料［客车（机动车）］底色漆≤420 g/L	要求	③
12		水性汽车原厂涂料［客车（机动车）］本色面漆≤420 g/L	要求	③
13		水性汽车原厂涂料［客车（机动车）］清漆≤420 g/L	要求	③
14		溶剂型汽车原厂涂料（乘用车）中涂≤530 g/L	要求	③
15		溶剂型汽车原厂涂料（乘用车）底色漆≤750 g/L	要求	③
16		溶剂型汽车原厂涂料（乘用车）本色面漆≤550 g/L	要求	③
17		溶剂型汽车原厂涂料（乘用车）清漆｛哑光清漆［光泽（60°）≤60］｝≤600 g/L	要求	③
18		溶剂型汽车原厂涂料（乘用车）清漆（单组分）≤550 g/L	要求	③
19		溶剂型汽车原厂涂料（乘用车）清漆（双组分）≤500 g/L	要求	③
20		溶剂型汽车原厂涂料［客车（机动车）］底漆≤540 g/L	要求	③

序号	环节	治理任务	实施要求	依据
21	涂料	溶剂型汽车原厂涂料［客车（机动车）］中涂≤540 g/L	要求	③
22		溶剂型汽车原厂涂料［客车（机动车）］底色漆≤770 g/L	要求	③
23		溶剂型汽车原厂涂料［客车（机动车）］本色面漆≤550 g/L	要求	③
24		溶剂型汽车原厂涂料［客车（机动车）］清漆≤480 g/L	要求	③
过程控制				
25	储存	涂料、稀释剂、清洗剂等原辅材料密闭存储	要求	①
26		涂料、稀释剂、清洗剂等原辅材料调配、使用、回收等过程采用密闭设备或在密闭空间内操作	要求	①
27		配置密闭收集系统，有机废气收集率不低于 90%	要求	①
28	喷漆房	自动化喷漆室使用部分回风利用的通风系统	推荐	②
29		客车、货车驾驶舱、厢式货车、货车的表面涂装应设置通风量与喷枪数量的联动系统	推荐	②
30	溶剂回收	人工操作工位和机器人零点位置设置废溶剂回收设备	推荐	②
末端治理设施				
31	收集净化	对喷漆废气建设吸附燃烧等高效治理设施，对烘干废气建设燃烧治理设施，实现达标排放	要求	①
32	运行管理	集气系统和 VOCs 处理设施应与生产活动及工艺设施同步运行；应保证在生产工艺设备运行波动的情况下，集气系统和净化设施仍能正常运转，实现达标排放；由集气系统或净化设施故障造成非正常排放时，应停止运转对应的生产工艺设备，待检修完毕后共同投入使用	要求	④

文件依据：①《湖北省挥发性有机物污染防治三年行动实施方案》；②《排污许可证申请与核发技术规范 汽车制造业》；③《车辆涂料中有害物质限量》；④《表面涂装（汽车制造业）挥发性有机化合物排放标准》。

对于医药制造业，储罐、装卸、投料、卸料、输送、离心、母液收集、干燥等工序及废水收集处理系统产生的无组织排放废气均要求排至 VOCs 废气收集处理系统，其中固定顶罐排放的废气处理效率不低于 90%；装载过程排放的废气处理效率不低于 90%，要求设备组件开展 LDAR。以上治理措施落实后，制药企业无组织排放的 VOCs 可大幅削减。对于废气处理，要求收集的废气中 NMHC 的初始排放速率≥3 kg/h 时配置 VOCs 处理设施，处理效率不低于 80%。综合考虑企业对有组织 VOCs 排放和无组织 VOCs 排放的管控要求，认为医药制造业的 VOCs 收集效率可达 90%，处理效率为 80%。基于式（9-1）计算得到，在全面完成行业综合治理任务后，湖北省医药制造业的 VOCs 排放量降至 7 268.2 t，较 2017 年减少 9 660.5 t，即全省医药制造业的 VOCs 减排潜力为 9 660.5 t。

$$E = P\times(1-\mu)+P\times\mu\times(1-\eta) \tag{9-1}$$

式中，E——VOCs 排放量，t；

P——VOCs 产生量，t（来源于表 9-6）；

μ——VOCs 收集效率，%；

η——VOCs 处理效率，%。

对于汽车制造业，涂料、稀释剂、清洗剂等原辅材料调配、使用、回收等过程应采用密闭设备或在密闭空间内操作，密闭收集系统的有机废气收集率不低于 90%；喷漆废气应建设吸附燃烧等高效治理设施，烘干废气应建设燃烧治理设施，以实现达标排放。根据生态环境部发布的《挥发性有机物治理实用手册》，热回收式热力焚烧（TO/TNV）、催化燃烧（CO）、蓄热式热力氧化（RTO）、蓄热式催化燃烧（RCO）等燃烧技术的 VOCs 去除效率可达 90%以上。综合考虑企业对有组织 VOCs 排放和无组织 VOCs 排放的管控要求，汽车制造业的 VOCs 收集效率可达 90%，处理效率为 90%，基于式（9-1）计算得到，在全面完成行业综合治理任务后，湖北省汽车制造业 VOCs 排放量降至 3 199.3 t，较 2017 年减少 8 849.8 t，即全省汽车制造业的 VOCs 减排潜力为 8 849.8 t。

根据上述方法，对照国家和湖北省 VOCs 行动方案、排放标准等文件要求，其他废气排放企业落实综合治理任务后，分行业 VOCs 的收集效率、处理效率及基于式（9-1）计算得到的减排潜力，见表 9-9。基于二污普成果，湖北省其他废气排放企业的 VOCs 减排潜力为 52 415.7 t，占 2017 年全省 VOCs 排放量（96 441.0 t）的 54.4%，其中印刷和记录媒介复制业、化学原料和化学制品业、医药制造业、汽车制造业、橡胶和塑料制品业的减排潜力高于其他行业，占全省其他废气排放企业 VOCs 减排潜力的比例分别为 8.2%、29.0%、18.4%、16.9%、7.4%。由于目前对农、林、牧、渔专业及辅助性活动，煤炭开采和洗选业，黑色金属矿采选业等非 VOCs 重点排放行业无 VOCs 综合治理要求，因此其减排潜力为零。

表 9-9 其他废气排放企业 VOCs 的收集效率、处理效率及减排潜力

行业大类代码	行业大类名称	VOCs 收集效率/%	VOCs 处理效率/%	VOCs 产生量/t	VOCs 减排潜力/t
05	农、林、牧、渔专业及辅助性活动	0	0	1.3	0
06	煤炭开采和洗选业	0	0	4.6	0
08	黑色金属矿采选业	0	0	4.5	0
09	有色金属矿采选业	0	0	2.9	0
10	非金属矿采选业	0	0	116.2	0
11	开采专业及辅助性活动	0	0	1.0	0
13	农副食品加工业	0	0	2 157.6	0
14	食品制造业	0	0	125.0	0

行业大类代码	行业大类名称	VOCs 收集效率/%	VOCs 处理效率/%	VOCs 产生量/t	VOCs 减排潜力/t
15	酒、饮料和精制茶制造业	0	0	101.3	0
16	烟草制品业	0	0	1.2	0
17	纺织业	0	0	203.0	0
18	纺织服装、服饰业	0	0	1.0	0
19	皮革、毛皮、羽毛及其制品和制鞋业	80	80	1 918.5	979.1
20	木材加工和木、竹、藤、棕、草制品业	80	80	445.1	251.9
21	家具制造业	80	80	797.1	493.1
22	造纸和纸制品业	80	80	2 502.0	1 557.5
23	印刷和记录媒介复制业	80	80	9 344.1	4 284.9
24	文教、工美、体育和娱乐用品制造业	80	80	358.1	179.0
25	石油、煤炭及其他燃料加工业	80	80	641.8	322.2
26	化学原料和化学制品制造业	80	80	41 714.8	15 193.6
27	医药制造业	90	80	25 957.9	9 660.5
28	化学纤维制造业	90	80	11.6	5.4
29	橡胶和塑料制品业	80	80	6 942.6	3 889.4
30	非金属矿物制品业	80	80	1 480.7	477.1
31	黑色金属冶炼和压延加工业	80	80	1 204.6	0
32	有色金属冶炼和压延加工业	0	0	98.9	0
33	金属制品业	80	80	6 437.9	2 580.3
34	通用设备制造业	80	80	765.4	286.4
35	专用设备制造业	80	80	722.9	398.4
36	汽车制造业	90	90	16 838.5	8 849.8
37	铁路、船舶、航空航天和其他运输设备制造业	80	80	2 037.6	880.6
38	电气机械和器材制造业	80	80	2 011.8	587.7
39	计算机、通信和其他电子设备制造业	80	80	3 025.7	1 539.1
40	仪器仪表制造业	0	0	11.0	0
41	其他制造业	0	0	105.3	0
42	废弃资源综合利用业	0	0	129.3	0
43	金属制品、机械和设备修理业	0	0	58.2	0
44	电力、热力生产和供应业	0	0	916.3	0
45	燃气生产和供应业	0	0	0.1	0
合　计				129 197.4	52 415.7

9.2 油品储运源减排潜力分析

根据二污普成果，2017 年湖北省油品储运销过程共计排放了 12 523.3 t VOCs，其中储油库、加油站、油品运输企业的 VOCs 排放量分别为 5 365.7 t、6 438.7 t、718.9 t，排放贡献比例分别为 42.8%、51.4%、5.7%（图 9-5）。由此可以看出，加油站和储油库是湖北省油品储运销过程的减排重点。

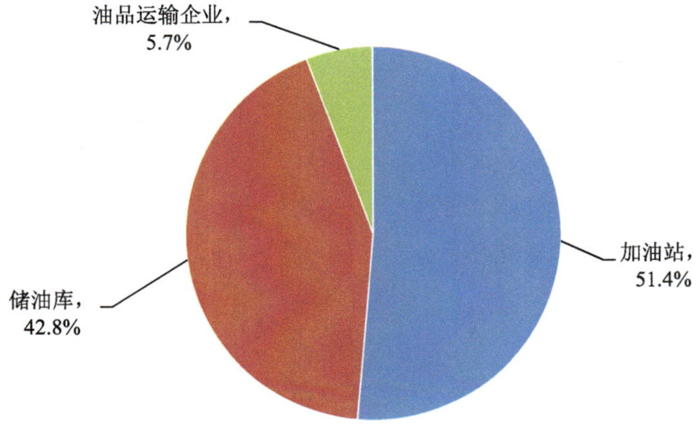

图 9-5　2017 年湖北省油品储运销过程中的 VOCs 排放占比

9.2.1 加油站

2017 年，湖北省有加油站 3 774 家，其中无油气回收加油站有 287 家，VOCs 排放量为 342.8 t，占全省加油站 VOCs 排放量的 5.3%；一阶段油气回收加油站有 343 家，VOCs 排放量为 505.7 t，占全省加油站 VOCs 排放量的 7.9%；二阶段油气回收加油站有 3 149 家，VOCs 排放量为 5 590.2 t，占全省加油站 VOCs 排放量的 86.8%（表 9-10）。

表 9-10　2017 年湖北省加油站油气回收及排放情况　　单位：t

油气回收阶段	无排放处理设备 VOCs 排放量	有排放处理设备 VOCs 排放量
一阶段油气回收	497.8	7.9
二阶段油气回收	5 551.8	38.4
无油气回收	342.8	—
合　计	6 392.4	46.3

9.2.2 储油库

2017 年，湖北省共有 102 个在用汽油储油库，汽油储罐总容量为 353 654 m^3，汽油年周转量为 7 504 047 t，均采用内浮顶罐，且均安装 VOCs 收集治理设施。不同油气回收技术企业的 VOCs 排放占比结果见图 9-6，采用吸附法的储油库 VOCs 排放量为 4 501.0 t，占储油库 VOCs 排放量的比例为 83.9%；采用冷凝法的 VOCs 排放量为 425.7 t，占比 7.9%；采用膜分离法的 VOCs 排放量为 387.9 t，占比 7.2%；采用其他方法的 VOCs 排放量为 50.6 t，占比 0.9%。

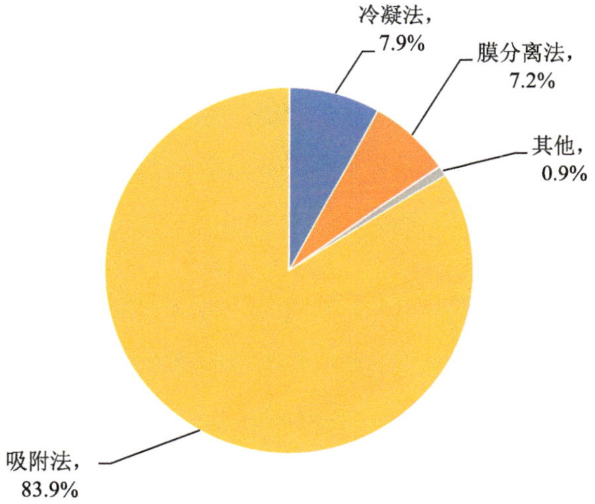

图 9-6　2017 年湖北省储油库不同油气回收技术企业的 VOCs 排放占比

2017 年，湖北省储油库均采用内浮顶罐且均安装油气收集治理设施，根据《储油库大气污染物排放标准》（GB 20950—2020）相关控制要求，储油库油气处理装置的处理效果应不低于 95%。参考《2012—2019 年北京市储油库 VOCs 去除及排放水平变化监测分析》，储油库采用油气回收技术中的吸附法效果一般，在维护状况一般的情况下，其净化效率较低。根据采样结果，2017 年湖北省储油库 VOCs 的综合去除效率为 75%，以全省储油库去除效率均达到 95%计算 VOCs 的减排潜力。对于加油站，根据《城市大气污染物排放清单编制技术手册》，一次油气回收、二次油气回收和三次油气回收设施对 VOCs 的去除效率分别为 50%、80%和 90%，以全省加油站全部安装三次油气回收设施计算 VOCs 的减排潜力，结果见表 9-11。

表 9-11 2017 年湖北省油品储运源 VOCs 减排潜力分析

源项	油气回收阶段	VOCs 排放量/t	VOCs 减排潜力/t	减排比例/%
加油站	一次油气回收	505.7	404.6	20.0
	二次油气回收	5 590.2	2 795.1	50.0
	无油气回收	342.8	308.5	90.0
储油库		5 262.7	4 210.2	80.0
油品储运源合计		11 701.4	7 718.4	66.0

9.3 生活源减排潜力分析

生活源的 VOCs 排放主要来自气态燃料燃烧、建筑涂料与胶黏剂使用、沥青铺路、餐饮、干洗等源项，基本来自城镇居民生活排放，农村居民生活排放主要与农业活动相关，因此本节仅针对城镇居民生活源减排潜力展开讨论。根据二污普成果，2017 年湖北省城镇居民生活源的 VOCs 排放量为 55 450.5 t，其中液化石油气/煤气/天然气使用过程的 VOCs 排放量为 901.8 t，占全省城镇居民生活源 VOCs 排放的 1.6%；建筑涂料与胶黏剂使用过程的 VOCs 排放量为 16 991.0 t，占比 30.6%；沥青道路铺装过程的 VOCs 排放量为 8 100.2 t，占比 14.6%；餐饮油烟共计排放 VOCs 17 765.1 t，占比 32.0%，是贡献最高的生活源；干洗的 VOCs 排放量为 596.7 t，占比 1.1%；日用品使用主要是指去脂脱污日化用品的使用，其 VOCs 排放量为 11 095.8 t，占比 20.0%（表 9-12）。

表 9-12 2017 年湖北省城镇居民生活源 VOCs 排放量情况 单位：t

源项	VOCs 排放量
液化石油气/煤气/天然气使用	901.8
建筑涂料与胶黏剂使用	16 991.0
沥青道路铺装	8 100.2
餐饮油烟	17 765.1
干洗	596.7
日用品使用	11 095. 8
合　计	55 450.5

生活源污染管控的重点减排对象是建筑涂料与胶黏剂使用、餐饮油烟和干洗 3 类源项。《湖北省挥发性有机物污染防治三年行动实施方案》对生活源 VOCs 管控治理的要求如下：

- 建筑装饰行业应推广使用符合环保要求的建筑涂料、木器涂料、胶黏剂等产品，按照“室内装饰装修材料有害物质限量”相关强制性标准要求，严格控制装饰材料的市场准入，逐步淘汰溶剂型涂料和胶黏剂；
- 干洗行业应推广使用配备溶剂回收制冷系统、不直接外排废气的全封闭式干洗机，新开洗染店新购的洗染设备必须为具有净化回收干洗溶剂功能的全封闭式干洗机，全省基本淘汰开启式干洗机；
- 城市建成区应完成餐饮服务企业油烟排放规范化整治，城市建成区产生油烟的餐饮企业、单位应安装高效油烟净化设施，并实施定期清洗，以确保净化装置的高效稳定运行。

由于建筑装饰行业的管控措施涉及源头管控，无法准确估算淘汰溶剂型涂料和胶黏剂的比例，因此在减排潜力分析中仅考虑干洗和餐饮减排。根据《城市大气污染物排放清单编制技术手册》，油烟净化器对 VOCs 的去除效率为 60%，因此认为餐饮行业 VOCs 排放可降至 60%，减排潜力计算结果如表 9-13 所示。

表 9-13 生活源 VOCs 减排潜力分析

源项	VOCs 减排潜力/t	减排比例/%
干洗	596.7	100
餐饮	10 659.1	60
合 计	11 255.8	20.3

9.4 减排核算结果汇总

2017 年湖北省二污普核算的工业源、油品储运源和生活源 VOCs 减排潜力分析结果见表 9-14。湖北省 VOCs 减排潜力为 85 928.5 t，其中工业源为 66 954.3 t、生活源为 11 255.8 t、油品储运源为 7 718.4 t，占比分别为 77.9%、13.1%、9.0%，说明全省的 VOCs 管控应以工业源为重点。工业源中工业锅炉、工业炉窑、熟料生产的 VOCs 均来源于燃料燃烧排放，因此减排潜力均为零；钢铁、石化、储罐装载、固体物料堆存、其他 VOCs 废气排放企业的 VOCs 减排潜力分别为 4 871.3 t、3 600.8 t、5 871.8 t、194.7 t、52 415.7 t，其他 VOCs 废气排放企业中化学原料和化学制品制造业、医药制造业、汽车制造业是重点减排行业。图 9-7 给出了 2017 年湖北省重点源 VOCs 减排潜力对比。

表 9-14　2017 年湖北省重点行业 VOCs 减排潜力分析结果汇总

源分类		VOCs 排放量/t	预计 VOCs 排放量/t	VOCs 减排潜力/t	减排比例/%
工业源	钢铁	7 749.7	2 878.4	4 871.3	62.9
	石化	5 174.6	1 573.7	3 600.8	69.6
	工业锅炉	459.3	459.3	0	0
	工业炉窑	1 359.3	1 359.3	0	0
	熟料生产	2 598.8	2 598.8	0	0
	储罐装载	7 694.2	1 822.4	5 871.8	76.3
	固体物料堆存	194.7	0	194.7	100.0
	其他 VOCs 废气排放企业	96 441	44 926.7	52 415.7	54.4
	小计	121 671.6	55 618.6	66 954.3	55.0
生活源	液化石油气/煤气/天然气使用	901.8	901.8	0	0
	建筑涂料与胶黏剂使用	16 991	16 991	0	0
	沥青道路铺装	8 100.2	8 100.2	0	0
	餐饮油烟	17 765.1	7106	10 659.1	60.0
	干洗	596.7	0	596.7	100.0
	日用品使用	11 095.8	11 095.8	0	0
	小计	55 450.5	44 194.7	11 255.8	20.3
油品储运源	加油站	6 438.7	2 930.5	3 508.2	54.5
	储油库	5 262.7	1 052.5	4 210.2	80.0
	小计	11 701.4	3 983.0	7 718.4	66.0
合　计		188 823.5	102 895	85 928.5	45.5

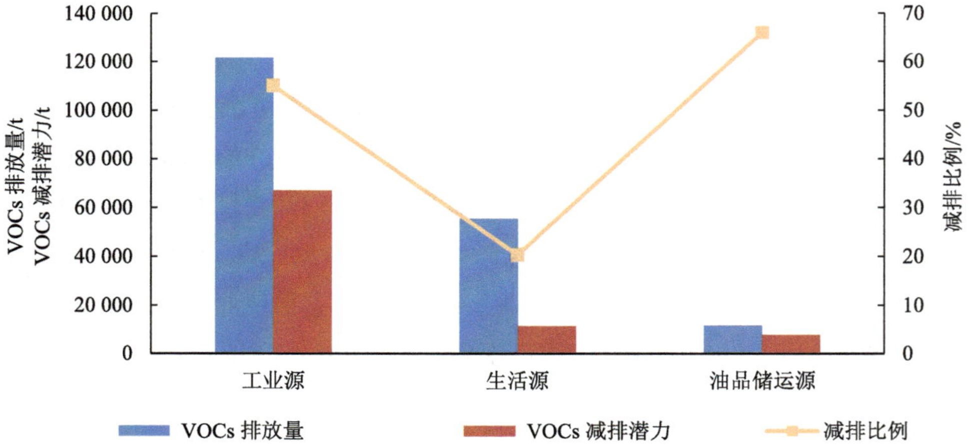

图 9-7　2017 年湖北省重点源项 VOCs 减排潜力对比

第 10 章

结　论

本书的研究对象涵盖化石燃料固定燃烧源、移动源、溶剂使用源、扬尘源、农业源、工业过程源、储存运输源、生物质燃烧源、废弃物处理源和其他排放源 10 类，大气污染物包括 SO_2、NO_x、CO、$PM_{2.5}$、PM_{10}、BC、OC、VOCs 和 NH_3 9 种，项目实施空间范围为湖北省，覆盖 17 个市（州），清单编制基准年为 2017 年。通过对湖北省二污普成果中工业源、生活源、移动源、集中式污染治理设施基础数据的分类与整合，补充溶剂使用源、扬尘源、餐饮油烟、汽修等行业的现场调查，掌握了湖北省人为污染源基本信息和工业源、交通源、民用源的污染物产生、治理及排放情况，建立了湖北省大气污染源基础资料数据库和大气污染物排放清单，分析大气污染物主要贡献排放源及其贡献率、污染物排放空间分布及时间变化情况，为进一步加强湖北省污染源监管、改善环境质量、防控环境风险和进行环境经济综合决策提供了基本依据。主要结论如下：

一是通过与湖北省二污普办公室开展对接，收集污染源普查成果相关资料，掌握了区域内工业源、生活源、移动源的名称、位置、活动水平等基础资料，共获取 61 404 个点源信息，其中工业企业 33 085 家、生活源 253 个、农业源 19 704 个、扬尘源 8 362 个，建立了湖北省大气污染源数据库。

二是 2017 年湖北省共消耗 17 150 万 tce，其中煤炭、焦炭、汽油、天然气消耗量分别为 11 776.96 万 t、1 062.32 万 t、749.18 万 t、49.96 亿 m^3。2017 年，湖北省焦炭产量为 885.3 万 t，生铁、粗钢产量分别为 2 401.3 万 t 和 2 875.2 万 t，水泥熟料、水泥产量分别为 5 735.0 万 t、11 106.1 万 t，平板玻璃产量为 8 764.9 万重量箱。2017 年，湖北省机动车保有量为 866.7 万辆，其中汽油车保有量为 791.6 万辆，占比 91.3%；柴油车保有量为 72.4 万辆，占比 8.4%。

三是基于本项目建立了湖北省大气污染源活动水平数据库和排放因子库，编制了湖北省 2017 年大气污染物排放清单。结果显示，湖北省 2017 年排放的污染物中，SO_2 为 18.4 万 t、NO_x 为 57.2 万 t、CO 为 307.2 万 t、VOCs 为 58.3 万 t、NH_3 为 31.5 万 t、PM_{10} 为 68.7 万 t、$PM_{2.5}$ 为 35.1 万 t、BC 为 2.7 万 t、OC 为 4.1 万 t。全省 SO_2、CO、VOCs、$PM_{2.5}$、BC 主要来自工业过程源排放，NO_x 主要来自道路移动源和非道路移动源排放，NH_3 主要来自农业源排放，PM_{10} 主要来自扬尘源排放，OC 主要来自生物质燃烧源排放。

四是分析全省不同市（州）的大气污染物排放清单，不同污染物的主要贡献城市不同。其中，SO_2和NO_x主要的排放城市为襄阳市、荆门市和武汉市，PM_{10}和$PM_{2.5}$排放量最大的城市为武汉市、孝感市、黄石市和宜昌市，VOCs 主要的排放城市为武汉市、襄阳市和荆州市，NH_3主要的排放城市为荆门市、黄冈市和荆州市。针对排放清单结果识别出湖北省 2017 年重点大气排放源，包括电厂、工业锅炉、钢铁、水泥、石化、焦化等重点行业污染物排放的月变化、小时变化特征，总体来说基本符合湖北省的社会生产情况。

五是排放清单和二污普对比结果显示，从总量上看，排放清单的 SO_2、NO_x、VOCs 排放分别较二污普排放结果高 1.8%、16.8%、61.4%，但NH_3排放量较二污普低 6.7%，二者在工业源 VOCs 排放的测算上存在显著差异。不同城市的污染物排放存在显著差别，各市（州）的排放清单 SO_2排放普遍低于二污普，而NO_x和 PM 排放普遍高于二污普，VOCs 显著高于二污普，武汉市、襄阳市、荆州市、荆门市、宜昌市的排放差异大于其他市（州）。二污普和排放清单的 SO_2、NO_x、NH_3和 PM 行业排放的分担率较为相近，但 VOCs 的行业排放分担结果差异显著，主要原因在于排放清单和二污普体系中的非金属制品业 VOCs 排放系数差别较大。

六是基于 2017 年二污普成果计算，湖北省 VOCs 的减排潜力为 85 928.5 t，其中工业源为 66 954.3 t、生活源为 11 255.8 t、油品储运源为 7 718.4 t，全省的 VOCs 管控应围绕工业源重点开展。在工业源中，钢铁、石化、储罐装载、固体物料堆存、其他 VOCs 废气排放企业的 VOCs 减排潜力分别为 4 871.3 t、3 600.8 t、5 871.8 t、194.7 t 和 51 415.7 t，其他 VOCs 废气排放企业中化学原料和化学制品制造业、医药制造业、汽车制造业是重点减排行业。

附　表

附表 1-1　SO_2 排放量排名前 30 位的工业园区

单位：t

序号	市州	工业园区	SO_2 排放量
1	襄阳市	湖北南漳经济开发区	4 446.7
2	荆门市	湖北沙洋经济开发区	2 978.1
3	宜昌市	宜都高新技术产业园区	1 061.8
4	荆门市	荆门高新技术产业开发区	1 020.7
5	黄石市	湖北阳新经济开发区	784.1
6	咸宁市	湖北赤壁经济开发区	740.8
7	黄石市	黄石经济技术开发区	677.6
8	武汉市	武汉汉南经济开发区	485.0
9	宜昌市	湖北当阳经济开发区	429.0
10	潜江市	潜江高新技术产业园区	410.9
11	孝感市	湖北汉川经济开发区	404.4
12	黄石市	湖北西塞山工业园区	281.2
13	武汉市	武汉阳逻经济开发区	275.9
14	宜昌市	湖北兴山经济开发区	165.2
15	荆州市	荆州经济技术开发区	147.5
16	荆门市	湖北钟祥经济开发区	124.3
17	荆门市	湖北东宝工业园区	106.2
18	宜昌市	湖北远安工业园区	103.8
19	荆门市	湖北京山经济开发区	96.4
20	咸宁市	湖北崇阳工业园区	85.7
21	黄冈市	湖北蕲春李时珍医药工业园区	71.2
22	咸宁市	湖北嘉鱼经济开发区	61.0
23	宜昌市	湖北长阳经济开发区	56.0
24	宜昌市	湖北枝江经济开发区	54.3
25	黄石市	黄石大冶湖高新技术产业园区	45.8
26	襄阳市	湖北谷城经济开发区	45.3
27	荆州市	湖北江陵经济开发区	30.0
28	武汉市	武汉经济技术开发区	29.3
29	荆州市	湖北松滋经济开发区	24.6
30	宜昌市	宜昌高新技术产业开发区	24.0

附表 1-2　NO_x 排放量排名前 30 位的工业园区

单位：t

序号	市州	工业园区	NO_x 排放量
1	荆门市	湖北沙洋经济开发区	1 882.1
2	宜昌市	湖北当阳经济开发区	1 796.9
3	荆门市	荆门高新技术产业开发区	1 583.0
4	宜昌市	宜都高新技术产业园区	1 577.5
5	武汉市	武汉汉南经济开发区	1 431.9
6	咸宁市	湖北赤壁经济开发区	1 333.0
7	武汉市	武汉阳逻经济开发区	1 046.0
8	黄石市	黄石经济技术开发区	1 039.1
9	潜江市	潜江高新技术产业园区	966.4
10	孝感市	湖北汉川经济开发区	794.8
11	黄冈市	湖北蕲春李时珍医药工业园区	784.1
12	宜昌市	湖北长阳经济开发区	767.2
13	宜昌市	湖北兴山经济开发区	609.1
14	襄阳市	湖北谷城经济开发区	606.8
15	荆门市	湖北京山经济开发区	522.3
16	襄阳市	湖北南漳经济开发区	368.6
17	宜昌市	湖北远安工业园区	367.4
18	荆州市	荆州经济技术开发区	346.2
19	黄石市	湖北西塞山工业园区	304.7
20	宜昌市	湖北夷陵经济开发区	266.5
21	荆州市	湖北江陵经济开发区	221.4
22	宜昌市	湖北枝江经济开发区	218.3
23	武汉市	武汉东湖高新技术产业开发区	210.3
24	黄石市	湖北阳新经济开发区	201.6
25	荆门市	湖北东宝工业园区	170.0
26	武汉市	武汉经济技术开发区	164.9
27	宜昌市	宜昌高新技术产业开发区	146.6
28	荆州市	湖北石首经济开发区	137.5
29	荆门市	湖北钟祥经济开发区	119.8
30	咸宁市	湖北崇阳工业园区	110.5

附表 1-3 VOCs 排放量排名前 30 位的工业园区

单位：t

序号	市州	工业园区	VOCs 排放量
1	孝感市	湖北汉川经济开发区	12 583.0
2	荆门市	荆门高新技术产业开发区	12 441.6
3	宜昌市	湖北当阳经济开发区	7 544.0
4	黄冈市	湖北蕲春李时珍医药工业园区	4 398.8
5	宜昌市	宜都高新技术产业园区	3 509.1
6	荆州市	荆州经济技术开发区	2 834.3
7	宜昌市	湖北远安工业园区	2 273.9
8	荆门市	湖北沙洋经济开发区	2 196.2
9	黄石市	黄石大冶湖高新技术产业园区	1 994.2
10	黄石市	黄石经济技术开发区	1 798.9
11	宜昌市	宜昌高新技术产业开发区	1 601.1
12	荆门市	湖北东宝工业园区	1 248.3
13	武汉市	武汉汉南经济开发区	968.8
14	荆州市	湖北石首经济开发区	863.2
15	襄阳市	湖北南漳经济开发区	760.4
16	襄阳市	襄阳高新技术产业开发区	696.9
17	荆门市	湖北京山经济开发区	670.6
18	黄石市	湖北阳新经济开发区	604.9
19	襄阳市	湖北谷城经济开发区	564.1
20	潜江市	潜江高新技术产业园区	550.0
21	武汉市	武汉经济技术开发区	526.4
22	宜昌市	湖北夷陵经济开发区	522.6
23	宜昌市	湖北西陵经济开发区	450.3
24	宜昌市	湖北兴山经济开发区	360.9
25	武汉市	武汉阳逻经济开发区	346.3
26	襄阳市	湖北樊城经济开发区	334.7
27	宜昌市	湖北长阳经济开发区	298.2
28	宜昌市	湖北枝江经济开发区	270.2
29	咸宁市	湖北赤壁经济开发区	250.1
30	荆州市	湖北江陵经济开发区	239.8

附表 1-4　$PM_{2.5}$ 排放量排名前 30 位的工业园区

单位：t

序号	市州	工业园区	$PM_{2.5}$ 排放量
1	襄阳市	湖北谷城经济开发区	17 225.5
2	襄阳市	湖北老河口经济开发区	8 115.6
3	襄阳市	湖北枣阳经济开发区	7 422.8
4	宜昌市	宜昌高新技术产业开发区	2 004.5
5	黄石市	黄石大冶湖高新技术产业园区	1 597.5
6	黄石市	湖北西塞山工业园区	1 430.9
7	武汉市	武汉阳逻经济开发区	1 051.9
8	黄石市	黄石经济技术开发区	1 035.9
9	荆门市	湖北东宝工业园区	738.7
10	宜昌市	宜都高新技术产业园区	697.3
11	荆门市	荆门高新技术产业开发区	504.7
12	宜昌市	湖北当阳经济开发区	439.5
13	咸宁市	湖北赤壁经济开发区	372.3
14	襄阳市	襄阳高新技术产业开发区	328.0
15	荆门市	湖北京山经济开发区	325.6
16	黄石市	湖北阳新经济开发区	311.7
17	武汉市	武汉经济技术开发区	308.8
18	荆门市	湖北钟祥经济开发区	302.0
19	潜江市	潜江高新技术产业园区	265.3
20	孝感市	湖北汉川经济开发区	262.2
21	宜昌市	湖北西陵经济开发区	240.2
22	荆州市	荆州经济技术开发区	227.4
23	武汉市	武汉东湖高新技术产业开发区	222.8
24	宜昌市	湖北枝江经济开发区	220.6
25	宜昌市	湖北长阳经济开发区	179.1
26	武汉市	武汉江夏经济开发区	150.6
27	武汉市	武汉汉南经济开发区	118.8
28	宜昌市	湖北夷陵经济开发区	71.6
29	荆州市	湖北松滋经济开发区	68.6
30	宜昌市	湖北远安工业园区	65.9

附表 2-1　SO_2 排放量排名前 50 位的工业企业

单位：t

序号	企业名称	国民经济行业大类	市州	县市区	SO_2 排放量
1	湖北华电襄阳发电有限公司	电力、热力生产和供应业	襄阳市	襄城区	15 255.1
2	武汉钢铁有限公司	黑色金属冶炼和压延加工业	武汉市	青山（化工）区	10 648.2
3	武汉钢铁集团鄂城钢铁有限责任公司	黑色金属冶炼和压延加工业	鄂州市	鄂城区	3 444.0
4	南漳龙蟒磷制品有限责任公司	化学原料和化学制品制造业	襄阳市	南漳县	3 432.3
5	湖北新华光信息材料有限公司	非金属矿物制品业	襄阳市	樊城区	3 354.8
6	宜城市钟宜肥业有限公司	化学原料和化学制品制造业	襄阳市	宜城市	2 766.2
7	武汉平煤武钢联合焦化有限责任公司	石油、煤炭及其他燃料加工业	武汉市	青山（化工）区	2 111.0
8	荆门新洋丰中磷肥业有限公司	磷肥制造	荆门市	钟祥市	1 783.1
9	黄冈市康帝装饰材料有限公司	化学原料和化学制品制造业	黄冈市	浠水县	1 743.5
10	湖北能源集团鄂州发电有限公司	电力、热力生产和供应业	鄂州市	葛店开发区	1 710.8
11	荆门市欣安泰钢化玻璃有限公司	非金属矿物制品业	荆门市	东宝区	1 664.4
12	湖北新冶钢公司	黑色金属冶炼和压延加工业	黄石市	西塞山区	1 480.7
13	京山华贝化工有限责任公司	化学原料和化学制品制造业	荆门市	钟祥市	1 385.2
14	国电长源汉川第一发电有限公司	电力、热力生产和供应业	孝感市	汉川市	1 367.3
15	湖北世纪新峰雷山水泥有限公司	非金属矿物制品业	鄂州市	鄂城区	1 143.0
16	华新水泥（大冶）有限公司	非金属矿物制品业	黄石市	大冶市	1 140.4
17	湖北（华电）西塞山发电有限公司	电力、热力生产和供应业	黄石市	西塞山区	1 091.4
18	宜昌东阳光火力发电有限公司	热电联产	宜昌市	宜都市	1 044.8
19	华新水泥（阳新）有限公司	非金属矿物制品业	黄石市	阳新县	1 014.8
20	大冶尖峰水泥有限公司	非金属矿物制品业	黄石市	大冶市	995.7
21	湖北世龙化工有限公司	无机酸制造业	荆门市	钟祥市	946.3
22	华电湖北发电有限公司黄石热电厂	电力、热力生产和供应业	黄石市	黄石港区	946.1
23	武汉长利玻璃（汉南）有限公司	非金属矿物制品业	武汉市	经开（汉南）区	880.8
24	中国石化集团资产经营管理有限公司荆门分公司	电力、热力生产和供应业	荆门市	掇刀区	874.3
25	湖北金盛兰冶金科技有限公司		咸宁市	嘉鱼县	873.2
26	华新水泥股份有限公司黄石分公司	非金属矿物制品业	黄石市	西塞山区	868.6

序号	企业名称	国民经济行业大类	市州	县市区	SO_2排放量
27	湖北绿色家园材料技术股份有限公司	化学原料和化学制品制造业	仙桃市	仙桃市	816.0
28	湖北金明珠化工有限公司	磷肥制造	荆门市	钟祥市	748.0
29	华润电力湖北有限公司	电力、热力生产和供应业	咸宁市	赤壁市	737.2
30	湖北新洋丰肥业股份有限公司	磷肥制造业	荆门市	东宝区	722.7
31	华新混凝土荆门有限公司	非金属矿物制品业	荆门市	掇刀区（高新区）	669.7
32	黄石市四棵水泥厂	非金属矿物制品业	黄石市	黄石经济技术开发区	660.4
33	湖北西塞山发电有限公司	电力、热力生产和供应业	黄石市	西塞山区	630.0
34	中韩（武汉）石油化工有限公司（乙烯厂区）	化学原料和化学制品制造业	武汉市	洪山区	622.0
35	钟祥市神禾苑磷化有限公司	磷肥制造业	荆门市	钟祥市	600.1
36	阳新娲石水泥有限公司	非金属矿物制品业	黄石市	阳新县	599.2
37	邱氏湖北涂料有限公司（邱氏湖北涂料有限公司本部）	化学原料和化学制品制造业	潜江市	潜江经济开发区	596.0
38	潜江青桥化工有限公司	化学原料和化学制品制造业	潜江市	潜江经济开发区	589.4
39	京山永丰建材有限公司	非金属矿物制品业	荆门市	京山市	578.8
40	武汉重工铸锻有限责任公司	金属制品业	武汉市	青山（化工）区	564.6
41	湖北大峪口化工有限责任公司	磷肥制造业	荆门市	钟祥市	559.3
42	鄂州东方水泥有限公司	非金属矿物制品业	鄂州市	华容区	544.8
43	荆门市荆钟化工有限责任公司	磷肥制造业	荆门市	钟祥市	534.3
44	湖北中特新化能科技有限公司	石油、煤炭及其他燃料加工业	黄石市	西塞山区	506.0
45	国电长源荆门发电有限公司	电力、热力生产和供应业	荆门市	掇刀区	485.9
46	楚源高新科技集团股份有限公司	染料制造	荆州市	石首市	477.1
47	湖北亚东水泥有限公司	非金属矿物制品业	武汉市	新洲区	471.0
48	宜昌宏图纸业有限公司	机制纸及纸板制造业	宜昌市	枝江市	462.1
49	黄石成美建材有限公司	非金属矿物制品业	黄石市	大冶市	450.4
50	黄冈大别山发电有限责任公司	电力、热力生产和供应业	黄冈市	麻城市	415.6

附表 2-2 NO_x 排放量排名前 50 位的工业企业

单位：t

序号	企业名称	国民经济行业大类	市州	县市区	NO_x 排放量
1	武汉钢铁有限公司	黑色金属冶炼和压延加工业	武汉市	青山（化工）区	30 447.9
2	湖北华电襄阳发电有限公司	电力、热力生产和供应业	襄阳市	襄城区	12 704.9
3	武汉钢铁集团鄂城钢铁有限责任公司	黑色金属冶炼和压延加工业	鄂州市	鄂城区	8 254.5
4	武汉平煤武钢联合焦化有限责任公司	石油、煤炭及其他燃料加工业	武汉市	青山（化工）区	4 945.0
5	武汉长利玻璃（汉南）有限公司	非金属矿物制品业	武汉市	经开（汉南）区	3 017.6
6	华新水泥（大冶）有限公司	非金属矿物制品业	黄石市	大冶市	2 942.6
7	湖北金盛兰冶金科技有限公司		咸宁市	嘉鱼县	2 849.2
8	华能武汉发电有限责任公司	电力、热力生产和供应业	武汉市	新洲区	2 619.4
9	华强化工集团股份有限公司	氮肥制造业	宜昌市	当阳市	2 602.8
10	华新水泥（阳新）有限公司	非金属矿物制品业	黄石市	阳新县	2 493.9
11	荆门市欣安泰钢化玻璃有限公司	非金属矿物制品业	荆门市	东宝区	2 454.2
12	湖北新冶钢公司	黑色金属冶炼和压延加工业	黄石市	西塞山区	2 071.4
13	湖北亚东水泥有限公司	非金属矿物制品业	武汉市	新洲区	1 970.5
14	华新水泥股份有限公司黄石分公司	非金属矿物制品业	黄石市	西塞山区	1 968.1
15	湖北世纪新峰雷山水泥有限公司	非金属矿物制品业	鄂州市	鄂城区	1 948.5
16	湖北能源集团鄂州发电有限公司	电力、热力生产和供应业	鄂州市	葛店开发区	1 869.1
17	中韩（武汉）石油化工有限公司（乙烯厂区）	化学原料和化学制品制造业	武汉市	洪山区	1 854.4
18	中国石化集团资产经营管理有限公司荆门分公司	电力、热力生产和供应业	荆门市	掇刀区	1 832.7
19	大冶尖峰水泥有限公司	非金属矿物制品业	黄石市	大冶市	1 761.7
20	国电长源汉川第一发电有限公司	电力、热力生产和供应业	孝感市	汉川市	1 738.1
21	国电青山热电有限公司	电力、热力生产和供应业	武汉市	青山（化工）区	1 677.5
22	武汉华夏玻璃制品有限公司常福分公司	非金属矿物制品业	武汉市	蔡甸区	1 610.2
23	湖北中特新化能科技有限公司	石油、煤炭及其他燃料加工业	黄石市	西塞山区	1 592.9
24	华新水泥（秭归）有限公司	水泥制造业	宜昌市	秭归县	1 569.5
25	阳新娲石水泥有限公司	非金属矿物制品业	黄石市	阳新县	1 472.6

序号	企业名称	国民经济行业大类	市州	县市区	NO_x 排放量
26	明达玻璃（武汉）有限公司	非金属矿物制品业	武汉市	经开（汉南）区	1 376.2
27	华润电力湖北有限公司	电力、热力生产和供应业	咸宁市	赤壁市	1 325.2
28	葛洲坝兴山水泥有限公司	水泥制造业	宜昌市	兴山县	1 294.5
29	宜昌东阳光火力发电有限公司	热电联产行业	宜昌市	宜都市	1 164.0
30	黄石成美建材有限公司	非金属矿物制品业	黄石市	大冶市	1 162.3
31	京山市凯迪绿色能源开发有限公司	电力、热力生产和供应业	荆门市	京山市	1 129.9
32	武汉重工铸锻有限责任公司	金属制品业	武汉市	青山（化工）区	1 053.7
33	湖北（华电）西塞山发电有限公司	电力、热力生产和供应业	黄石市	西塞山区	1 016.2
34	华新混凝土荆门有限公司	非金属矿物制品业	荆门市	掇刀区（高新区）	987.5
35	黄石市四棵水泥厂	非金属矿物制品业	黄石市	黄石经济技术开发区	973.8
36	湖北龙海化工有限公司	化学原料和化学制品制造业	荆州市	松滋市	935.4
37	武汉钢电股份有限公司	电力、热力生产和供应业	武汉市	青山（化工）区	913.5
38	湖北安广陶瓷有限公司	建筑陶瓷制品制造	宜昌市	远安县	906.2
39	荆门新洋丰中磷肥业有限公司	磷肥制造	荆门市	钟祥市	903.7
40	中韩（武汉）石油化工有限公司（炼油厂区）	石油、煤炭及其他燃料加工业	武汉市	青山（化工）区	887.9
41	金凤凰纸业（孝感）有限公司	造纸和纸制品业	孝感市	孝南区	868.4
42	京山永丰建材有限公司	非金属矿物制品业	荆门市	京山市	853.4
43	国电汉川发电有限公司	电力、热力生产和供应业	孝感市	汉川市	795.7
44	崇阳县凯迪绿色能源开发有限公司	电力、热力生产和供应业	咸宁市	崇阳县	781.2
45	武汉汉口绿色能源有限公司	电力、热力生产和供应业	武汉市	黄陂区	763.6
46	葛洲坝当阳水泥有限责任公司	水泥制造	宜昌市	当阳市	762.1
47	国电长源荆门发电有限公司	电力、热力生产和供应业	荆门市	掇刀区	741.1
48	蕲春凯迪绿色能源开发有限公司	电力、热力生产和供应业	黄冈市	蕲春县	739.4
49	监利县凯迪绿色能源开发有限公司	电力、热力生产和供应业	荆州市	监利县	735.3
50	武汉市绿色环保能源有限公司	电力、热力生产和供应业	武汉市	江夏区	680.8

附表 2-3 VOCs 排放量排名前 50 位的工业企业

单位：t

序号	企业名称	国民经济行业大类	市州	县市区	VOCs 排放量
1	中韩（武汉）石油化工有限公司（炼油厂区）	石油、煤炭及其他燃料加工业	武汉市	青山（化工）区	23 082.8
2	武汉钢铁有限公司	黑色金属冶炼和压延加工业	武汉市	青山（化工）区	15 158.1
3	武汉平煤武钢联合焦化有限责任公司	石油、煤炭及其他燃料加工业	武汉市	青山（化工）区	12 156.0
4	武汉钢铁集团鄂城钢铁有限责任公司	黑色金属冶炼和压延加工业	鄂州市	鄂城区	9 754.1
5	荆门市美丰化工有限公司	化学试剂和助剂制造业	荆门市	掇刀区（高新区）	8 762.5
6	中韩（武汉）石油化工有限公司（乙烯厂区）	化学原料和化学制品制造业	武汉市	洪山区	6 461.9
7	湖北鑫创塑料有限公司	泡沫塑料制造业	孝感市	汉川市	4 620.0
8	湖北润长佳工艺陶瓷有限公司	建筑陶瓷制品制造业	宜昌市	当阳市	3 436.5
9	宜昌东阳光火力发电有限公司	热电联产行业	宜昌市	宜都市	3 352.2
10	荆州市金钰科技有限公司	化学原料和化学制品制造业	荆州市	沙市区	3 286.6
11	华润电力（宜昌）有限公司	热电联产行业	宜昌市	猇亭区	3 044.5
12	东风本田汽车有限公司	汽车制造业	武汉市	蔡甸区	3 000.3
13	湖北中特新化能科技有限公司	石油、煤炭及其他燃料加工业	黄石市	西塞山区	2 773.5
14	湖北天鹅科技有限公司	化学原料和化学制品制造业	襄阳市	襄城区	2 720.0
15	荆门市格林美新材料有限公司	铁合金冶炼	荆门市	掇刀区	2 284.8
16	楚源高新科技集团股份有限公司	染料制造	荆州市	石首市	2 272.6
17	湖北金盛兰冶金科技有限公司	黑色金属冶炼和压延加工业	咸宁市	嘉鱼县	2 096.5
18	风神襄阳汽车有限公司	汽车制造业	襄阳市	樊城区	2 085.8
19	武汉长利玻璃（汉南）有限公司	非金属矿物制品业	武汉市	经开（汉南）	2 007.8
20	湖北三雷德化工有限公司	化学原料和化学制品制造业	襄阳市	谷城县	2 006.5
21	湖北沙隆达股份有限公司	化学原料和化学制品制造业	荆州市	沙市区	1 971.1
22	武汉有机实业有限公司	化学原料和化学制品制造业	武汉市	洪山区	1 679.0
23	大冶市华兴玻璃有限公司	非金属矿物制品业	黄石市	大冶市	1 675.6
24	沙洋江汉化工有限公司	化学原料和化学制品制造业	荆门市	沙洋县	1 643.5
25	钟祥市彭墩新辉装饰材料有限公司	轻质建筑材料制造业	荆门市	钟祥市	1 636.3
26	洪湖市华晟石化设备有限公司	金属制品业	荆州市	洪湖市	1 618.4

序号	企业名称	国民经济行业大类	市州	县市区	VOCs 排放量
27	荆门市万千塑业有限责任公司	橡胶和塑料制品业	荆门市	沙洋县	1 600.0
28	湖北全美家具有限公司	木质家具制造业	荆州市	石首市	1 600.0
29	武汉奥克化学有限公司	化学原料和化学制品制造业	武汉市	青山（化工）区	1 549.2
30	劲牌有限公司	酒、饮料和精制茶制造业	黄石市	大冶市	1 521.0
31	枣阳四海道普化工有限公司	化学原料和化学制品制造业	襄阳市	枣阳市	1 443.6
32	湖北金汉江精制棉有限公司	人造纤维（纤维素纤维）制造业	荆门市	钟祥市	1 350.4
33	葛洲坝荆门水泥有限公司	水泥制造业	荆门市	东宝区	1 340.9
34	金澳科技（湖北）化工有限公司	石油加工、炼焦和核燃料加工业	潜江市	潜江经济开发区	1 312.4
35	湖北沙隆达股份有限公司	化学原料和化学制品制造业	荆州市	沙市区	1 268.0
36	湖北山泉生物科技有限公司	复混肥料制造	宜昌市	远安县	1 263.3
37	湖北冶鑫汽车零部件有限公司	汽车制造业	黄石市	黄石经济技术开发区	1 200.0
38	湖北金泉新材料有限责任公司	锂离子电池制造业	荆门市	掇刀区	1 173.0
39	华新水泥股份有限公司黄石分公司	非金属矿物制品业	黄石市	西塞山区	1 145.6
40	湖北天缘智兴肥业有限公司	化学原料和化学制品制造业	荆州市	石首市	1 126.0
41	劲牌有限公司酿造总厂枫林分厂	酒、饮料和精制茶制造业	黄石市	阳新县	1 107.3
42	华新水泥（秭归）有限公司	水泥制造业	宜昌市	秭归县	1 102.0
43	华新水泥（阳新）有限公司	非金属矿物制品业	黄石市	阳新县	1 094.4
44	荆门市欣安泰钢化玻璃有限公司	非金属矿物制品业	荆门市	东宝区	1 077.0
45	上汽通用汽车有限公司武汉分公司	汽车制造业	武汉市	江夏区	1 047.1
46	仙桃市信达化工有限责任公司	化学原料和化学制品制造业	仙桃市	仙桃市	1 025.2
47	湖北远翔塑胶有限公司	塑料零件及其他塑料制品制造业	孝感市	孝南区	911.2
48	黄梅县贤德涂料有限公司	化学原料和化学制品制造业	黄冈市	黄梅县	850.6
49	湖北永佳防水科技有限公司	非金属矿物制品业	荆州市	石首市	836.0
50	罗田县新普生药业有限公司	医药制造业	黄冈市	罗田县	812.9

附表 2-4 $PM_{2.5}$ 排放量排名前 50 位的工业企业

单位：t

序号	企业名称	国民经济行业大类	市州	县市区	$PM_{2.5}$ 排放量
1	武汉钢铁有限公司	黑色金属冶炼和压延加工业	武汉市	青山（化工）区	9 155.4
2	武汉平煤武钢联合焦化有限责任公司	石油、煤炭及其他燃料加工业	武汉市	青山（化工）区	3 341.3
3	鄂州东方水泥有限公司	非金属矿物制品业	鄂州市	华容区	2 984.4
4	湖北金盛兰冶金科技有限公司	黑色金属冶炼和压延加工业	咸宁市	嘉鱼县	2 316.7
5	大冶有色金属有限责任公司	有色金属冶炼和压延加工业	黄石市	下陆区	2 092.5
6	武汉钢铁集团鄂城钢铁有限责任公司	黑色金属冶炼和压延加工业	鄂州市	鄂城区	2 083.6
7	湖北亚东水泥有限公司	非金属矿物制品业	武汉市	新洲区	1 868.9
8	湖北省钟祥市金鸿磷肥厂	磷肥制造业	荆门市	钟祥市	1 618.2
9	襄阳泽东化工集团有限公司	化学原料和化学制品制造业	襄阳市	襄城区	1 564.2
10	葛洲坝荆门水泥有限公司	水泥制造业	荆门市	东宝区	925.5
11	荆门市欣安泰钢化玻璃有限公司	非金属矿物制品业	荆门市	东宝区	864.9
12	湖北宏力铸造有限公司	金属制品业	黄石市	大冶市	749.8
13	荆门市世全混凝土有限公司	非金属矿物制品业	荆门市	掇刀区（高新区）	735.0
14	武钢资源集团程潮矿业有限公司	黑色金属矿采选业	鄂州市	鄂城区	690.5
15	湖北华电襄阳发电有限公司	电力、热力生产和供应业	襄阳市	襄城区	642.8
16	华新水泥（大冶）有限公司	非金属矿物制品业	黄石市	大冶市	615.4
17	湖北大峪口化工有限责任公司	磷肥制造业	荆门市	钟祥市	612.9
18	钟祥市楚钟磷化有限公司	磷肥制造业	荆门市	钟祥市	574.7
19	华新水泥股份有限公司黄石分公司	非金属矿物制品业	黄石市	西塞山区	568.5
20	阳新娲石水泥有限公司	非金属矿物制品业	黄石市	阳新县	533.0
21	黄石成美建材有限公司	非金属矿物制品业	黄石市	大冶市	490.0
22	华能武汉发电有限责任公司	电力、热力生产和供应业	武汉市	新洲区	474.8
23	荆门市荆钟化工有限责任公司	磷肥制造业	荆门市	钟祥市	458.5
24	荆门新洋丰中磷肥业有限公司	磷肥制造业	荆门市	钟祥市	445.1
25	黄冈高科新合金材料有限公司	有色金属冶炼和压延加工业	黄冈市	黄州区	423.1
26	百炼（武汉）铸造有限公司	汽车制造业	仙桃市	仙桃市	403.0
27	大冶市新冶特钢有限责任公司	黑色金属冶炼和压延加工业	黄石市	大冶市	380.8

序号	企业名称	国民经济行业大类	市州	县市区	$PM_{2.5}$排放量
28	华润电力湖北有限公司	电力、热力生产和供应业	咸宁市	赤壁市	368.6
29	华新混凝土荆门有限公司	非金属矿物制品业	荆门市	掇刀区(高新区)	348.0
30	孝感市万江新材料有限公司	涂料制造业	孝感市	孝南区	347.4
31	黄石市四棵水泥厂	非金属矿物制品业	黄石市	黄石经济技术开发区	330.8
32	湖北瀚煜建材科技有限公司	非金属矿物制品业	荆州市	石首市	330.5
33	武汉亚鑫水泥有限公司	非金属矿物制品业	武汉市	江夏区	328.1
34	湖北三宁化工股份有限公司磷肥厂	磷肥制造业	宜昌市	枝江市	312.3
35	大冶尖峰水泥有限公司	非金属矿物制品业	黄石市	大冶市	310.6
36	湖北京兰水泥集团有限公司京山永兴分公司	水泥制造业	荆门市	京山市	307.5
37	京山永丰建材有限公司	非金属矿物制品业	荆门市	京山市	300.7
38	咸宁南玻节能玻璃有限公司	非金属矿物制品业	咸宁市	咸安区	297.1
39	天门市鑫海新型建筑材料厂	非金属矿物制品业	天门市	天门市	280.0
40	黄石市佳美铝业有限公司	有色金属冶炼和压延加工业	黄石市	黄石经济技术开发区	279.0
41	武汉顺乐不锈钢有限公司	黑色金属冶炼和压延加工业	武汉市	江夏区	277.3
42	湖北长春江水泥有限公司	非金属矿物制品业	黄冈市	蕲春县	270.0
43	湖北龙海化工有限公司	化学原料和化学制品制造业	荆州市	松滋市	263.9
44	湖北吉星化工集团有限责任公司	无机盐制造业	宜昌市	远安县	261.7
45	宜昌苏鹏科技有限公司	化学试剂和助剂制造业	宜昌市	猇亭区	256.7
46	东风汽车股份有限公司铸造分公司	金属制品业	襄阳市	樊城区	253.2
47	湖北天基生物能源科技发展有限公司	生物质液体燃料生产行业	孝感市	汉川市	253.0
48	湖北能源集团鄂州发电有限公司	电力、热力生产和供应业	鄂州市	葛店开发区	250.8
49	湖北新冶钢公司	黑色金属冶炼和压延加工业	黄石市	西塞山区	250.5
50	武汉长利玻璃(汉南)有限公司	非金属矿物制品业	武汉市	经开(汉南)区	246.5